天津市科协自然科学学术专著基金
国家自然科学基金（31972067） 资助出版

铁蛋白的结构、性质及载体化应用

杨 瑞 著

科学技术文献出版社
SCIENTIFIC AND TECHNICAL DOCUMENTATION PRESS
·北京·

图书在版编目（CIP）数据

铁蛋白的结构、性质及载体化应用 / 杨瑞著. —北京：科学技术文献出版社，
2023.12
ISBN 978-7-5235-0395-9

Ⅰ.①铁… Ⅱ.①杨… Ⅲ.①铁蛋白—研究 Ⅳ.① Q51

中国国家版本馆 CIP 数据核字（2023）第 116922 号

铁蛋白的结构、性质及载体化应用

策划编辑：孙江莉　　　责任编辑：孙江莉　　　责任校对：张永霞　　　责任出版：张志平

出　版　者	科学技术文献出版社	
地　　　址	北京市复兴路15号　邮编 100038	
编　务　部	(010) 58882938，58882087（传真）	
发　行　部	(010) 58882868，58882870（传真）	
邮　购　部	(010) 58882873	
官 方 网 址	www.stdp.com.cn	
发　行　者	科学技术文献出版社发行　全国各地新华书店经销	
印　刷　者	北京虎彩文化传播有限公司	
版　　　次	2023 年 12 月第 1 版　2023 年 12 月第 1 次印刷	
开　　　本	710×1000　1/16	
字　　　数	222千	
印　　　张	13.75	
书　　　号	ISBN 978-7-5235-0395-9	
定　　　价	58.00元	

前　言

铁蛋白（ferritin）是一种普遍存在的铁储存和解毒蛋白，广泛分布于植物、动物和细菌中。铁蛋白可以储藏可溶、无毒和生物体可以利用的铁，并调节机体铁的代谢平衡。动物铁蛋白主要存在于心脏、肝脏、脾脏、脑等代谢旺盛的组织中；微生物铁蛋白主要存在于细菌、真菌及藻类等；植物铁蛋白主要积累在非绿色质体中，如前质体、黄花质体、淀粉体、芽、根的顶部、种子或根瘤等组织中。储存于铁蛋白中的铁占了豆科类植物种子铁含量的90%，所以来源于豆科类植物的铁蛋白是一个理想的补铁资源。铁蛋白在豆科类种子成熟的过程中将体内多余的铁储存于其中，而在种子萌发过程中将铁释放出来为植物前期生长提供所必需的铁元素，因此植物铁蛋白在调节植物体内铁代谢平衡的过程中起着很重要的作用。人类铁蛋白的细胞定位是组织特异性的。动物细胞中的铁蛋白主要是胞浆可溶性蛋白。铁蛋白的共同特性是通过其铁氧化酶活性氧化铁，然后转移和水解在其内腔中形成无机核。铁蛋白可隔离细胞中多余的铁，以备需要时使用，因此其以可溶性、无毒的生物可利用形式在维持铁稳态方面发挥着关键作用。

铁是维持生命的主要物质之一，是红细胞成熟过程中合成血红蛋白必不可少的原料。作为人体内重要的一种矿物质，铁在细胞代谢的过程中也起着重要的角色，例如 DNA、RNA 和蛋白质的合成、电子运输、细胞呼吸、细胞增生和分化、基因表达的调控等。铁也是组织代谢不可缺少的物质，缺铁可引起多种组织改变和功能失调。具体来说，铁蛋白在体内铁代谢中主要表现出两种功能：首先，铁蛋白作为一种铁储存成分，可以在各种蛋白质的生物合成过程中维持铁的稳态；其次，铁蛋白在保护细胞免受游离铁和自由基化学物质的潜在毒性作用方面发挥着重要作用。这两种功能主要在于铁蛋白的独特结构。通常，铁蛋白的特征是具有明确定义的中空球形结构，铁蛋白分子的空间结构在各类生物体中具有很高的保守性，所有生物体中的铁蛋白分子有着极其相似的四级结构。通常内径为 7~8 nm，外径为 12~13 nm，厚度为 2~2.5 nm。一分子铁蛋白最多能储存约 4500 个以无机矿物质形式存在的三价铁原子。铁蛋白每两个亚基反向平行形成一组，这 12 组亚基对构成一个近似正八面体，成 4-3-2 重轴对称的球状分子。铁蛋白每个亚基长约 5 nm，直径约 2.5 nm，由 4 个 α 螺旋簇（A、B、C、D）构成，B 和 C 螺旋之间由一段含 18 个氨基酸的 BC-环连接，E 螺旋位于 4 个 α 螺旋簇的尾端并与之成 60°夹角。每个铁蛋白分子形成 24 个一重轴通道、12 个二重轴通道、8 个三重轴通道和 6 个四重轴通道，这些通道被认为是铁蛋白内部与外部离子出入铁蛋白的必经之路，起着联系铁蛋白内部空腔与外部环境的作用。对植物铁蛋白来讲，每个亚基还存在一条 EP（extension peptide）肽段伸展出铁蛋白壳的外部。得益于蛋白质笼内表面的高负电荷氨基酸，铁蛋白用于聚集蛋白质内表面的铁，这可能增加铁的局部浓度，并促进其氧化矿化。在天然铁蛋白中，数千个铁原子（高达 4500 个）可以集中在这个纳米腔中形成铁蛋白复合物，在这种复合物中，铁蛋白中的铁离子（新的膳食铁源）被蛋白质壳层所掩盖，因此它对螯合剂不太敏感，可将其作为一种安全有效的功能性补铁剂进行潜在的探索。

另外，通过向铁蛋白中添加铁螯合剂，可以制备脱铁铁蛋白以形成铁白质外壳，即铁蛋白笼。因此，在蛋白质外壳结构中存在 3 个独特的界面，即内表面、外表面以及亚基之间的界面。这 3 个界面可以通过利用脱铁铁蛋白的解离和重组特性被轻易地打破，通过在 pH 2.0/11.0 下铁蛋白笼的解离或添加变性剂，以及当 pH 调节至中性或去除变性剂时的重构来实现。在此过程中，特定分子（生物活性化合物等）可被添加到反应体系中，并被捕获在铁蛋白笼中，形成纳米复合材料。通过使用这种有趣的策略，脱铁铁蛋白可以潜在地用作一种新的载体，以装载生物活性化合物（特别是水不溶性化合物），这些化合物将在其中稳定和可溶。此外，铁蛋白笼成功地利用了一些药物和造影剂，以实现靶向递送、肿瘤成像和癌细胞检测。在食品应用中，铁蛋白笼已作为纳米载体广泛应用于包埋食品生物活性分子，如花青素、β-胡萝卜素、芦丁、姜黄素、表没食子儿茶素没食子酸酯和原花青素等。所有这些新特性可能有助于铁蛋白在食品工业和其他领域的应用。这些发现有助于提高生物活性化合物的生物利用率，拓宽铁蛋白的应用范围。

本著作出版受到天津市科协自然科学学术专著基金、国家自然科学基金（31972067）的资助，在此深表感谢。

杨　瑞

（天津科技大学）

目　录

第一章　铁蛋白的分离纯化

1.1　蛋白质的分离、纯化过程

　　蛋白质的分离、纯化是进行蛋白质结构、性质、功能研究的重要前提。根据不同组织中含有的蛋白质特性不同，例如分子量、溶解性、亲和性等，蛋白质的分离和提纯工作可利用一种或几种方法将目标蛋白质从复杂的混合物中提取出来，以获取高纯度的蛋白质制品。因此，蛋白质分离、纯化的总目标是增加蛋白质制品的产量、纯度、活性。同时，选择的提取、纯化方法应该高效、有选择性，并且能够保留目标蛋白质的完整结构、生物学活性、化学稳定性。

1.1.1　蛋白质的分离纯化方法

　　（1）根据蛋白质分子量大小

　　1）透析和超滤

　　透析能针对小分子的物质进行合理的处理，使小分子物质能够透过透析薄膜，并进入透析液中；对于大分子的蛋白质来说，因其无法穿过透析膜，而会被截留在透析袋中。在整个透析期间，需要更换多次透析液，以确保全面去除其中的小分子物质，如盐类（脱盐及置换缓冲液）、有机溶剂、低分子量的抑制剂等。

　　超滤是在一定压力下，使蛋白质溶液在超滤膜中呈现小分子质量物质滤过的状态。对于大分子的蛋白质而言，会出现截留的现象，分离时要保证分离工作的纯净度符合相关规定，以全面提升分离工作的效果。超滤分离不仅能够提升蛋白质的纯度，还能对其进行浓缩处理，便利性较高，运行成本较低，且操作条件较为温和，不需要对其进行加热或是干燥处理，能够避免出现蛋白质变质或者失活的问题，并能进一步增强其处理效果。所以超滤一般用于蛋白质的浓缩和脱色。

2）离心分离

离心分离是在机械设备运行的过程中，利用快速旋转的离心力，针对不同密度的物质进行分析的一种机械分离方法。例如，某一细胞器内含有多种酶类，经过匀浆后离心可以得到该细胞的亚细胞成分，细胞中的酶可以富集10~20倍，并可用于进一步对特定的酶的纯化。目前，离心分离的方法有很多种，这些方法各具特色和优势，例如，差速离心法的分辨率较低，仅适用于蛋白的粗提或浓缩；速率区带离心法的离心时间过长，所有的物质都可能沉淀下来，故需要选择最佳的分离时间，以得到相当纯的亚细胞成分并用于进一步纯化，但该方法的容量较小，只能用于少量制备。

3）凝胶过滤层析

凝胶过滤是根据分子大小分离蛋白质混合物最有效的方法之一，凝胶层析又称分子筛过滤，主要利用凝胶属于惰性载体、不带电荷、吸附力弱的特点。凝胶层析的操作条件较为温和，可在相当广的温度范围下进行，不需要有机溶剂的参与，并能最大程度地保持分离成分的理化性质。分离时选择不同分子量的凝胶可用于脱盐、置换缓冲液以及涉及分子量差异的蛋白质除杂。

（2）根据蛋白质的形状

蛋白质在离心或通过膜、凝胶过滤填料颗粒、电泳凝胶中的小孔运动时，都会受到形状的影响：对两种相同质量的蛋白质而言，球状蛋白质具有较小的有效半径（斯托克半径），在沉降时，通过溶液所遇到的摩擦力小，沉降速度较快；反之，在体积排阻色谱时，斯托克半径较小的球状蛋白质会更容易扩散进入凝胶过滤填料颗粒的内部，导致洗脱速度较慢。

（3）根据蛋白质的溶解度

蛋白质在水中以分散态存在，蛋白质在水中的分散量或分散水平称为蛋白质的溶解度，利用蛋白质溶解度的差异来分离蛋白质也是蛋白质纯化过程中常用的方法之一。影响蛋白质溶解度的外界因素很多，主要包括：溶液的pH、离子强度、介电常数和温度等，但在特定的外界条件下，不同的蛋白质具有不同的溶解度。适当改变外界条件，即可控制蛋白质混合物中某一成分的溶解度。

1）等电点沉淀

蛋白质在其等电点附近的溶解度较差，此时蛋白质颗粒没有相互排斥的电荷。分子之间的作用较小，且颗粒容易出现碰撞的现象，在碰撞过程中，蛋白质颗粒凝聚在一起，产生沉淀作用。因此，利用等电点沉淀法可以从溶液中分离出蛋白质，这一方法适用于很多蛋白质的分离。

2）蛋白质的盐溶和盐析

在蛋白质水溶液中，加入少量的中性盐，如硫酸铵、硫酸钠、氯化钠等，会增加蛋白质分子表面的电荷，增强蛋白质分子与水分子的作用，从而使蛋白质在水溶液中的溶解度增大。这种现象称为盐溶。将不同蛋白质加入一定浓度的盐溶液中，根据其溶解度降低程度的差别，从而达到彼此分离的效果，这就是盐析分离蛋白质的基础。向蛋白质溶液中加入高浓度的中性盐，破坏了蛋白质在水中存在的两个因素（水化层和电荷），从而破坏蛋白质的胶体性质，使蛋白质的溶解度降低而从溶液中析出的现象，叫作盐析。

3）有机溶剂沉淀法

有机溶剂沉淀法是向蛋白质等生物大分子的水溶液中加入多倍有机溶剂，从而使蛋白质分子的溶解度显著降低，使其沉淀析出。蛋白质在不同溶剂中的溶解度有很大不同，此种方法里影响蛋白质溶解度的可变因素包括温度、pH、溶剂的极性、离子性质和离子强度，以及有机溶剂的种类和浓度，即一些水溶性非离子聚合物如聚乙二醇能引起蛋白质的沉淀。

（4）根据蛋白质的电荷分布

蛋白质净电荷取决于氨基酸残基所带的正负电荷的总和。

1）电泳

电泳技术作为分离纯化蛋白质的手段之一，与其他蛋白质分离纯化方法相比较，具有操作温和、特异性高、分辨率高的优点。现已广泛应用于各种生物大分子的分离、纯化、分析和制备。电泳技术不仅是分离蛋白质混合物和鉴定蛋白质纯度的重要手段，对研究蛋白质性质也很有帮助。电泳分离蛋白质的原理是蛋白质在低于或高于其等电点时分别带正电荷或负电荷，在电场中向阴极或阳极迁移。根据蛋白质分子大小和所带电荷的不同，可以通过电泳将其进行分离。电泳可分为变性电泳、常规电泳、等电聚焦电泳和毛细管电泳；根据支持物的不同，电泳也可分为薄膜电泳、凝胶电泳等。

2）离子交换层析

离子交换层析的基本原理是改变蛋白质混合物溶液中的盐离子强度、pH和（阴、阳）离子交换填料，不同蛋白质对不同的离子交换填料的吸附容量不同，蛋白质因吸附容量不同或不被吸附而分离。在离子交换层析操作中，基质带有负电荷的叫作阳离子交换树脂；而带有正电荷的叫作阴离子交换树脂。阴离子交换基质结合带有负电荷的蛋白质，即带负电荷的蛋白质被吸附在该基质上，然后通过洗脱操作将吸附在柱子上的蛋白质洗脱下来。常用的离子交换剂有：离子交换纤维素（弱酸型的羧甲基纤维素—CM 纤维素和弱碱型的二乙基氨基乙基纤维素—DEAE 纤维素）、离子交换葡聚糖和离子交换树脂。

洗脱时可保持洗脱剂成分一直不变，也可以改变洗脱剂的盐度或 pH 进行洗脱，后一种可分为分段洗脱和梯度洗脱。一般来说，梯度洗脱效果较好，分辨率高，特别适用于小容量的交换，同时对盐浓度敏感的离子交换剂也多用梯度洗脱。通过控制洗脱剂的体积（与柱床体体积相比）、盐浓度和 pH，就能将样品组分从离子交换柱上分别洗脱下来。

除此之外，氨基酸残基可均匀地分布于蛋白质的表面，既能以适当的强度与阳离子交换柱结合，又能以适当的强度与阴离子结合，因此多数蛋白质都不能在单一的溶剂条件下同时与两种类型的离子交换柱结合，故可用此性质进行纯化。

（5）根据蛋白质的疏水性

多数疏水性的氨基酸残基藏在蛋白质的内部，但也有一些存在于蛋白质的表面。蛋白质表面的疏水性氨基酸残基的数目与空间分布决定了此蛋白质是否能与疏水柱填料进行结合，以及其结合强度，从而利用此原理进行分离。此种方法较为廉价，且纯化后的蛋白质具有生物活性，因此是一种通用性的分离纯化蛋白质的工具。在高浓度盐水溶液中蛋白质保留在柱上，在低盐或水溶液中蛋白质能从柱上洗脱下来，特别适用于浓硫酸铵溶液沉淀分离后的母液以及将该沉淀用盐溶解后（成为含有目标蛋白的溶液）直接进样到柱上，并且在分离的同时也进行了复性。

（6）根据蛋白质的密度

多数蛋白质的密度为 $1.3 \sim 1.4$ g/cm^3，分级分离蛋白质时一般不常用此性质，不过含有大量磷酸盐或脂质的蛋白质与一般蛋白质在密度上明显不同，因此可用密度梯度法离心，使其与大部分蛋白质分离。

（7）根据基因工程构建的纯化标记

通过改变 cDNA，在被表达的蛋白质的氨基端或羧基端加入几个额外的氨基酸，这个加入的标记可用来作为一个有效的纯化依据。

（8）根据蛋白质的亲和能力

层析是利用含有特异配体的层析介质将蛋白质混合物中能与特异配体结

合的目的蛋白或其他分子分离开来。配体可以是酶的底物、抑制剂、辅因子、特异性的抗体，吸附后运用改变缓冲液离子强度和 pH 的方法将目的蛋白洗脱下来，也可用更高浓度的同一配体溶液或亲和力更强的配体溶液来洗脱。

将具有特殊结构的亲和分子制成固相吸附剂放置在层析柱中，当要被分离的蛋白混合液通过层析柱时，与吸附剂具有亲和能力的蛋白质就会被吸附而滞留在层析柱中。那些没有亲和力的蛋白质由于不被吸附，直接流出，从而与被分离的蛋白质分开，然后选用适当的洗脱液，改变结合条件，将被结合的蛋白质洗脱下来，这种分离纯化蛋白质的方法称为亲和层析。依亲和选择性的高低可分为：基团性亲和层析，即固定相上的配基对一类基团有极强的亲和力；高选择性（专一性）亲和层析，即配基仅对某一种蛋白质有特别强的亲和性。亲和层析除特异性的吸附外，仍然会因分子的错误识别和分子间非选择性的作用力而吸附一些杂蛋白质，另外洗脱过程中的配体也会不可避免地脱落进入分离体系。亲和层析与超滤结合起来，将两者优点集中形成超滤亲和纯化，具有高分离效率和大规模工业化的优点，适用于初分离。根据配基的不同可将层析介质分为以下几种。

①金属螯合介质：过渡金属离子 Cu^{2+}、Zn^{2+} 和 Ni^{2+} 等以亚胺络合物的形式键合到固定相上，由于这些金属离子与色氨酸、组氨酸和半胱氨酸之间形成了配价键，从而形成了亚胺金属—蛋白螯合物，使含有这些氨基酸的蛋白质被这种金属螯合亲和色谱的固定相吸附。螯合物的稳定性受单个组氨酸和半胱氨酸解离常数的控制，亦受流动相的 pH 和温度的影响，控制条件即可使不同的蛋白质相互分离。

②小配体亲和介质：配体有精氨酸、明胶、肝素和赖氨酸等。

③抗体亲和介质：即免疫亲和层析，配体有重组蛋白 A 和重组蛋白 G，但蛋白 A 比蛋白 G 专一，蛋白 G 能结合更多不同源的 IgG。

④染料亲和介质：染料层析的效果除了主要取决于染料配基与酶的亲和力大小外，还与洗脱缓冲液的种类、离子强度、pH 值及待分离样品的纯度有关。

⑤外源凝集素亲和介质：配体有刀豆球蛋白、扁豆外源凝集素和麦芽外源凝集素，固相外源凝集素能和多种糖类残基发生可逆反应，适合多糖及糖蛋白的分离纯化。

（9）根据蛋白质的非极性基团之间的作用力

这是利用溶质分子中的非极性基团与非极性固定相间的相互作用力大小，

和溶质分子极性基团与流动相中极性分子在相反方向上相互作用力的差异进行分离。

（10）根据蛋白质的可逆性缔合

在某些溶液条件下，有一些酶能聚合成二聚体、四聚体等，而在另一种条件下则形成单体，因此相继在这两种不同的条件下，按分子大小就可以进行分级分离。

（11）根据蛋白质的稳定性

1）热稳定性

大多数蛋白质加热到95 ℃时会发生解折叠或沉淀，利用这一性质，可以很容易地将一种经这样加热后仍保持其可溶性活性的蛋白质从大部分其他细胞的蛋白质中分离开。

2）蛋白酶解稳定性

用蛋白酶处理上清液，消化杂蛋白，即可留下具有抗蛋白酶活性的蛋白质。

（12）根据蛋白质的分配系数

常用的生物物质分离体系有：聚乙二醇（PEG）/葡聚糖、PEG/磷酸盐、PEG/硫酸铵等。分配行为受聚合物分子大小、成相浓度、pH、无机盐种类等因素的影响。

（13）根据蛋白质的表面活性

1）泡沫分离

蛋白质溶液具有表面活性，气体在溶液中鼓泡，气泡与液相主体分离、富集，达到分离和浓缩的目的。根据表面吸附原理，基于溶液中蛋白质间表面活性的差异，表面活性强的蛋白优先吸附于分散相与连续相的界面处，通过鼓泡使蛋白质选择性地聚集在气液界面并借助浮力上升至溶液主体上方形成泡沫层，从而分离、浓缩蛋白质。

2）反胶团相转移法

反胶团相转移法利用表面活性剂分子在有机溶剂中自发形成的反向胶团（反胶团），在一定条件下将水溶性蛋白质分子增溶进反胶团的极性核中，再创造条件将蛋白质抽提至另一水相，实现蛋白质的相转移，达到分离和提纯蛋白质的目的。反胶团中的蛋白质分子受到周围水分子和表面活性剂极性头的保护，仍保持一定的活性，甚至表现出超活性。与传统有机溶剂液液萃取体系比较，反胶团相转移法能萃取水溶性带电荷物质。目前，该法已用于分离纯化酶等生物活性物质，聚合物和盐对酶有保持作用，聚合物经修饰后对酶和蛋白质纯化倍数较高，而且该方法成相容易，分相操作无需特殊技术处理。因而，比双水相萃取体系更显优越性。

3）聚合物－盐－水液－固萃取体系

此萃取体系特点是成相容易，成相后直接倾出液相即可使液固的相分离，无须使用特殊技术处理，也不用其他有机溶剂，无毒性，且成相聚合物及盐对生物活性物质有稳定和保护作用。

1.1.2 蛋白质分离纯化的一般步骤

分离纯化特定蛋白质的一般程序可分为前处理、粗分离和细分离3步。

（1）材料的前处理

前处理是要把被提取的蛋白质从材料组织或细胞中释放出来并保持其原来的天然状态，且不丢失其原本的生物活性。一般来说，不同材料的前处理方法会有很大的区别。例如，植物类材料常用的前处理方法是加入石英砂或玻璃粉和提取液一起研磨，或直接用纤维素酶处理；种子材料的前处理一般是先去壳、去种皮，从而避免单宁物质污染被提取的蛋白质。油料种子还需要提前进行脱脂再进行之后的操作；动物材料应先剔除其结缔组织和脂肪组织，动物组织和细胞可用电动捣碎机或匀浆机破碎或用超声波进行破碎处理。如果所要的蛋白质主要集中在某一细胞组分，如细胞核、染色体、核糖体或可溶性细胞质等，则可利用差速离心的方法将它们分开，以收集该细胞组分作为下步纯化的材料。对于细菌细胞来说，其破碎处理较为麻烦，破碎细菌细胞壁的常用方法有超声波破碎、研磨、高压挤压或溶菌酶处理等。

在进行材料的组织和细胞破碎后，就可以选择适当的缓冲液把所要的蛋白质提取出来。细胞碎片等不溶物则用离心或过滤的方法除去。对于缓冲液的选择来说，稀盐缓冲系统的水溶液对蛋白质稳定性好、溶解度大，是提取蛋白质最常用的溶剂。缓冲液的通常用量是原材料体积的 $1 \sim 5$ 倍。在提取时需要进行均匀的搅拌，以利于蛋白质的溶解。此外，提取的温度要视有效成分的性质而定。一方面，多数蛋白质的溶解度会随着温度的升高而增大，因此，温度高将有利于溶解并缩短提取时间。但另一方面，温度升高会使蛋白质变性失活，基于这一点考虑，在提取蛋白质和酶时一般采用低温（5 ℃以下）操作。为了避免蛋白质提取过程中的降解，可加入蛋白水解酶抑制剂，如二异丙基氟磷酸和碘乙酸等。

（2）蛋白质的粗分离

经过前处理后，我们得到的是含有提取蛋白的提取液，其中可能还含有多糖、杂质蛋白，以及其他成分等。因此还要选择适当的缓冲液溶剂把蛋白质提取出来。抽提所用缓冲液的 pH、离子强度、组成成分等条件的选择，应根据欲制备的蛋白质的性质而定。如膜蛋白的抽提，抽提缓冲液中一般要加入表面活性剂，如十二烷基磺酸钠、TritonX - 100 等，使膜结构破坏，利于蛋白质与膜分离。在抽提过程中，应注意温度的高低，并避免剧烈的搅拌等，以防止蛋白质的变性。对于某些蛋白质，也可以选择使用盐析、等电点沉淀和有机溶剂分级分离等方法。这些方法的特点是简便、处理量大，既能除去大量杂质，又能浓缩蛋白溶液。还有些蛋白提取液的体积较大，又不适用于沉淀或盐析法浓缩，则可采用超滤、凝胶过滤、冷冻真空干燥或其他方法进行浓缩。

（3）蛋白质的精细分离

样品经粗分离后，大部分的杂质蛋白已被去除。进一步分离需要的就是更精细的分离纯化步骤，可以使用的层析法包括凝胶过滤、离子交换层析、吸附层析以及亲和层析、电泳法等。有时还需要将这几种方法联合使用，才能得到纯度较高的蛋白质样品。

1.1.3　蛋白质分离纯化常用方法的比较

一般常用的蛋白质分离纯化方法见表 1 - 1[1]，通常需要经过很多种技术方法的联合使用，才能得到目标产品。

表 1 - 1　蛋白质常用的分离纯化方法

名称（分离方法）	分离机制	应用	优点	缺点
离子交换	电荷、电荷分布	蛋白质分离	特异性好，有更多的参数可以优化，树脂较便宜	极端 pH 下蛋白会变性失活
凝胶过滤	分子大小	蛋白质脱盐、纯化	普遍采用，洗脱简单，回收率较高	树脂昂贵，对柱子要求高，有些蛋白可能与树脂有吸附作用，不适于工业化

名称（分离方法）		分离机制	应用	优点	缺点
色谱	亲和法： DNA 亲和 外源凝集素 亲和 固定化金属 亲和 免疫亲和	配体结合位点 DNA 结合位点 糖基类型 金属结合能力 特异抗原位点	抗体、受体分离 蛋白质纯化 金属蛋白纯化 抗原纯化	效果好，特异性好，纯化倍数高	单抗体较昂贵，洗脱条件苛刻，蛋白易失活，蛋白结构可能被破坏，单抗可能混入蛋白
	反相 HPLC	极性、大小	多肽或蛋白分离	效果好、纯化率高	产量比较小
	疏水	疏水性	蛋白质分离	效果好、纯化率高	洗脱条件苛刻
	色谱聚焦	等电点	蛋白质分离	选择性好，纯化率高	样品比较少，设备和样品要求高
	正相 HPLC	表面非特异作用力	蛋白质分离	选择性好，纯化率高	产量小，使用范围窄
电泳	分子筛电泳	分子大小	蛋白质分离	纯化效果极好，可以查看样品蛋白的复杂程度和纯度，样品需要量少	产量相当少，蛋白质失活情况居多，很难工业化
	等电聚焦	等电点差异	蛋白质分离		
	移动页面电泳	电运动性	蛋白质分离		
	连续电泳	电运动性	蛋白质分离		
膜	微过滤	粒度大小	液固分离	基本分离手段	纯化倍数低
	超滤	分子大小，形状	浓缩蛋白质	可以分级，方便快捷	损失率高
	透析	分子大小	缓冲液更换、脱盐	设备简单	损失率高，耗时，蛋白失活可能性大
	电透析	电荷	脱盐	效果好	设备要求高，成本高
离心	离心	密度、大小、沉降速率	液固分离	操作简单易行，常规的粗分离手段	可能需要低温环境，蛋白易变性失活
萃取	双液相萃取	溶解性	蛋白质分离	操作简单，适应性强	纯化倍数低，不适于精分离
	超临界萃取	溶解性	小分子蛋白分离	分离效果好，产量大，适宜工业化	对设备和操作条件要求高

续表

名称（分离方法）		分离机制	应用	优点	缺点
沉淀	硫酸铵	溶解度	蛋白质分离	冷溶液中溶解度大，蛋白质稳定	对钢容器的腐蚀性大，纯化倍数低，要脱盐
	丙酮	溶解度	蛋白质分离	保持蛋白活性	纯化倍数低
	聚乙烯亚胺	电荷、大小	蛋白质分离	一定的选择	纯化倍数低
	等电点	溶解度、pH	蛋白质分离	纯化倍数高	对未知蛋白不太适用

1.2 铁蛋白的提取纯化方法

1.2.1 天然及重组铁蛋白的提取方法

提取天然铁蛋白一般的原料为豆科植物种子，如大豆、红豆、黑豆等，以及动物组织，如肝脏、脾脏等。这些原料中一般含有不同含量和亚基结构类型的铁蛋白。提取与纯化操作步骤主要涉及以下几个方面，包括原料的浸泡、破碎、过滤、离心、盐析、沉淀、复溶、层析、浓缩、检测等步骤。其中层析步骤一般包括凝胶过滤层析和离子交换层析法，经过这两种方法处理后，铁蛋白的纯度一般能够达到实验要求。

重组铁蛋白的提取与天然铁蛋白的提取过程不同，一般将含有铁蛋白基因表达载体导入表达菌种，如大肠杆菌，将表达菌种在培养基中培养，通过诱导铁蛋白基因表达，获取粗的重组铁蛋白。主要的步骤包括细胞破碎、过滤、离心、盐析、沉淀、复溶、凝胶过滤层析、离子交换层析、检测等，实现重组铁蛋白的提纯（图1-1），除了蛋白质的粗提取过程不同之外，后续

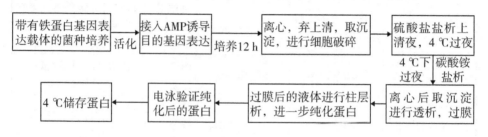

图1-1 铁蛋白提取纯化方法

纯化步骤一般相同。另外，重组铁蛋白的氨基酸序列可能与天然铁蛋白有个别差异，但不影响铁蛋白的结构。

1.2.2 不同铁蛋白的提取具体方法

下面将以 rHuHF 铁蛋白、大豆铁蛋白、马脾铁蛋白、鲟鱼铁蛋白等为例，详细介绍从不同物质中提取并纯化铁蛋白的具体方法。

1.2.2.1 rHuHF 铁蛋白的分离纯化

重组的人重链铁蛋白（recombinant human H – chain ferritin，rHuHF）的制备根据 Masuda[1] 的方法。将含有 rHuHF 基因表达载体的大肠杆菌 BL21（DE3）在 LB 培养基（含 50 μg/mL AMP）中于 37 ℃ 下培养，至细菌细胞浓度达到 OD_{600} = 0.6 时，用 100 μM IPTG 诱导蛋白表达 8 h 后将菌液12 000 g 离心 10 min，取沉淀。收集得到的菌体复溶于 Buffer A（10 mM Tris – HCl，pH 7.5，1 mM EDTA，0.15 mM NaCl）缓冲液中（使菌体浓度达到 40 g/L），将菌体进行超声破碎，超声时间 3 s，工作间隔 4 s，循环 90 次。超声后，菌液 12 000 g 离心 10 min，将上清液收集后进行 60 ℃ 加热 10 min 处理，接着 12 000 g 离心 10 min，取上清，加入 60% 硫酸铵沉淀后 4 ℃ 静置过夜。然后 12 000 g 离心 10 min，收集沉淀，用 Buffer B（20 mM Tris – HCl，pH 7.5，1 mM NaCl）复溶，将 rHuHF 粗蛋白用 Tris – HCl 缓冲液（pH 7.5，20 mM）透析除去硫酸铵，中间每隔 6 h 换一次缓冲液，然后过夜透析。将透析得到的溶液用 0.22 μm 的水系膜过滤，滤过液进行弱阴离子交换柱层析。用 20 mM Tris – HCl（pH 7.5，0.02% NaN₃）平衡 DEAE Sepharose Fast Flow 阴离子交换柱后，将透析所得上清液上柱，由于铁蛋白带负电荷，从而吸附在交换柱上，接着利用 5 倍体积的 20 mM Tris – HCl（pH 7.5，0.02% NaN₃）冲洗去除部分不能吸附在柱填料的蛋白，再用含 0~1.0 M NaCl 的 800 mL 20 mM Tris – HCl（pH 7.5）进行梯度洗脱，将铁蛋白洗脱下来。洗脱流速为 1 mL/min，5 mL/管分管收集。把具有铁蛋白活性的收集液超滤浓缩到 5 mL，以待进一步纯化。用含 0.15 M NaCl 的 20 mM Tris – HCl（pH 7.5）先平衡 Sephacryl S – 300 分子筛，待样品上柱后再洗脱，流速为 0.4 mL/min，5 mL/管分管收集，并用聚丙烯酰胺凝胶电泳检测蛋白纯度。最后将纯化的 rHuHF 蛋白超滤浓缩后置于 4 ℃ 备用，缓冲液为 20 mM Tris – HCl（pH 7.5，0.02% NaN₃）。

1.2.2.2 单亚基植物铁蛋白（ASF）的分离纯化

单亚基植物铁蛋白（ASF）的分离纯化具体步骤如下。

①提取、盐析：将 1 kg 干红小豆种子去杂后，置于 4 ℃ 蒸馏水中浸泡过夜（约 12 h），手工去皮后，加入 2 倍体积的含有 1% PVP 的 50 mM KH_2PO_4 - Na_2HPO_4（pH 7.0），并用内切式匀浆机匀浆 3 次，每次 2 min，200 目滤网滤去豆渣。将收集的匀浆于 10 000 g、4 ℃下离心 10 min，离心后弃沉淀，取上清液。向上清液中加入终浓度为 300 mM 的 $MgCl_2$ 晶体后搅拌 60 min，再加入终浓度为 450 mM 的柠檬酸三钠晶体，静置过夜。接下来，12 000 g、4 ℃下离心 35 min，离心后收集褐色沉淀。下一步，将沉淀溶于 1.5 倍体积的蒸馏水中，4800 g、4 ℃离心 10 min，离心后弃上清液，并重复两次进行进一步的除杂，用 5 倍体积的 50 mM Tris - HCl（pH 9.0）溶解沉淀，4800 g、4 ℃ 离心 10 min，离心后弃沉淀，收集并合并上清液。红小豆铁蛋白盐析后的溶液用 pH 9.0 的 50 mM Tris - HCl 缓冲液进行透析，中间每隔 3 h 换一次缓冲液，最后过夜透析。将透析得到的溶液用 0.22 μm 的水系膜过滤，滤过液进行弱阴离子交换柱层析。

②柱层析：用 50 mM Tris - HCl（pH 9.0，0.02% NaN₃）平衡 DEAE Sepharose Fast Flow 离子交换柱后，将透析所得上清液上柱，由于铁蛋白带负电荷，从而吸附在交换柱上，接着利用 5 倍体积的 50 mM Tris - HCl（pH 9.0，0.02% NaN₃）冲洗去除部分不能吸附在柱填料的蛋白，再用 800 mL 含 0 ~ 1.0 M NaCl 的 50 mM Tris - HCl（pH 9.0）进行梯度洗脱，将铁蛋白洗脱下来。洗脱流速为 1 mL/min，5 mL/管分管收集。把具有铁蛋白活性的收集液超滤浓缩到 5 mL（一般呈红色），以待进一步纯化。用含 0.15 M NaCl 的 50 mM Tris - HCl（pH 9.0）先平衡 Sephacryl S - 300 分子筛，待样品上柱后再洗脱，流速为 0.4 mL/min，5 mL/管分管收集，并检测纯度和浓度。

1.2.2.3　大豆铁蛋白（SSF）的分离纯化

把 1 kg 干大豆放入 4 ℃ 蒸馏水中浸泡过夜，加入 2 倍体积的提取液（50 mM KH_2PO_4 - Na_2HPO_4，pH 7.0，1% PVP），用内切式匀浆机匀浆 2 min，200 目滤网过滤。收集滤液在 60 ℃下加热 10 min，5000 g 离心 5 min，取上清液。向上清液中加入终浓度为 0.5 M 的氯化镁晶体后静置 30 min，再加入终浓度为 0.7 M 的柠檬酸三钠晶体并静置过夜。经过 12 000 g 离心 20 min 后，收集沉淀。由于大豆铁蛋白基本不复溶于上清液，因此加入 1.5 倍体积的上清液冲洗沉淀中的淀粉和核糖体，并用 12 000 g 离心 5 min，离心后弃上清，重复离心 2 次，直至只产生褐色沉淀。将沉淀溶于 5 倍体积的蒸馏水中，12 000 g 离心 5 min，收集上清液。重复两次，用蒸馏水溶解沉淀，再 12 000 g

离心 5 min，收集且合并上清液。将上清液放在平衡缓冲液（50 mM KH_2PO_4 – Na_2HPO_4，pH 8.0）中透析过夜。

用平衡缓冲液平衡 DEAE Sepharose Fast Flow 阴离子交换柱后，将经透析的样品上柱，先用 20 倍体积的平衡缓冲液冲洗去除部分杂蛋白，再用平衡缓冲液和含 0.8 M NaCl 的平衡缓冲液进行线性梯度洗脱，流速为 0.6 mL/min，3 mL/管分管收集，将含有铁蛋白的收集液使用 100 kDa 的超滤膜进行超滤，浓缩到 5 mL，并用含 0.15 M NaCl 的 KH_2PO_4 – Na_2HPO_4（pH 8.0）缓冲液作为溶剂，以待进一步纯化。用含 0.15 M NaCl 的 50 mM PBS（KH_2PO_4 – Na_2HPO_4，pH 8.0）缓冲液先平衡 Sephacryl S – 300（聚丙烯酰胺葡聚糖凝胶）柱，待柱子平衡后上样，流速为 0.4 mL/min，3 mL/管分管收集样品，并检测铁蛋白纯度和浓度。

蛋白质纯化过程中除特殊指出，其他步骤均在 4 ℃ 以下低温操作。蛋白质纯化使用的缓冲液中都含有 0.02% 的叠氮化钠。

1.2.2.4 重组大豆铁蛋白的制备和纯化

重组大豆铁蛋白 H – 1（rH – 1）的制备根据 Masuda[1] 的方法进行。而构建重组大豆铁蛋白 H – 2（rH – 2）的原核表达载体，获得 rH – 2 纯化蛋白的方法如下：采用基因重组技术将 PCR 扩增的 H – 2 基因产物与原核表达载体 pET21d 连接，转化入大肠杆菌 BL21（DE3），通过 PCR、单双酶切及测序鉴定构建结果，用 100 μM 异丙基 – β – D – 硫代半乳糖苷（isopropyl – D – 1 – thiogalactopyranoside，IPTG）诱导蛋白表达，直到细菌细胞浓度达到 A_{600} = 0.6 时，再将融合蛋白进行分离纯化。rH – 1 和 rH – 2 两种重组蛋白的分离纯化方法同野生型大豆铁蛋白的分离纯化方法。

1.2.2.5 黑大豆水溶性粗蛋白的提取

将 1 kg 去杂的黑大豆种子浸泡于 1 倍体积的蒸馏水中，置于 4 ℃ 冷库中约 12 h。然后，将种子去皮后加入 2 倍体积的提取液，并于内切式匀浆机匀浆 2 min，用纱布过滤，除去豆渣。将收集的匀浆在 55 ℃ 的恒温水浴锅内加热 10 min，待溶液冷却至室温后，4800 g 离心 10 min，弃沉淀、取上清液，即为粗提液。

然后对粗提液进行盐析（盐析浓度梯度的筛选）。在上清液中加入终浓度为 500 mM 的 $MgCl_2$ 晶体，静置 20 min 后，加入终浓度为 700 mM 的柠檬酸三钠晶体，静置过夜。然后经过 12 000 g、4 ℃ 离心 30 min，此时，黑豆铁蛋白基本不复溶于上清液。加入 1.5 倍体积的上清液，冲洗沉淀中的淀粉和核糖体，于 12 000 g 离心 10 min，离心后弃上清，并重复 3 ~ 4 次，直至只有褐色沉淀。将沉淀溶于 1.5 倍体积的蒸馏水中，12 000g、4 ℃ 离心 30 min，离心后弃上清。重复两次后用 5 倍体积的蒸馏水溶解沉淀，12 000g、4 ℃ 离心 30 min，收集并合并上清液。黑豆铁蛋白盐析后的溶液用 pH 7.5 的 PBS 进行透析，分别间隔 1 h、2 h 换水，然后过夜透析，将透析得到的溶液用 0.22 nm 的水系膜抽滤，滤过液进行弱阴离子交换柱层析。

用 pH 7.5 的 PBS 平衡 DEAE – cellulose 柱后，将盐析后所得滤过液上柱，用 4 倍体积的 PBS（pH 7.5）洗脱，再用 600 mL 含有 0 ~ 0.8 M NaCl 的 PBS（0.05 M，pH 7.5）进行梯度洗脱，流速为 1.0 mL/min，5 mL/管分管收集。通过弱阴离子交换柱层析后具有铁蛋白活性的收集液用 50 kDa 超滤膜浓缩到 5 mL，以待进一步纯化。用含有 0.15 M NaCl 的 PBS（pH 7.5）平衡 Sephacryl S – 300（聚丙烯酰胺葡聚糖凝胶）柱，待上柱后，再用含有 0.15 M NaCl 的 PBS（pH 7.5）洗脱，流速为 0.5 mL/min，5mL/管分管收集。

1.2.2.6　蚕豆铁蛋白（BBSF）的分离纯化

把 1 kg 干蚕豆放入 4 ℃ 蒸馏水中浸泡过夜，去皮，加入 3 倍体积的提取液（50 mM Tris – HCl，pH 8.5，1% PVP），用内切式匀浆机匀浆 2 min，再用 200 目滤网过滤。收集滤液 16 500 g 离心 10 min，取上清液。向上清液中加入终浓度为 5% 的硫酸铵晶体后，静置过夜。然后，于 23 800 g、4 ℃ 离心 30 min。接着加入终浓度为 10% 的硫酸铵，静置过夜。再于 23 800 g、4 ℃ 离心 30 min，收集沉淀。由于蚕豆铁蛋白基本不复溶于上清液，加入 1.5 倍体积的上清液冲洗沉淀中的淀粉和核糖体，并于 12 000 g 离心 5 min，离心后弃上清，重复 2 次直至只有褐色沉淀。将沉淀溶于 5 倍体积的蒸馏水中，12 000 g 离心 5 min，收集上清液。重复两次后用蒸馏水溶解沉淀，再用 12 000 g 离心 5 min，收集且合并上清液。将上清液放在平衡缓冲液（50 mM Tris – HCl，pH 8.5）中透析过夜。

用平衡缓冲液平衡 DEAE Sepharose Fast Flow 阴离子交换柱后，将经透析的样品上柱，先用 20 倍体积的平衡缓冲液冲洗去除部分杂蛋白，再用平衡缓冲液和含 0.8 M NaCl 的平衡缓冲液的溶液进行线性梯度洗脱，流速为 0.6 mL/min，3 mL/管分管收集，将含有铁蛋白的收集液用 100 kDa 的超滤膜超滤浓缩到 5 mL，并用含 0.15 M NaCl 的 $KH_2PO_4 – Na_2HPO_4$（pH 8.0）缓冲液作为溶剂，以待进一步纯化。用含 0.15 M NaCl 的 50 mM Tris – HCl（pH 8.5）缓冲液先平衡 Sephacryl S – 300（聚丙烯酰胺葡聚糖凝胶）柱，待柱子平衡后上样，流速为 0.4 mL/min，3 mL/管分管收集样品，并检测铁蛋白纯度和浓度。

1.2.2.7 豌豆铁蛋白（PSF）的分离纯化

把 1 kg 干豌豆放入 4 ℃的蒸馏水中浸泡过夜，加入 2 倍体积的提取液（50 mM Tris - HCl，pH 7.0，1% PVP），用内切式匀浆机匀浆 2 min，并用 200 目滤网过滤。收集滤液在 60 ℃下加热 10 min，然后于 5000 g 离心 5 min，离心后取上清液。向上清液中加入终浓度为 0.2 M 的氯化镁晶体，静置 1~2 h，再加入终浓度为 0.3 M 的柠檬酸三钠晶体，静置过夜。经过 12 000 g 离心 30 min 后，收集沉淀。由于豌豆铁蛋白基本不复溶于上清液，加入 1.5 倍体积的上清液冲洗沉淀中的淀粉和核糖体，并用 12 000 g 离心 5 min，离心后弃上清，重复 2 次直至只有褐色沉淀。将沉淀溶于 5 倍体积的蒸馏水中，用 12 000 g 离心 5 min，收集上清液。重复两次用蒸馏水溶解沉淀，在用 12 000 g 离心 5 min，收集且合并上清液。将上清液放在平衡缓冲液（50 mM Tris - HCl，pH 8.0）中透析过夜。

用平衡缓冲液平衡 DEAE Sepharose Fast Flow 阴离子交换柱后，将经透析的样品上柱，先用 20 倍体积的平衡缓冲液冲洗去除部分杂蛋白，再用平衡缓冲液和含 0.8 M NaCl 的平衡缓冲液溶液进行线性梯度洗脱，流速为 0.6 mL/min，3 mL/管分管收集，将含有铁蛋白的收集液使用 100 kDa 的超滤膜进行超滤浓缩到 5 mL，并用含 0.15 M NaCl 的 50 mM Tris - HCl（pH 8.0）缓冲液作为溶剂，以待进一步纯化。用含 0.15 M NaCl 的 50 mM Tris - HCl（pH 8.0）缓冲液先平衡 Sephacryl S - 300（聚丙烯酰胺葡聚糖凝胶）柱，待柱子平衡后上样，流速为 0.4 mL/min，3 mL/管分管收集样品，并检测铁蛋白纯度和浓度。

蛋白质纯化过程中除特殊指出，其他步骤均在 4 ℃以下的低温下操作。蛋白质纯化使用的缓冲液中都含有 0.02% 的叠氮化钠。

1.2.2.8 红小豆铁蛋白（ASF）的制备

红小豆铁蛋白的制备依据李美良的方法稍作修改，将 500 g 干红小豆去杂之后置于 4 ℃的蒸馏水中浸泡过夜（约 12 h），进行手工去皮；加入 2 倍体积的含有 1% 聚乙烯吡咯烷酮（PVP）的 50 mM KH_2PO_4 - Na_2HPO_4（pH 7.0）溶液；匀浆机匀浆 3 次，每次 2 min；再用 200 目的滤网滤去渣。于 10 000 g、4 ℃离心 10 min，离心后弃沉淀，取上清液。向上清液中加入终浓度为 300 mM 的 $MgCl_2$ 晶体后搅拌 60 min，再加入终浓度为 450 mM 的柠檬酸三钠晶体，静置过夜。于 10 000 g、4 ℃离心 35 min，收集褐色沉淀。将沉淀溶液于 1.5 倍体积的蒸馏水中，5000 g、4 ℃离心 10 min，离心后弃上清液，重复 2 次进行进一步除杂。再用 5 倍体积的 50 mM Tris – HCl（pH 9.0）缓冲液溶解沉淀，5000 g、4 ℃离心 10 min，弃沉淀，收集合并上清液。红小豆铁蛋白盐析后的溶液用 50 mM Tris – HCl（pH 9.0）缓冲液进行透析，中间每隔 6 h 更换一次缓冲液，然后过夜透析。将透析得到的溶液用 0.22 μm 的水系膜过滤，滤过液进行弱阴离子交换柱层析。

用 pH 9.0 的 Tris – HCl 缓冲液平衡 DEAE – cellulose 柱后，将透析所得滤过液（~30 mL）上柱，用 4 倍体积的 Tris – HCl（pH 9.0）洗脱，再用 800 mL 含 0~1.0 M NaCl 的 Tris – HCl（pH 9.0）进行梯度洗脱，流速为 1.0 mL/min，5 mL/管分管收集。通过弱阴离子交换柱层析后具有铁蛋白活性的收集液（一般呈红色）用 50 kDa 超滤膜进行超滤浓缩到 5 mL，以待进一步纯化。然后，用含有 0.15 M NaCl 的 Tris – HCl（pH 9.0）平衡 Sephacryl S – 300（聚丙烯酰胺葡聚糖凝胶）柱，将超滤所得浓缩液上柱后，再用含有 0.15 M NaCl 的 Tris – HCl（pH 9.0）洗脱，流速为 0.4 mL/min，5 mL/管分管收集。

1.2.2.9 菠菜中铁蛋白的提取方法

将采集的菠菜去除黄叶及虫咬部分，用清水冲洗干净，放入含 70%~75% 的酒精溶液中浸泡，然后在筛网上沥干酒精溶液。再放入无菌水中洗去酒精药液，并在筛网上沥干，最后用无菌水重复洗一次。将杀菌清洗后的菠菜立即送入无菌室进行后续处理，先用切草机将菠菜切成 1~2 cm 的小段，然后放入榨汁机中进行榨汁，榨汁后加入纤维素酶和果胶酶，混合均匀，置于 45~55 ℃的环境温度下进行酶促反应，反应过程中保持温度不变（50 ℃），持续时间为 25~35 min。将经过酶促反应的溶液用灭菌的塑料容器收集，利用真空过滤机对其进行真空脱气过滤，以脱去溶液中溶解的氧。将经过真空过滤后的溶液倒入容器中，在 75 ℃的恒温水浴环境中持续加热 15 min，并注意缓慢匀速地搅拌使溶液受热均匀，以使不耐热的杂蛋白变性沉淀。然后将溶液处于静置状态，于 4 ℃环境中冷却过夜。用离心管取经过冷却过夜的溶液，在高速冷冻离心机中以 15 000 g 的离心力离心 30 min，离心后弃沉淀，用广口容器取上清液；然后以 35 g 硫酸铵/100 mL 液体的比例缓慢地向上清液中加入硫酸铵粉末，同时缓缓搅拌，以沉淀蛋白质。然后保持溶液处于静置状态，于 4 ℃环境中再次冷却过夜。

取经过再次冷却过夜后的溶液置于离心管中，然后在高速冷冻离心机中以 15 000 g 的离心力离心 30 min，离心后弃上清，取黄色沉淀于大烧杯中，加入 0.025 M 的 Tris – HCl（pH 7.25）缓冲液溶解，边加入边搅拌直至沉淀完全溶解。将经过溶液沉淀后的溶液移至透析袋中，保持 4 ℃ 环境温度不变；将溶液在 0.025 M 的 Tris – HCl（pH 7.25）缓冲液中透析，并多次更换缓冲液以除去盐类，得到黄色的铁蛋白溶液。将透析后的溶液用小型真空减压浓缩器进行浓缩处理，将经浓缩后的铁蛋白溶液在空气压力 0.3 MPa、进口温度 140 ~ 160 ℃、出口温度 65 ~ 75 ℃ 的工艺条件下用离心喷雾干燥剂进行喷雾干燥，即得粉末状米黄色铁蛋白成品[2]。

1.2.2.10　花芸豆粗蛋白的制备

称取 1 kg 花芸豆浸泡于 4 ℃ 双蒸水中处理 24 h。去皮后倾倒于 2 倍体积的 PSB（0.05 M KH_2PO_4 – NA_2HPO_4，pH 7.0，1% PVP）中，30 min 后匀浆 2 min，过滤。清液于 55 ℃ 下水浴加热 10 min，冷却至室温，于 3500 r/min 离心 15 min，上清液即为得到的蛋白粗提液。

在粗提液中加入 $MgCl_2$ 晶体，使其终物质的量浓度为 500 mM，静置 20 min 后加入柠檬酸三钠晶体，使其物质的量浓度为 700 mM，然后于 4 ℃ 静置过夜。在 12 000 r/min、4 ℃ 下离心 30 min，此时的花芸豆铁蛋白不再溶于上清液。加入 2 倍体积的上清液，离心 10 min，弃去上清，重复 3 ~ 4 次直至只有褐色沉淀。将沉淀溶于 2 倍体积的蒸馏水中，离心 30 min，弃上清。重复 2 次，用 5 倍体积的蒸馏水溶解沉淀，离心 30 min，合并上清液。花芸豆铁蛋白盐析后的溶液用 pH 7.5 的 PBS 缓冲液进行透析，透析液经抽滤后进行弱阴离子交换柱层析。

用 PBS（pH 7.5）平衡 DEAE – Sepharose Fast Floe 柱后，将样液上柱（1.6 cm × 25 cm），用 4 倍体积的 PBS 洗脱，再用 600 mL 含 0 ~ 0.8 M NaCl 的 PBS 进行梯度洗脱，流速为 1.0 mL/min，每管 5 mL，分管收集。将具有铁蛋白活性的收集液超滤浓缩到 5 mL，以待进一步纯化。用含有 0.15 M NaCl 的 PBS 平衡 Sephacryl S –500 柱，待上柱（1.6 cm × 50 cm）后，再用含有 0.15 M NaCl 的 PBS 洗脱，流速为 0.5 mL/min，每管 5 mL，分管收集[3]。

1.2.2.11　马脾铁蛋白的提取

取新鲜的马脾，去掉被膜和脂肪，先用刀切成小块，然后用绞肉机制成匀浆。每千克匀浆加蒸馏水 1.5 L，在水浴锅里边加热边搅拌，至 79 ℃ 停止加热，并冷却至 50 ℃ 以下。然后以每分钟 3000 转的离心力离心 30 min。取棕色上清液，沉淀用少量蒸馏水清洗一次（一般每千克马脾的沉淀用 500 mL 温水清洗）。合并两次上清液，在每 100 mL 上清液中缓慢加入固体硫酸铁 35 g，边加边搅拌，此时出现棕黄色沉淀，并于 4 ℃过夜。第 2 天小心弃掉部分上清液，再以 3000 r/min，离心 30 min。取棕黄色沉淀，用少量半饱和硫酸铵溶液洗一次，并用蒸馏水使沉淀全部溶解（每千克马脾沉淀物加蒸馏水 600 mL），溶液以 3000 r/min 离心 30 min，以除去不溶物。在每 100 mL 上清液中缓慢加固体硫酸铵 5 g，边加边搅拌，待硫酸铵全部加完之后，再继续搅拌 5 ~ 10 min。4 ℃放置 1 ~ 2 天后，从容器壁上可看到棕红色结晶，而大量的却是无定形沉淀。用滴管从底部吸出一点溶液于载玻片上，在低倍显微镜下可见六角形、菱形等棕色结晶，此溶液以每分钟 1000 转低速离心半小时，棕色结晶沉淀在底部，小心舍弃去离心杯上部的上清液和无定形沉淀，底部结晶用 5 % 硫酸铵溶液洗两次，除去无定形沉淀，即得粗制的铁蛋白晶体[4]。

每千克马脾制得的粗晶铁蛋白，用 150 mL 2% 硫酸铵溶解，以 3000 r/min 离心 30 min，除去不溶物，每 100 mL 上清液加固体硫酸量 5 g，边加边搅拌，于 4 ℃放置 2 天，即有大量结晶析出，如此重复 3 ~ 5 次，即可得到很纯的铁蛋白。但在结晶的铁蛋白中含有 6% ~7% 的镉离子，为了除去铁蛋白中的镉离子，将结晶的铁蛋白以 2% 硫酸铵溶解，每 100 mL 溶液加固体硫酸铵 33 g，使铁蛋白沉淀。如此重复 5 次。最后沉淀物以每毫升 50 mg 保存于半饱和硫酸铵溶液中。

马脾的新鲜程度对于铁蛋白的结晶数量有很大的影响。原料新鲜时，铁蛋白结晶快，且产量大，每千克新鲜的马脾可制得约 7 g 的铁蛋白。若马脾放置的时间久一些，其铁蛋白的产率会有明显下降，每千克马脾仅可制得 0.3 g 铁蛋白。甚至那些已腐败的马脾，根本无法产生铁蛋白结晶。因此，保证马脾原料的新鲜度是生产马脾铁蛋白非常关键的一步。

1.2.2.12 鲟鱼肝脏铁蛋白的制备

将鲟鱼肝脏于 4 ℃的条件下解冻后，除去脂肪组织并切碎，加入适量缓冲液于组织捣碎机中搅碎；然后于 10 000 r/min、4 ℃ 离心 20 min，过滤除去沉淀和上层脂肪，收集中间层清液。将收集的清液于 60 ~ 75 ℃ 水浴加热 20 min，以使非耐热蛋白变性沉淀；加热完毕后，迅速冷却至室温，再次对样品进行多次离心处理（4 ℃，10 000 r/min），每次离心 20 min，收集上清液。按照一定的饱和度，向上清液中加入硫酸铵，并于 4 ℃ 的条件下放置过夜，让铁蛋白沉淀析出。在 4 ℃下，以 10 000 r/min 将上清液离心 20 min，除去上清液，收集红色沉淀，并用 50 mM Tris – HCl 缓冲液（pH 7.5）溶解。溶解置于透析袋内，用超纯水透析过夜，除去硫酸铵和其他盐，取透析液备用[5]。

参考文献

［1］ MASUDA T, GOTO F, YOSHIHARA T. A novel plant ferritin subunit from soybean that is related to a mechanism in iron release ［J］. Journal of Biological Chemistry, 2001, 276 （22）: 19575 – 19578.

［2］ 胡菊. 黑豆铁蛋白的分离纯化及初步分离 ［D］. 北京: 中国农业大学, 2009.

［3］ 田童童, 江英, 张建, 等. 花芸豆铁蛋白的分离纯化 ［J］. 中国粮油学报, 2015, 30 （9）: 30 – 35.

［4］ 郭晓慧, 刘云英. 马脾铁蛋白的提取和纯化 ［J］. 生化药物杂志, 1984 （3）: 9 – 10.

［5］ 饶承冬, 叶浪, 邓静, 等. 响应面法优化鲟鱼肝脏铁蛋白提取工艺 ［J］. 四川农业大学学报, 2018, 36 （6）: 851 – 856.

第二章　铁蛋白的来源与结构

铁蛋白是广泛存在于动物、植物以及微生物体细胞中的一种铁储藏蛋白，可以储藏可溶、无毒和可供生物体利用的铁，来调节机体内铁的代谢平衡。

2.1　铁蛋白的来源

2.1.1　动物铁蛋白的主要来源

由于蛋白质外壳具有亲水性，因此铁蛋白可溶于水、胞浆或血浆中，并在细胞内、外液中都比较稳定[1]。

2.1.1.1　铁和铁蛋白在动物体内的分布

铁蛋白是动物体内铁的主要储存形式，主要存在于心脏、肝脏、脾脏、脑等代谢旺盛的组织中；铁蛋白在动物中主要是作为胞浆蛋白存在[2]，大多存在于细胞质中，但是在脊椎动物的线粒体、细胞核、组织血清和血细胞等中也有发现。并且在昆虫中作为一种分泌蛋白存在[1]。

2.1.1.2　铁和铁蛋白在人体内的分布

铁是人体的必需微量元素之一。铁元素在人体内不存在游离态，人体中全部的铁会与蛋白质进行结合，其中72%的铁会与血红蛋白和运铁蛋白在血液中结合并流经全身；3%的铁成为肌红蛋白的重要组分；其余的铁则作为储备铁，以铁蛋白和含铁血黄素的形式存在于肝、脾、骨髓、骨骼肌、肠黏膜和肾等组织中[3]。

2.1.1.3　铁蛋白分子水平的调控

在一些细胞中，细胞可以利用大量的铁螯合酶，以使在核基因中编码的线粒体铁蛋白提供血红素，同时将血红素运输到线粒体中。铁蛋白基因的表达与细胞中铁的状态和细胞分化密切相关。转录调控同时控制铁蛋白 mRNA 的总量和两种铁蛋白（H 型铁蛋白和 L 型铁蛋白）mRNA 的相对量。这两种铁蛋白的 mRNA 在细胞分化时是不同的[4]。

2.1.2 植物铁蛋白的主要来源

不同植物种类和同一植物不同部位的铁蛋白含量差异较大。

2.1.2.1 铁和铁蛋白在不同种类植物中的分布

大部分植物的铁含量都维持在 100 ~ 300 mg/kg 的水平。水稻、玉米的含铁量一般较低，为 60 ~ 180 mg/kg，并且玉米中大部分铁会沉积在茎节中，因而叶片中铁的含量很低[5]。

2.1.2.2 铁蛋白在植物不同器官和细胞器中的分布

铁蛋白的分布最早是通过电子显微镜技术来分析的，且仅在质体的基质中检测到铁蛋白的存在。植物中的铁蛋白主要分布在低光合活性的非绿色质体中，如前质体、白色质体、有色体、造粉体，以及种子、幼苗、根的顶部和豆科植物年幼的根瘤等特异组织中，而有光合活性的叶绿体中却只有少量的铁蛋白分布[6]。另外，在植物导管细胞、维管形成层、生殖细胞和衰老的细胞中也发现有铁蛋白的存在。

叶片中60%的铁被固定在叶绿体的类囊体膜上，20%的铁在叶绿体基质中储存，其余的20%的铁则存在于叶绿体外。当植物受到缺铁胁迫时，叶绿体基质中的铁大部分被再利用，当处于胁迫条件下时，铁蛋白的分布会表现出异常现象。例如，体外培养的大豆细胞中，在质体的外面也发现有铁蛋白的存在。Roswitha 等发现豌豆突变体 dgl 和 brz 在铁过量时，铁蛋白主要存在于突变体基部叶片的叶绿体，以及细胞质和质膜与细胞壁的空间中，可能是由于过量铁的胁迫下，破坏了质膜的完整性，引起邻近坏死细胞中的铁蛋白从衰退的叶绿体中流出所造成的。用硝酸盐培养或者处于黑暗中的菜豆和豌豆，在其细胞质和没被感染的组织间隙的造粉体，以及薄壁组织细胞中，均发现铁蛋白的存在。这可能是铁蛋白作为一种胁迫反应蛋白，在胁迫条件下产生的一种反应[7]。

叶片中19%的铁以非血红素铁的形式存在，主要包括铁氧还蛋白、类囊体组分、[顺] 乌头酸酶、亚硝酸还原酶、亚硫酸还原酶等。其余多以铁蛋白形式存在，铁蛋白含量约占叶片中总铁含量的63%。但豆科类的种子是将其总铁含量的90%储藏在位于淀粉体的植物铁蛋白中。

植物铁蛋白在调节铁代谢平衡的同时也作为铁的长期储存蛋白，例如存在于种子中的铁蛋白，它为种子的萌发提供了所必需的铁元素。蛋白免疫杂交试验表明种子成熟阶段铁蛋白的亚基在不断地积累，并且在干种子中保持较高的含量。

叶霞等[8]以转菜豆铁蛋白基因的嘎拉苹果的 4 个株系为试管苗材料，发现内源铁蛋白和外源铁蛋白基因 mRNA 的含量均在试管苗的根部表达量最高，茎次之，叶片中最低，进一步在分子水平上证实了铁蛋白的分布规律。

植物中的铁需要在细胞中浓缩，以达到与动物铁蛋白相同的功能。铁蛋白存在于所有植物细胞的细胞发育的某个时期，通常存在于质体中（叶片的叶绿体、块茎和种子的淀粉体等）。与动物一样，植物铁蛋白也可以编码核基因组，并通过一种延伸肽靶向质体，延伸肽存在于氨基酸序列的 N – 末端，为动植物铁蛋白所共有[9]。植物铁蛋白中特有的磷酸铁矿似乎在蛋白质运输到质体后，在质体中形成[10]。关于铁蛋白中的铁是如何从质体铁蛋白中回收并用于血红素合成，以及铁蛋白中的铁如何在质体以外的细胞间隔中合成的，其机制目前尚不清楚。然而，与动物中的铁主要用于血红素不同，绿色植物的光合作用需要大量的非血红素铁，形成一种克雷布斯循环的逆转[11]。此外，与动物铁蛋白的基因和调控机制相比[12-16]，植物对质体铁的需求似乎在细胞质需求中占主导地位，并对调控和基因结构产生了深远的影响。

2.1.2.3 植物铁蛋白在分子水平的调控

在转录过程中，植物铁蛋白 mRNA 会受到铁离子的调控。并且在植物铁蛋白 mRNA 中不存在铁反应元件（iron – responsive element，IRE）结构。事实上，当动物铁蛋白 mRNA 的 IRE 在嵌合体中与植物铁蛋白 mRNA 连接时，即使在动物细胞提取物中，IRE 的功能也会受到抑制。例如，调控大豆铁蛋白 mRNA 转录的 IRE 是一个双向启动子，当铁在细胞中处于低水平时，它会结合蛋白的反式受体因子来抑制转录[16]，并且与此时已知的其他启动子没有序列同源性。在植物铁蛋白基因中，内含子的数量是动物的两倍，并且似乎与外显子编码蛋白的结构无关[15]，这表明在植物中，铁蛋白转录的调控（可能与质体发育协调）主导了基因结构的进化。在大豆中，也可能在其他豆科植物中，大部分的铁存在于铁蛋白中[17-18]。豆科植物中高铁蛋白和铁的含量是由于其在一定程度上依赖于根瘤固氮所使用的大量铁[19-23]。豆科植物根瘤中铁蛋白的积累受发育的调控[24-25]。铁通过根瘤中的铁蛋白在结节衰老过程中进行回收，铁通过尚未确定的机制被回收到种子中[18]。

2.1.3 微生物铁蛋白的主要来源

大多数微生物、古生菌、藻类、原生动物、细菌和真菌中都含有铁蛋白。

铁蛋白家族蛋白作为铁存储蛋白广泛存在于原核生物和真核生物中，可分为经典铁蛋白（或典型铁蛋白）、细菌铁蛋白（the bacterioferritins，BFRs）和饥饿细胞 DNA 结合蛋白（DNA binding proteins from starved cell，Dps）三大亚家族[26-28]。BFRs 和 Dps 都局限于原核生物，而铁蛋白广泛存在于动物、植物、古生菌和细菌中，但不存在于酵母中。在这种特殊情况下，生物体可以将铁浓缩并储存在酸性液泡中。

第一个在细菌中被明确识别的铁蛋白是维涅兰德固氮菌的 BFRs[29]，从那以后，从各种各样的细菌中分离出了 BFRs，包括大肠杆菌、荚膜红细菌和脱硫弧菌[30-31]。BFRs 是铁蛋白家族中的一个亚家族。BFRs 由 24 个相同的亚基组成，并自组装成 4-3-2 倍对称的笼状结构。BFRs 的蛋白笼外径约为 12 nm，内腔直径约为 8 nm，共有 62 个孔将内腔与蛋白质纳米笼外的体溶液连接起来。在细菌体内细菌铁蛋白内腔可储存约 2700 个铁原子。

细菌中有两种不同类型的铁蛋白，通常在同一个细胞内。它们是 BFRs 和细菌铁蛋白（the bacterial ferritin，FTNs）。这两种类型的铁蛋白都在铁储存中发挥作用，但也在铁代谢或铁解毒方面有更特殊的功能。蛋白质的确切作用因特定生物体而异。例如，在大肠杆菌中，FTNs 作为主要的铁存储，而在肠道沙门杆菌和鼠伤寒杆菌中，BFRs 是主要的铁储存蛋白[32]。在菊欧文菌中，细菌铁蛋白不是主要的铁库，而是在功能上连接铁硫簇生物合成装置[33]。在幽门螺杆菌中，经典铁蛋白是宿主定植所必需的。在某些情况下，这些蛋白质似乎具有双重作用；例如，在脆弱类杆菌（*Bacteroides fragilis*）和空肠弯曲杆菌（*Campylobacter jejuni*）中，铁蛋白参与铁的储存和氧化还原应激反应[34-35]。

铁蛋白在微生物中的功能比其在高等植物和动物中的变化更大。在大肠杆菌中 FTNs 的作用是从固定培养细胞的蛋白质降解物中捕获铁，而 FTNs 和 BFRs 可以共同保护细胞免受氧化损伤。BFRs 是一种含有铁蛋白的血红素，其铁蛋白活性位点与高等动植物的铁蛋白活性位点不同，主要是各种氧基（氧，过氧化氢）和氧化产物（过氧化氢/水）不同。而 Dps 可以保护细菌的 DNA 免受过氧化氢损伤，它是一种小型铁蛋白，其活性部位能氧化铁并减少氧化底物，Dps 的活性部位（铁氧化酶位点）与植物和动物体内的铁蛋白不同，并且可能与过氧化氢是底物还是产物有关。但大肠杆菌含有 3 种类型的铁蛋白的机制并不清楚。

2.2 铁蛋白的结构

2.2.1 不同来源的铁蛋白的区别

作为一种铁结合和储存蛋白,铁蛋白是一类多聚体蛋白。铁蛋白家族分为典型铁蛋白(主要存在于真核生物、细菌、古生菌中)、细菌铁蛋白(存在于细菌和古生菌中)、DNA 结合蛋白(主要存在于细菌中),其中典型铁蛋白和细菌铁蛋白为大型铁蛋白,DNA 结合蛋白为小型铁蛋白。动物和植物的铁蛋白起源于共同的祖先,是一个高度保守的蛋白,然而它们的基因结构截然不同。虽然铁蛋白在动物、植物和微生物中基因的内含子个数和所在位置是严格保守的,但是它们中的这些参数是不同的。在动物铁蛋白中,内含子的位置和蛋白质的二级结构域相关,而植物铁蛋白的二级结构域与内含子/外显子边界没有明显的关系。植物铁蛋白与动物铁蛋白的同源性为 39% ~ 49%,但和细菌铁蛋白没有明显的同源性[6]。

2.2.2 经典的铁蛋白结构

生命体内自然存在的铁蛋白主要由蛋白质外衣和化合态铁核两部分组成。经典的铁蛋白外衣是由 24 个亚基组装而成的高度对称的内空结构,通常内径约为 8 nm,外径约为 12 nm,厚度约为 2 nm(图 2 – 1),矿物质铁核是由氢氧化铁和磷酸盐组成的非均匀矿化铁核结构,直径约为 8 nm,可以划分为高铁磷比的铁核表层结构和低铁磷比的铁核内层结构,且随着物种的不同,铁核大小也有所差异,氢氧化铁芯可累积至 4000 个铁原子,并且不与其他活性物质产生多余的副反应。1 分子铁蛋白最多能储存 4500 个以无机矿物质形式存在的三价铁原子。对于豆科类植物铁蛋白,其铁的储存量约为 1800 ~ 2000个铁原子。铁蛋白分子的空间结构在各类生物体中具有很高的保守性,所有生物体中的铁蛋白分子有着极其相似的四级结构。铁蛋白由 24 个亚基组成,每两个亚基反向平行形成一组,由这 12 组亚基对称构成一个近似正八面体,成 4 – 3 – 2 倍对称的球状分子[36]。铁蛋白的每个亚基均为长约 5 nm、直径约 2.5 nm 的近似圆柱体,且由 4 个 α 螺旋簇 A、B、C、D 和末端第 5 个较短 α 螺旋 E 构成,B 和 C 螺旋之间有一段含 18 个氨基酸的 BC 环,连接 E 螺旋位于 4 个 α 螺旋簇的尾端并与之成 60°夹角(图 2 – 2)。每分子铁蛋白可形成 24 个一重轴通道、12 个二重轴通道、8 个三重轴通道和 6 个四重轴通道（图 2-3），这些通道被认为是离子或分子等物质出入铁蛋白的必经之路，起着联系铁蛋白内部空腔与外部环境的作用[37]。

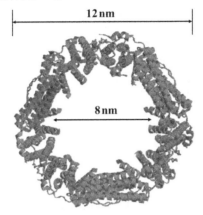

图 2-1　铁蛋白的壳状结构示意

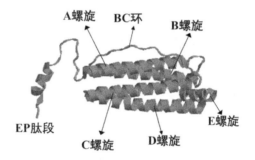

图 2-2　单一铁蛋白亚基结构

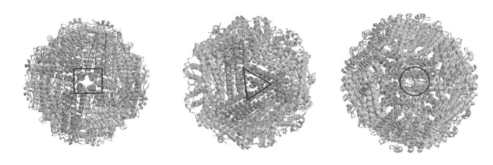

图 2-3　铁蛋白轴通道示意（从左向右依次为四重、三重和二重轴通道）

2.2.2.1　FTN 蛋白

FTN 是在生物体内发现的存在最广泛的一种铁蛋白，它是由 24 个亚基组成的外径约为 12 nm 的对称型中空球状结构。在铁蛋白中大约 8 nm 的中心空腔当中能够存储约 4000 个铁原子。FTN 的每个亚基是由 4 个 α - 螺旋的多肽链（A、B、C、D 链）和一个短的螺旋链（E 链）组成。在单一的物种中，铁蛋白的亚基也被发现以不同的形式存在。比如在哺乳动物细胞中，铁蛋白存在两种亚基，分别为 L 型亚基（轻链亚基）和 H 型亚基（重链亚基），两种亚基在不同的组织器官中以不同的比例进行组装以形成完整的哺乳动物铁蛋白，而这些铁蛋白发挥快速的铁离子代谢功能，或是长期铁存储的功能，都是依据不同组织中的功能需求进行的[6]。商业上应用的马脾铁蛋白其 L 型亚基的比例大约在 90%。L 型亚基和 H 型亚基的序列和大小都很相似，但却具有不同的功能。H 型亚基具有强大的催化二价铁离子的能力，而 L 型亚基则对被氧化铁离子的成核以及铁蛋白的稳定性发挥作用[38]。同时 H 型亚基和 L 型亚基对于氧化应激表现出不一样的响应效果，有研究表明 H 型亚基能够直接参与对氧化损伤的保护作用中[39]。

除了在哺乳动物中发现的两种不同类型的铁蛋白亚基之外，在低等脊椎动物中还发现一种兼具铁氧化酶活性和三价铁离子成核位点的 M 型亚基。虽然 FTN 的结构从古生菌到高等真核生物具有高度保守性，但在不同的生物体内，铁蛋白的亚基组成以及个数也存在差异。无脊椎动物的 FTN 是目前最为神秘的一种铁蛋白，其对生物体内铁离子代谢，尤其是铁离子转运和免疫应答反应的调节作用最为显著。在昆虫当中，FTN 是由两种命名为 HCH 和 LCH 的亚基以固定比例组成的，敲除其中任何一种基因都会使其胚胎致死。同时，在昆虫线粒体中发现的一种线粒体铁蛋白与人的线粒体铁蛋白 FTN 相比具有很低的相似性，推测其可能的原因是物种起源的差异导致的。

2.2.2.2 大/小型铁蛋白

不同铁蛋白的大小不同，其对应结构也有所不同。如 12 个亚基组成的小型铁蛋白和 24 个亚基组成的大型（典型）铁蛋白，其蛋白外壳直径分别为 8 nm 和 12 nm，内部空腔直径分别为 5 nm 和 8 nm，分子内部 60% 是空腔，充满了缓冲液和水合氧化铁（$Fe_2O_3 \cdot H_2O$）矿物质。典型铁蛋白中每两个亚基平行成为一对，首尾相对作为一个面，使铁蛋白成为呈 4 - 3 - 2 倍对称的菱形八面体结构，小型铁蛋白则呈 3 - 2 点对称的四面体结构。在该八面体上沿着二、三、四重轴分别为铁蛋白的二重轴通道、三重轴通道和四重轴通道。铁蛋白重链和轻链的 3D 结构非常相似：由从蛋白质 N 端的 4 个 α 螺旋（A、B、C、D）和 C 端一个较短 α 螺旋（E）构成，4 个长螺旋以反平行方式排列成螺旋束，B 和 C 螺旋之间由一段称为 BC 环的氨基酸链（约 18 个氨基酸）连接，E 螺旋位于螺旋簇的尾端并与之形成 60°夹角朝向空腔的中心[5]。

2.2.3 动物铁蛋白的结构特征

2.2.3.1 马脾铁蛋白的结构简述

以马脾铁蛋白为例来描述动物铁蛋白的特点。马脾铁蛋白的蛋白壳空腔是由 24 个亚基构成的，亚基间位置和取向是有序的，并具有高对称性特点。马脾铁蛋白的蛋白壳空穴直径约 7.8 nm，厚度约 2.5 nm。铁蛋白中的亚基两两成对，每对相互平行，尾首相对，构成菱形十二面体。结构中有 6 个四重轴和 8 个三重轴，形成 14 条通道，其中 6 个四重轴通道是疏水性的，另外 8 条三重轴通道呈亲水性。两种通道的功能不同，非极性四重轴通道允许水及中性小分子通过，但阻止带电荷物质进入，三重轴通道可能是适于金属离子通过的。铁蛋白具有 H 型和 L 型两种不同类型的亚基。酸性的 H 型亚基分子量约为 21 kDa，碱性的 L 型亚基分子量约 19 kDa[40]。H 型亚基和 L 型亚基结构有差别，电荷分布也不同。不同结构的铁蛋白中由于 H 型亚基和 L 型亚基的比例不同，由亚基聚合形成纯聚合体或杂合体中各种铁蛋白图谱也不尽相同。

2.2.3.2 哺乳动物铁蛋白的 H 型/L 型亚基

组成哺乳动物铁蛋白的 24 个亚基通常包括 H 型（重链，分子量约为 21 kDa）和 L 型（轻链，分子量约为 19.5 kDa）两种类型，H 型和 L 型亚基的氨基酸序列具有 55%的相似度。但这两种亚基的功能截然不同，这与他们的结构密切相关。其中，H 型亚基包含一个亚铁氧化中心，这个中心负责亚铁离子的快速氧化。L 型亚基缺乏这个活性中心，但是它含有一个成核中心，可能与铁核的形成有关。另外，H 型铁蛋白还具有抑制芬顿（Fenton）反应发生的作用。H 型和 L 型两种亚基的比例与不同组织器官密切相关，例如：心脏和脑由于铁代谢旺盛而富含 H 型亚基，肝脏和脾脏由于主要用于铁的长期储藏而富含 L 型亚基。在牛蛙等两栖动物的红细胞中，铁蛋白除了具有与哺乳动物类似的 H 型和 L 型亚基外，还存在一种包含一个亚铁氧化中心的 M 型亚基或者叫作类 H 型亚基，三种亚基可以形成杂合体铁蛋白。

2.2.4 植物铁蛋白的结构特征及功能

2.2.4.1 植物铁蛋白的简介

植物铁蛋白是一种由 24 个同源或异源亚基所结合成的蛋白质复合体，其中的每个亚基包括 1 个由 4 股长螺旋组成的束、第 5 个短的螺旋和 1 个长的突出环，形成一个中空的蛋白外壳，直径为 12 ~ 13 nm，蛋白壳内含有 1 个复合体状的无机铁核，由细胞中过量铁聚合形成，内径 7 ~ 8 nm。每分子的铁蛋白中能以可溶、无毒和生物体可利用的形式储存 0 ~ 4500 个铁原子。所有铁蛋白是由 1 个球形蛋白质外笼围绕着水合铁氧化物而组成，铁原子能够在单一铁蛋白这种铁 – 蛋白复合物中浓缩。铁蛋白外壳的亚基以四重、三重和二重对称的形式相互排列。在四重与三重轴线上具有离子通道，其中三重轴线附近的通道是由亲水残基组成，可结合金属离子 Cd^{2+}、Zn^{2+}、Tb^{3+} 或 Ca^{2+} 等。三重轴通道是铁的主要通道和 Fe^{2+} 氧化作用位点，铁离子通过此通道进入核中，在植物和哺乳动物铁蛋白中非常保守[6]。四重对称轴亚单位之间的离子通道比三重轴线上的要窄一些，也是亲水性的，但此结构在动物铁蛋白中却是疏水性的，因此认为此结构是动物和植物铁蛋白的主要区别之一。

植物铁蛋白和动物铁蛋白的氨基酸组成和高级结构具有高度的保守性，但是植物铁蛋白也表现出了其独特的一面。从亚基组成上讲，动物铁蛋白主要由 H 型和 L 型两种亚基组成，不同部位、不同组织中两种亚基的比例不同，其中 H 型亚基主要负责亚铁离子的快速氧化，L 型亚基主要负责铁核的形成。虽然预测豌豆铁蛋白的三级结构与动物铁蛋白的 H 型亚基相类似，但是在植物铁蛋白中并没有真正可区分的 H 型或 L 型亚基。事实上，到目前为止，得到表征的所有亚基既有 H 型亚基的氧化还原位点，又有 L 型亚基的成核位点，因此，植物铁蛋白可以被认为是一个 H/L 型亚基的综合体。而且发现在体外纯化得到的植物铁蛋白的氧化还原活性，介于重组的 H 型与 L 型人铁蛋白之间。另外，植物铁蛋白会先形成一个前体物质，该前体含有一个植物铁蛋白特有的 N – 端序列，这个序列由两部分组成，较短的一段是 EP 肽段（如成熟的豌豆铁蛋白的 H 型亚基的分子量通常为 28 kDa，明显比动物的铁蛋白大。这主要是因为它比动物铁蛋白亚基多一段 EP 肽链），在与铁交换的过程中存在于成熟的铁蛋白亚基中，与铁交换过程中的蛋白稳定性有关。目前，研究发现 EP 肽段在豌豆铁蛋白铁氧化过程中扮演着非常重要的角色，另一段序列 TP 段存在于 EP 段的上游，负责铁蛋白在质体中的定位，在铁蛋白进入质体中后被切掉。由于植物铁蛋白存在于质体中，处于一个高磷酸根的环境中，因此其矿化核具有一个 P : Fe 为 1 : 3 的无定形结构，而且具有亲水性。在植物铁蛋白中，三重轴和四重轴通道都是亲水性的；在动物铁蛋白中，三重轴通道是由亲水性残基组成的，而四重轴通道却是由疏水性残基组成的。关于这一点体现的不同意义，目前尚不清楚。

2.2.4.2　豆科植物铁蛋白

铁蛋白广泛分布于豆科植物种子中，如大豆、黑豆、小豆、蚕豆、鹰嘴豆、豇豆和豌豆，不同豆科植物的铁蛋白结构各不相同。不同豆科植物铁蛋白的结构及其亚基比较见图2-4和表2-1。来自大豆和豌豆种子的豆科铁蛋白由两个分子量分别为26.5 kDa和28.0 kDa的亚基组成，分别命名为H-1和H-2，这些亚基的氨基酸序列具有约80%的同源性[41]。大豆铁蛋白（soybeanseed ferritin，SSF）中H-2和H-1亚基的数量几乎相当（1:1）。H-2亚基的氨基酸序列与H-1亚基的氨基酸序列有82%的一致性。相比之下，黑豆铁蛋白（black bean seed ferritin，BSF）由H-1和H-2亚基组成，摩尔比为2:1，而豌豆铁蛋白（pea seed ferritin，PSF）由H-1和H-2亚基组成，摩尔比为1:2[41-42]（图2-4和表2-1）。蚕豆铁蛋白（broad bean seed ferritin，BBSF）与PSF具有非常高的序列同一性，但它由H-1和H-2亚基组成，不对称比例为1:6[43]。研究表明，鹰嘴豆铁蛋白（chickpea seed ferritin，CSF）的H-2亚基和杂多聚物PSF的H-2亚基具有相似的氨基酸序列[44]。红豆铁蛋白（red bean seed ferritin，RBSF），它只有H-1一种类型亚

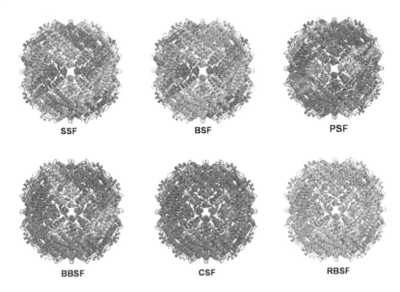

SSF：大豆铁蛋白；BSF：黑豆铁蛋白；PSF：豌豆铁蛋白；BBSF：蚕豆铁蛋白；CSF：鹰嘴豆铁蛋白；RBSF：红豆铁蛋白。其中浅灰色带代表H-1亚基，深灰色带代表H-2亚基。

图2-4　不同豆科植物铁蛋白的结构及亚基比较

基（表 2 - 1），其序列与 SSF 的 H - 1 亚基相似度为 89.6%[45]。

表 2 - 1　不同豆科植物铁蛋白的结构及其比较

铁蛋白类型	亚基类型	亚单位比例（H - 1 : H - 2）	氨基酸序列
SSF	H - 1、H - 2	1 : 1	H - 1 和 H - 2 的相似性为 82%
BSF	H - 1、H - 2	2 : 1	—
PSF	H - 1、H - 2	1 : 2	—
BBSF	H - 1、H - 2	1 : 6	与 PSF 高度相似
CSF	H - 2	—	类似于 PSF 的 H - 2 亚基
RBSF	H - 1	—	89.6% 与 SSF H - 1 亚基同源

"—" 表示信息缺失或未报告。

　　近年来的研究表明，铁蛋白的 H - 1 和 H - 2 亚基在铁的氧化沉淀和铁的释放中具有独特的功能。例如，在铁通量中等（48 - 200 Fe^{2+}/protein）的条件下，H - 1 型铁蛋白中的铁氧化强于 H - 2 型铁蛋白，这是由于 H - 1 亚基内氧化铁酶中心的催化能力更强[43]。H - 1 型铁蛋白也比 H - 2 型铁蛋白具有更强的从内腔中还原 Fe^{3+} 的能力。事实上，在高铁通量下，脱铁黑豆铁蛋白（apo - black bean seed ferritin，apoBSF）中铁氧化沉淀的初始速率比脱铁大豆铁蛋白（apo - soybean seed ferritin，apoSSF）大，这是因为 BSF 中 H - 1 亚基的比例高于 SSF。同样，PSF 表现出比 BBSF 更强的催化活性[43]。就铁氧化而言，当每个蛋白质加载超过 48 个 Fe^{2+} 时，SSF 中的 H - 1 和 H - 2 型之间存在积极的协同相互作用。这些结果表明植物铁蛋白的铁转运效率可能与亚基组成高度相关。杂聚铁蛋白可能比均聚铁蛋白更有效地促进土壤中亚铁离子的吸收。这可能有助于解释为什么天然的植物铁蛋白通常以杂合多聚物形式存在，如 SSF、PSF、BSF 和 BBSF。

2.2.4.3　植物铁蛋白结构的独特性质

　　与动物铁蛋白相比，植物铁蛋白在结构和功能上具有独特的特点。第一，铁蛋白调控方式不同，动物铁蛋白的基因表达严格受控于 IRE 和铁调节蛋白的相互作用，即主要受调控于翻译水平 mRNA 水平；而植物铁蛋白的基因表达主要受调控于转录水平，即 DNA 水平。在哺乳动物系统中，主要是转录后铁调节蛋白结合到铁反应因子上控制细胞间铁的平衡状态。第二，铁蛋白存在的部位不同，动物铁蛋白存在于细胞质（cytoplasm）中；植物铁蛋白存在于细胞质体（plastids）中，其中叶子中铁蛋白主要存在于叶绿体（chloroplast）中，种子中铁蛋白主要存在于淀粉体（amyloplast）中。第三，铁蛋白周围环境不同，由于动植物铁蛋白在细胞中存在的部位不同，导致两种铁蛋白周围的基质明显不同，具体表现为动物细胞质中磷酸根的浓度约为1 mM；豆科类植物的质体中磷酸根离子的浓度非常高，约为 12 mM[46]。第四，铁储藏的目的不同，动物铁蛋白储藏的铁主要用于血红素的合成，特别用于如血红蛋白以及肌红蛋白的合成；植物铁蛋白储藏的铁多用于非血红素铁的合成，如生物固氮中固氮酶所含的非血红素铁的合成。第五，动植物铁蛋白的结构有很多不同之处。研究表明，植物铁蛋白不仅调节体内铁的含量，而且是一种重要的胁迫反应蛋白，在细胞内具有调控铁生物功能的作用，主要表现在种子形成、叶片衰老或环境铁过量时铁蛋白的吸收和铁的积累，以及在种子萌发或质体绿化等过程中铁蛋白还原释放铁，从而调节植物对铁的吸收和释放，维持植物体内铁的动态平衡[47]。

2.2.4.4　植物铁蛋白与动物铁蛋白的不同之处

植物铁蛋白和动物铁蛋白的起源是相同的，但是植物铁蛋白显示了其独特的性质。具体来讲有以下几个方面的不同之处：

①植物铁蛋白主要存在于质体中（叶子的叶绿体中或种子的淀粉体中），而动物铁蛋白存在于细胞质中。

②动物铁蛋白的表达严格受控于 IRE 和铁调节蛋白的相互作用，是属于转录水平的调控；而植物铁蛋白基因的表达主要在翻译水平。

③在动物铁蛋白中，其三重轴通道是亲水性的，而四重轴通道是疏水性的；但在植物铁蛋白中，这两种通道都是亲水性的。

④对于哺乳动物来说，铁蛋白通常由 H 型（重链，分子量约为 21 kDa）和 L 型（轻链，分子量约为 19.5kDa）两种类型的亚基组成，二者氨基酸序列具有 55% 的相似度，而且功能截然不同，这与它们的结构密切相关。H 型亚基包含一个由 His65、Glu27、Glu61、Glu107、Tyr34、Glu62 和 Gln14 7 个保守氨基酸组成的亚铁氧化中心，主要负责亚铁离子的快速氧化，1 个亚铁氧化中心可同时结合 2 个 Fe^{2+} 离子；而 L 型亚基缺乏这个活性中心，但是它含有一个成核中心，负责亚铁离子的缓慢氧化以及矿化核的形成。而且这两种亚基的组成比例具有组织特异性，例如：心脏和脑由于铁代谢旺盛而富含 H 型亚基，肝脏和脾脏由于主要用于铁的长期储藏而富含 L 型亚基。此外，对于牛蛙等两栖动物来说，其红细胞中铁蛋白除了具有与哺乳动物类似的 H 型和 L 型亚基外，还存在一种包含一个亚铁氧化中心的 M 型亚基，或叫作类 H

型亚基，这三种亚基可以形成杂合体铁蛋白。对于植物铁蛋白来说，亚基结构明显不同于动物铁蛋白。组成铁蛋白的24个亚基均为H型亚基，每个亚基都含有一个亚铁氧化中心，其氨基酸组成与动物铁蛋白H型亚基具有约40%的相似度。到目前为止，已经从豌豆、大豆、黑豆、玉米、苜蓿以及拟南芥等植物种子中分离得到铁蛋白，这些植物铁蛋白都是由26.5 kDa（H-1）和28.0 kDa（H-2）两种亚基组成。研究认为H-1亚基是由H-2亚基通过羟基自由基降解而来的；而最近通过分别比较大豆和豌豆铁蛋白这两种亚基的肽指纹图谱发现，H-1和H-2的PMF图谱明显不同。同时也克隆得到大豆铁蛋白H-1和H-2亚基的编码基因，分别为Sfer H-1和Sfer H-2，充分证实植物铁蛋白是多基因编码的。

⑤与动物铁蛋白相比，EP是植物铁蛋白亚基N端特有的重要组成部分，研究表明，H-1和H-2亚基来源于不同的前体蛋白（分子量约32 kDa，氨基酸组成具有约80%的相似度），它的N端包含两个植物铁蛋白所特有的结构域TP和EP。TP由40~50个氨基酸组成，主要负责将前体蛋白转运到质体中，一旦前体蛋白进入质体，TP就会被切除掉，然后亚基在质体中组装成成熟的铁蛋白。早期的研究认为EP与铁蛋白的稳定性有关，最新的研究表明，EP肽段是植物铁蛋白的第二个亚铁氧化中心，负责表面Fe^{2+}的氧化；另外，EP具有丝氨酸蛋白酶活性，能够调控铁蛋白的自降解，同时也与铁离子的还原释放有关，它在植物种子生长发育过程中的生理作用也被进一步阐明。

2.2.5 细菌铁蛋白的结构特征

2.2.5.1 FTNs和BFRs的结构特征

FTNs和BFRs都是由同源或异源亚基组成的，它们最大的区别在于BFRs中存在一个血红素部分。细菌中典型的储铁FTNs与哺乳动物的铁蛋白类似，通常由24个H型亚基组成，排列为4-3-2对称的十二面体。相比之下，细菌中的BFRs以其独特的最多12个铁蛋白血红素基团为特征，这些血红素位于2倍对称的亚基间位点上，通过两个甲硫氨酸残基与蛋白质连接[48-49]。除了这一特性外，BFRs还由24个亚基组成，空间上以4-3-2对称排列，与FTNs具有高度的结构相似性。就其功能而言，细菌中的FTNs和BFRs都在铁储存中发挥着重要作用，但也可能在铁代谢中具有更特殊的功能，这主要取决于不同的生物体。例如，大肠杆菌BFR中的血红素对BFR的组装和铁的吸收是不必要的，而它们在铁的释放中发挥了重要作用。铜绿假单胞菌BFR的研究进一步证实了这一建议，血红素的减少与铁的有效动员有关[50]。

BFRs 是一个大致球形结构，具有 4 - 3 - 2 倍对称性。这种笼状 BFRs 有 8 个三重轴通道、6 个四重轴通道和 24 个 B 通道，它们形成于 3 个亚基之间的不对称位点，但在真核铁蛋白中不存在[51]。此外，在每个亚基中都发现了一个铁氧化酶通道，它将蛋白质外壳外的体溶液与铁氧化酶中心连接起来[52]。BFRs 纳米笼共有 62 个入口通道，这些通道可能分别作为 Fe^{2+}、Fe^{3+} 和磷酸盐的入口和出口通道[53]。形成四重轴通道的氨基酸根据 BFRs 的来源而不同[54]。例如，大肠杆菌和绿脓假单胞菌的四重轴通道是由极性残基形成的，而无色杆菌属的四重轴通道是由极性和疏水性残基形成的[53]。形成三重轴通道和 B 通道的氨基酸在 BFRs 中较为保守。三重轴通道是由带负电和带正电的残留物交替层形成的，这为捕获带电离子创造了一个有利的环境。B 通道是由极性和带负电荷的残基形成的[55]。除铁外的金属离子（如锌、铜、钙、锰、镁、钴和钡）经常在三重轴和四重轴对称通道中发现。尽管各种 BFR 的整体架构和折叠高度相似，但这些通道中细微的结构差异确实会影响其对 Fe^{2+} 的导电性和选择性，以及 Fe^{2+} 氧化积累的机制。与真核铁蛋白使用三重轴通道作为铁离子通道不同，BFRs 使用 B 通道作为铁离子的主要通道[51]。

20 世纪 90 年代初，在大肠杆菌中发现了另一种铁蛋白，命名为 FT-NA[56]。随后在许多其他细菌中也发现了同源物，包括空肠弯曲菌、牙龈卟啉单胞菌和幽门螺旋杆菌。FTN 蛋白与 BFRs 只有 10% ~15% 的同一性，通常由 24 个 H 型亚基组成，排列成具有 4 - 3 - 2 对称性的十二面体。第二类 FTN，称为 FTNB，它不包含典型的催化中心，也在大肠杆菌和肠道沙门菌中被发现。体内研究表明这种细菌铁蛋白在铁 - 硫簇修复和毒性中起作用。大肠杆菌 FTNA 是研究得最好的细菌铁蛋白。尽管它与真核生物 H 型铁蛋白只有较远的亲缘关系，但就序列而言（约 22% 的相似性），它与人类 H 型铁蛋白具有惊人的结构相似性，因此，它拥有 8 个三重轴通道和 6 个四重轴通道。三重轴通道由疏水和亲水残基排列，其极性明显低于真核铁蛋白的等价物。四重轴通道两端极性，中部疏水。B 通道也存在于 FTNs（但不存在于真核铁蛋白）中。一种可能是 BFRs 和 FTNs 中的 B 通道在功能上等同于真核铁蛋白三重轴通道。许多其他细菌 FTN 蛋白质的结构已经被解决，包括空肠弯曲菌和幽门螺杆菌，这两种蛋白质与大肠杆菌 FTNA 具有高度的结构相似性[57]。

2.2.5.2 Dps 和 Encapsulin 的结构与功能

Dps 是在细菌和古生菌中发现的一种可以与 DNA 结合的铁蛋白，它由 12

个铁蛋白亚基组成的，外径约为 9 nm 的最小的一种铁蛋白。由于物理尺寸的减小，在 Dps 的中心空腔中能够存储的铁原子仅为 500 个左右。与大多数具有结构特征的铁蛋白相比，细菌中的 Dps 是非典型的。第一个 Dps 是 1992 年从大肠杆菌中分离出来的。发现其与 DNA 的结合没有序列特异性[58]。同一生物体内 Dps 同源物之间的序列一致性较低，其主要功能是通过去除铁和氧（主要是过氧化氢）来保护细菌免受氧化损伤。结构上，Dps 蛋白主要结合无序列特异性的 DNA，形成大的 Dps 与 DNA 复合体，DNA 被物理屏蔽。DNA 骨架上带负电荷的磷酸盐和 Dps 表面带正电荷的残基之间的静电相互作用稳定了该络合物的结构。Dps 蛋白质仅由 12 个相似的亚基组成，以 3/2 八面体对称排列[59]。亚基结构具有 4 个螺旋束核；第五个螺旋位于垂直于前 4 个螺旋束的连接 B 螺旋和 C 螺旋的环中。因此，Dps 分子的大小约为天然铁蛋白的一半。这种大小差异导致了各自储存铁的能力[46]。

Encapsulin 则是在细菌中发现的最大的一种类铁蛋白状蛋白，在其大约 24 nm或 32 nm 的中心空腔道中，能够存储大约 30 000 个铁原子。与 Dps 不同的是，Encapsulin 的亚基不含有铁氧化酶中心，其氧化铁离子的功能是被包裹在其中心空腔中的铁蛋白，或其他具有铁氧化能力的酶实现的，这也就解释了为什么能够在细菌的 Encapsulin 中发现一些具有其他功能的酶。Encapsulin 从原子水平上，还可以被划分为 3 种类型，分别为类病毒嗜热火球菌铁蛋白、热袍菌纳米铁蛋白和粘球菌铁蛋白。

FTN、Dps 和 Encapsulin 虽然在亚基组成个数上有一定的差异性，但是这三种铁蛋白的基本形态具有相似点，均是由共价或者非共价的亚基组成的球形结构，在球形结构的中心是能够存储铁原子的中心空腔结构，不同大小铁蛋白的物理尺寸示意见图 2 - 5。

虽然不同铁蛋白之间具有高度的结构相似性，但是除了形成铁氧化酶中心的高度保守的氨基酸序列之外，一些铁蛋白之间氨基酸序列的相似性也很低，比如 FTN 和 BFR 之间。游离的二价铁离子被铁蛋白氧化，并存储到中心空腔，发挥作用的部分就是每个亚基的铁氧化酶中心。由于铁蛋白的亚基是由 4 个相同的 α - 折叠的肽链和一个短肽链组成，铁氧化酶中心作用位点就是由这 5 个肽链中的相应氨基酸组成的。除了 Dps 的铁离子结合位点位于铁蛋白亚基间的接触面上，大部分其他类型的铁蛋白其铁离子结合位点都位于亚基 4 个螺旋折叠的肽链中间。

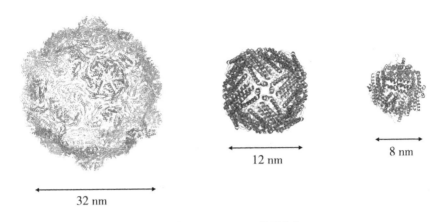

从左到右依次为：Encapsulin、铁蛋白和 Dps。

图 2 - 5　不同大小铁蛋白的物理尺寸示意

2.2.5.3　古生菌中铁蛋白的结构

最近对两种古生菌的 FTN 蛋白进行了结构表征。第一个样本来自嗜热古生菌，与大肠杆菌 FTNA 有 37% 的同源性。这揭示了一种典型的铁蛋白亚基结构，但它是一种截然不同的四元排列，以 3 - 2 倍对称的四面体，而不是其他 24 位铁蛋白的 4 - 3 - 2 倍对称的八面体（这种对称存在于 12 位 Dps 蛋白中）。尽管蛋白质外壳大致是球形的，但它的整体尺寸略大，包裹的密度较小。有 4 个直径为 45 Å 的超孔连接腔体与外界环境，其孔隙是亲水的，并携带净正电荷。在没有铁核的情况下，该蛋白质可被分解成亚基二聚体，24 层结构由铁芯稳定。由于第五区域的 E 螺旋氨基酸残留差异，阻止了亚基的 4 倍对称。然而，这种结构排列并不是古生菌 FTN 蛋白的共同特征。激烈火球菌 FTN（与嗜热古球菌 FTN 有 51% 的相同）的结构表现出经典的铁蛋白 4 - 3 - 2 对称性，具有三重轴和四重轴通道，其性质与大肠杆菌 FTNA 相似[60]。B 型通道也存在于古菌 FTN 蛋白中，但与其他铁蛋白一样，每个通道的精确功能尚未明确[57]。

参考文献

[1] 周亦琛. 铁蛋白的储铁机理及基因表达概述 [J]. 生物技术世界, 2014 (7): 5.

[2] ELIZABETH C T. Iron, Ferritin, and Nutrition [J]. Annual Review of Nutrition, 2004, 24: 327 - 343.

[3] 朱王飞, 钱胜峰. 铁与人体健康 [J]. 中国食物与营养, 2004 (3): 49 - 51.

［4］ TORTI F M, TORTI S V. Regulation offerritin genes and protein ［J］. Blood, 2002, 99：
3505 - 3516.

［5］ 云少君, 赵广华. 植物铁代谢及植物铁蛋白结构与功能研究进展 ［J］. 生命科学,
2012, 24 (8)：8.

［6］ 陈丽萍, 张丽静, 傅华. 植物铁蛋白的研究进展 ［J］. 草业学报, 2010, 19 (6)：
263 - 271.

［7］ ROSWITHA B, RENATE M, DIETER N. Excessive iron accumulation in the pea mutants dgl
and brz：subcellular localization of iron and ferritin ［J］. Planta, 1998, 207：217 - 223.

［8］ 叶霞, 黄晓德, 陶建敏, 等. 转基因苹果组培苗铁蛋白基因在转录水平上的表达
［J］. 果树学报, 2006, 23 (4)：491 - 494.

［9］ RAGLAND M, BRIAT J F, GAGNON J, et al. Evidencefor conservation of ferritin se-
quences among plants and animals and fora transit peptide in soybean ［J］. Journal of Bio-
logical Chemistry, 1990, 265：18339 - 18344.

［10］ WALDO G S, WRIGHT E, WANG Z H, et al. Formation of the ferritin iron mineral oc-
curs inplastids：an x - ray absorption spectroscopy (EXAFS) study ［J］. Plant Physiolo-
gy, 1995, 109：797 - 802.

［11］ FROMME P, JORDAN P, KRAUSS N. Structure of photosystem I ［J］. Biochimica et
Biophysica Acta, 2001, 1507：5 - 31.

［12］ BRIAT J F, LOBREAUX S. Iron storageand ferritin in plants ［J］. Metal Ions in Biological
Systems, 1998, 35：563 - 583.

［13］ KIMATA Y, THEIL E C. Posttranslational regulation of ferritin during nodule development
in soybean ［J］. Plant Physiology, 1994, 104：263 - 270.

［14］ LESCURE A M, PROUDHON D, PESEY H, et al. Ferritin gene transcription is regulated
by ironin soybean cell cultures ［J］. Proceedings of the National Academy of Sciences of
the USA, 1991, 88：8222 - 8826.

［15］ PROUDHON D, WEI J, BRIAT J, et al. Ferritin gene organization：differences between
plants and animals suggest possible kingdom - specific selective constraints ［J］. Journal of
Molecular Evolution, 1996, 42：325 - 336.

［16］ WEI J, THEIL E C. Identification and characterization of the iron regulatory element in the
ferritin gene of a plant (soybean) ［J］. Journal of Biological Chemistry, 2000, 275：
17488 - 17493.

［17］ AMBE S, AMBE F, NOZUKI T. Mossbauer study of iron in soybean seeds ［J］. Journal of
Agricultural and Food Chemistry, 1987, 35：292 - 296.

［18］ BURTON J W, HARLOW C, THEIL E C. Evidence for reutilization of nodule iron insoy-
bean seed development ［J］. Journal of Plant Nutrition, 1998, 21：913 - 927.

[19] BERGERSEN F J. Iron in the developingsoybean nodule [J]. Australian Journal of Biological Sciences, 1963, 16: 916 – 919.

[20] KAISER B N, MOREAU S, CASTELLI J, et al. The soybean NRAMP homologue, GmD-MT1, isa symbiotic divalent metal transporter capable of ferrous iron transport [J]. Plant Journal, 2003, 35: 295 – 304.

[21] KO M P, HUANG P Y, HUANG J S, et al. Accumulation of phytoferritinand starch granules in developing nodulesof soybean roots infected with Hereodera glycines [J]. Phytopathology, 1985, 75: 159 – 164.

[22] TANG C, ROBSON A D, DILWORTH M J. A split – root experiment shows that iron isrequired for nodule initiation in Lupinus angustifolius L [J]. New Phytologist, 1990, 115: 61 – 67.

[23] TANG C, ROBSON A D, DILWORTH M J, et al. Microscopic evidence on how irondeficiency limits nodule initiation in Lupinus angustifoliusL [J]. New Phytologist, 1992, 121: 457 – 467.

[24] O'HARA G W, DILWORTH M J, BOONKERD N, et al. Iron – deficiency specifically limits its nodule development in peanutinoculated with Bradyrhizobium sp [J]. New Phytologist, 1988, 108: 51 – 57.

[25] RAGLAND M, THEIL E C. Ferritin andiron are developmentally regulated in nodules [J]. Plant Molecular Biology, 1993, 21: 555 – 560.

[26] ANDREWS S C. The ferritin – like superfamily: Evolution of the biological iron storeman from a rubrerythrin – like ancestor [J]. Biochimica et Biophysica Acta, 2010, 1800 (8): 691 – 705.

[27] CHAKRABORTI S, CHAKRABARTI P. Self – assembly of ferritin: Structure, biological function and potential applications in nanotechnology [J]. Advances in Experimental Medicine and Biology, 2019, 1174: 313 – 329.

[28] PLAYS M, MÜLLER S, RODRIGUEZ R. Chemistry and biology of ferritin [J]. Metallomics, 2021, 13: mfab021.

[29] STIEFEL E I, WATT G D. Azotobacter cytochrome – b557.5 is a bacterioferritin [J]. Nature, 1979, 279: 81 – 83.

[30] ANDREWS S C. Iron storage in bacteria [J]. Advances in Microbial Physiology, 1998, 40: 281 – 351.

[31] ROMAO C V, DA COSTA P N, MACEDO S, et al. A bacterioferritin from the sulphate reducing bacterium Desulfovibrio desulfuricans ATCC 27774, with a novel haem cofactor [J]. Journal of Inorganic Biochemistry, 2001, 86: 405.

[32] VELAYUDHAN J, CASTOR M, RICHARDSON A, et al. The role of ferritinsin the physi-

ology of Salmonella enterica sv. Typhimurium: a unique role for ferritin B in iron – sulphur cluster repair and virulence [J]. Molecular Microbiology, 2007, 63: 1495 – 1507.

[33] EXPERT D, BOUGHAMMOURA A, FRANZA T, et al. Siderophore – controlled iron assimilation in the enterobacterium Erwinia chrysanthemi evidence for the involvement of bacterioferritin and the Suf iron – sulfur cluster assembly machinery [J]. Journal of Biological Chemistry, 2008, 283: 36564 – 36572.

[34] WAI S N, NAKAYAMA K, UMENE K, et al. Construction of a ferritin – deficient mutant of Campylobacter jejuni: contribution of ferritin to iron storage and protection against oxidative stress [J]. Molecular Microbiology, 1996, 20: 1127 – 1134.

[35] EDSON R R, SMITH C J. Transcriptional regulation of the Bacteroides fragilis ferritin gene (ftnA) by redox stress [J]. Microbiology, 2004, 150: 2125 – 2134.

[36] LI M, JIA X, YANG J. Effect of tannic acid on properties of soybean (Glycine max) seed ferritin: A model for interaction between naturally – occurring components in foodstuffs [J]. Food Chemistry, 2012, 133 (2): 410 – 415.

[37] CHASTEEN N D, HARRISON P M. Mineralization in ferritin: An efficient means of iron storage [J]. Journal Of Structural Biology, 1999, 126 (3): 182 – 194.

[38] BAI L, XIE T, HU Q, et al . Genome – wide comparison of ferritin family from Archaea, Bacteria, Eukarya, and Viruses: its distribution, characteristic motif, and phylogenetic relationship [J]. The Science of Nature, 2015, 102: 64.

[39] ORINO K L, TSUJI Y, AYAKI H, et al. Ferritin and the response to oxidative stress [J]. Biochemical Journal, 2001, 357: 241 – 247.

[40] 权静, 管增东. 马脾铁蛋白的应用研究 [J]. 科技资讯, 2015, 13 (24): 2.

[41] YANG R, ZHU L, MEI D, et al. Proteins from leguminous plants: from structure, property to the function inencapsulation/binding and delivery of bioactive compounds [J]. Critical Reviews in Food Science and Nutrition, 2022, 62 (19): 5203 – 5223.

[42] DENG J, LIAO X, HU J, et al. Purification and characterization of new phytoferritin from black bean (Phaseolus vulgaris L.) seed [J]. The Journal of Biochemistry, 2010, 147 (5): 679 – 688.

[43] YUN S, YANG S, HUANG L, et al. Isolation and characterization of a new phytoferritin from broad bean (Viciafaba) seed with higher stability compared to pea seed ferritin [J]. Food Research International, 2012, 48 (1): 271 – 276.

[44] LV C, LIU W, ZHAO G. A novel homopolymeric phytoferritin from chickpea seeds with high stability [J]. European Food Research and Technology, 2014, 239 (5): 777 – 783.

[45] LI M, YUN S, YANG X, et al. Stability and iron oxidation properties of a novel homopolymeric plant ferritin from adzuki bean seeds: A comparative analysis with recombinant soy-

bean seed H – 1 chain ferritin [J]. Biochimica et Biophysica Acta, 2013, 1830 (4): 2946 – 2953.

[46] DONG X B, TANG B, LI M. Expression and purification of intact and functional soybean (Glycine max) seed ferritin complex in Escherichia coli [J]. Journal of Microbiology and Biotechnology, 2008, 18: 299 – 307.

[47] 付晓苹, 云少君, 赵广华. 植物铁蛋白的铁氧化沉淀与还原释放机理 [J]. 农业生物技术学报, 2014, 22 (2): 239 – 248.

[48] CHESMAN M R, THOMSON A J, GREENWOOD C, et al. Bismethionine axial ligation of heme in bacterioferritin from Pseudomonas aeruginosa [J]. Nature, 1999, 346 (6286): 771 – 773.

[49] LE BRUN N E, CROW A, MURPHY M E, et al. Iron core mineralisation in prokaryotic ferritins [J]. Biochimica et Biophysica Acta, 2010, 1800 (8): 732 – 744.

[50] YANG R, ZHOU Z, SUN G, et al. Ferritin, a novel vehicle for iron supplementation and food nutritional factors encapsulation [J]. Trends in Food Science and Technology, 2015, 44: 189 – 200.

[51] BRADLEY J M, MOORE G R, LE BRUN N E. Diversity of Fe^{2+} entry and oxidation in ferritins [J]. Current Opinion In Chemical Biology, 2017, 37: 122 – 128.

[52] RUI H, RIVERA M, IM W. Protein dynamics and ion traffic in bacterioferritin [J]. Biochemistry, 2012, 51 (49): 9900 – 9910.

[53] DWIVEDY A, JHA B, SINGH K H, et al. Serendipitous crystallization and structure determination of bacterioferritin from Achromobacter [J]. ActaCrystallographica Section F – Structural Biology Communications, 2018, 74 (Pt 9): 558 – 566.

[54] KHARE G, GUPTA V, NANGPAL P, et al. Ferritin structure from Mycobacterium tuberculosis: comparative study with homologues identifies extended C – terminus involved in ferroxidase activity [J]. PLoS One, 2011, 6 (4): e18570.

[55] BRADLEY J M, LE BRUN N E, MOORE G R. Ferritins: furnishing proteins with iron [J]. Journal of Biological Inorganic Chemistry, 2016, 21 (1): 13 – 28.

[56] HUDSON A J, ANDREWS S C, HAWKINS C, et al. Overproduction, purification and characterization of the Escherichia coli ferritin [J]. European Journal of Biochemistry, 1993, 218: 985 – 995.

[57] NICK E, LE B, ALLISTER C, et al. Iron core mineralisation in prokaryotic ferritins [J]. Biochimica et Biophysica Acta, 2010, 1800: 732 – 744.

[58] ALMIRON M, LINK A J, FURLONG D, et al. A novel DNA – binding protein with regulatory and protective roles in starved Escherichia coli [J]. Genes and Development, 1992, 6 (12B): 2646 – 2654.

[59] ILARI A, STEFANINI S, CHIANCONE E, et al. The dodecameric ferritin from Listeria innocua contains a novel intersubunit iron – binding site [J]. Nature Structural Biology, 2000, 7 (1): 38 – 43.

[60] TATUR J, HAGEN W R, MATIAS P M. Crystal structure of the ferritin from the hyperther-mophilic archaeal anaerobe Pyrococcus furiosus [J]. Journal of Biological Inorganic Chemistry, 2007, 12: 615 – 630.

第三章　铁蛋白的性质

3.1　铁蛋白的生物活性

铁蛋白具有典型的 24 聚体结构，其含有的 24 个亚基共同围绕形成了空心球状的铁蛋白笼，并形成了一个宽约为 8 nm 的大空腔。目前的研究证实，铁蛋白在氢氧化铁核心中最多可容纳 4500 个铁原子，但它的存在不会影响蛋白质表面以及可能与其他分子的相互作用；同时，铁蛋白也具有存在铁氧化的催化位点以及存在与溶剂交换的亲水通道的特征。

所有的铁蛋白都具有在有氧条件下容易与溶液中的 Fe^{2+} 离子相互作用并诱导铁氧化和聚集的性质。从本质上来讲，铁蛋白与铁的反应是随着 Fe^{2+} 离子与位于亚基螺旋折叠内的一个特定位点的结合而开始的，该位点被命名为铁氧化酶中心。铁与氧气的相互作用，使 Fe^{2+} 氧化成为 Fe^{3+}，并能使其继续迁移到空腔中进行成核，继而聚集形成铁芯。在此过程中，与 Fe^{2+} 离子氧化有关的铁蛋白酶活性被称为铁氧化酶活性，而调节铁存储量与催化位点数量的能力被称为铁氧化能力。在体外反应中，氧化步骤通常是快速的，在几秒内即可完成；但水解 – 矿化步骤（以决定铁氧化酶位点的周转）是缓慢的，通常需要持续进行几分钟。

除了脊椎动物铁蛋白的 L 型亚基外，有助于形成铁氧化酶位点的 7 个残基在所有铁蛋白中都是保守的。然而，在不同的铁蛋白中，能观察到铁氧化机制的一些明显差异。例如，来自大肠杆菌的 FTN 铁蛋白在产生水的反应中氧化铁的速度较为缓慢[1]，而人类 H 型铁蛋白在产生过氧化氢的反应中会更加容易、迅速地氧化铁[2]。该反应过程的产物一般是有害的，因为它将会引发芬顿反应，并会通过 H_2O_2 和 Fe^{2+} 之间的相互作用产生具有强氧化性的羟基自由基，进而可能与蛋白质的损伤过程或含铁血黄素（一种假定的铁蛋白不溶性降解产物）的形成有关。有研究表示，铁氧化酶中心的活性位点是在 H

型铁蛋白亚基的 4 个螺旋束内发现的一个二铁辅助因子[3]。两个 Fe^{2+} 离子将结合到铁氧化酶中心，并在氧气存在的情况下氧化成 Fe^{3+}。氧化后，Fe^{3+} 离子从铁氧化酶中心迁移到铁蛋白内部，在 L 型铁蛋白的成核位点形成矿物核心。这一过程对于不存在铁的铁蛋白核心形成的早期阶段是至关重要的。在矿物核心形成后，铁可以通过三重轴进行迁移，并直接在矿物核心表面被氧化。事实上，铁核表面发生铁氧化的速度要快于铁氧化酶中心的铁氧化速度，虽然有研究表明铁氧化酶中心在铁核心建立后仍然发挥作用，但其对于 Fe^{2+} 氧化的贡献远不如矿物核心表面发生的氧化作用显著[4]。

　　研究发现，当机体内 Fe^{2+} 浓度过高时，还会诱发 Haber - weiss 反应，产生大量的自由基[5]。在这些反应程序中，尤其以羟基自由基的产生最为明显。自由基的产生会导致心脏、肝脏、肾脏、脾脏等机体组织受到严重损伤，同时还会增加罹患癌症的风险。一旦过量的铁沉积在了脑部，会造成中枢神经系统不可逆的损伤，最为典型的例子就是帕金森症和阿尔茨海默病。幸运的是，铁蛋白可将多余的 Fe^{2+} 经过氧化沉淀反应以 Fe^{3+} 的形式储存在铁蛋白内部，从而避免机体的损伤（即去毒反应）。另一方面，当 Fe^{2+} 浓度较低时，铁蛋白也可以在还原剂的作用下将空腔内的 Fe^{3+} 还原为 Fe^{2+}，并使铁从内部释放出来以供机体其他生命活动的利用。由此可见，铁蛋白会通过储存与释放铁离子来调节生物体内铁的平衡，因此是生物体内铁代谢过程中一个非常重要的参与者。

3.1.1　铁蛋白表达的调节

　　铁蛋白家族几乎在所有生物体内铁的细胞代谢中都起着重要作用，它们是细胞中的铁能进行自然调控的核心。最具特色的铁蛋白表达调控系统是基于铁调节蛋白（iron regulatory protein，IRPs）和位于靶 mRNA 上的铁反应元件 IRE 之间相互作用的转录后铁依赖性机制。IRE 是位于 H 型和 L 型上的 mRNA 在 5′ 非翻译区（5′ UTR，5′ untranslated region，是指成熟 mRNA 位于编码区上游不被翻译为蛋白质的区域）中的一个特殊的结构，该结构能与铁调节蛋白 IRP1 和 IRP2 的阻遏物高亲和地结合。IRPs 的 IRE 结合活性受到铁和细胞的氧化还原状态的影响。在高铁供应下，IRP1 会形成 Fe/S 簇，并在失去 RNA 结合活性的同时获得顺乌头酸酶活性[6-7]，这是一种受蛋白质磷酸化影响的转变，且与铁诱导的蛋白酶体降解有关[8]。对于 IRP2 来说，铁诱导的降解是普遍发生的，基本是由铁或血红素结合所引起的。因此，IRP2 可能是体内主要的铁蛋白调节因子[9]。事实上，H 型和 L 型铁蛋白的 IRE 结构非常相似，但使用灵敏的定量分析可以发现，L 型铁蛋白的 IRE 在缺氧条件下对铁供体的反应更为敏感，这意味着 L 型铁蛋白在转录后水平上受到了比 H 型铁蛋白更为严格的铁调节[10]。转录调控又决定了组织特异性的 H∶L 比率。此外，铁蛋白对氧化剂的反应机制涉及两个存在于铁蛋白启动子中的上游抗氧化响应元件（antioxidant response element，ARE）[11]。转录因子 NrF2 和 JunD 参与ARE 在氧化应激后的转录激活。对血红素敏感的转录因子 Bach1 和 Maf 也参与了 H∶L 比率的调节。由此可见，血红素是细胞溶质内铁蛋白的强诱导因子，因为它在转录水平（通过 Bach1 结合）和翻译水平（通过 IRP2 结合）两个层面上都发挥了作用，并且它对铁蛋白表达的影响不会因为抑制释放血红素铁的血红素氧合酶而减少[12-13]。

有报道认为该调控系统不仅对铁的可用性敏感，同时也对细胞的氧化状态敏感，并且它可以类似地调节着几乎具有相同 IRE 序列的铁蛋白的 H 型亚基和 L 型亚基[14]。它对其他不一定由铁介导的、可能由转录调控的、特征不明显的调控系统进行调节，使这些系统共同建立了 H∶L 比例的组织特异性模式。在缺乏 IRE-IRPs 机制的植物中，铁蛋白的表达在转录水平上受到调节，这使得铁蛋白水平可以适应铁的可用性和氧化还原状态[15]。在许多方面，铁蛋白也可以被视为对应激和炎症有反应的蛋白质组的成员。炎症细胞因子特别是肿瘤坏死因子-α（TNF-α）和白细胞介素-2（IL-2），可以在各种哺乳动物细胞，包括间充质细胞、肝细胞和单核-巨噬细胞中上调其铁蛋白的合成。这种反应的调控元件对铁蛋白的 H 型亚基具有特异性，被命名为FER2，位于小鼠 H 型铁蛋白基因转录起始的上游 4.8 kbp 处，包含一个转录因子 NF-kB 的结合位点[16]。

除了与 IRE 和 IRPs 之间的相互作用有关的转录机制外，在 HepG2 细胞中，还发现 IL-2β 对铁蛋白的诱导会在不改变 H 型和 L 型 mRNA 水平的情况下发生，因此可以推断这种作用是通过将蛋白质结合到 mRNA 上不同于 IRE的富含鸟苷-胞苷（GC）的区域所介导的。一项关于用佛波脂酸（phorbol miristate acetate，PMA）诱导分化单核 THP-1 细胞的研究表明，用干扰素-γ进行刺激会大大增强 H 型铁蛋白的表达，并会诱导更多肿瘤坏死因子（tumor necrosis factor，TNF）的释放[17]。这种作用可能是由 PMA 引起的 H 型铁蛋白转录物的稳定所介导的，并且相关的 mRNA 区域被定位在 3′非翻译区中富集嘧啶的区域内[18]。

大多数与炎症相关的刺激似乎优先上调 L 型铁蛋白而非 H 型铁蛋白，从而导致催化位点的增加和细胞铁可用性的减少。这可能通过诱导一氧化氮（NO）间接改变 IRPs 的活性，并同等地调节这两种亚基。同时对红白血病细胞模型的研究分析也表明，分化会刺激在转录水平上调控 H 型和 L 型铁蛋白的合成[19]。

影响铁蛋白合成的其他因素还有化学预防剂，它能诱导抗氧化保护酶而不产生毒性作用。研究发现，这些试剂可以在转录水平上调控 H 型和 L 型铁蛋白的合成，该作用可能是由小鼠的 H 基因和 L 基因中的抗氧化响应元件（ARE）所介导的[20]。

人们已经在许多类型的癌症中观察到了铁蛋白表达的异常，这与铁代谢的改变无关。目前有证据表明致癌基因可能调节铁蛋白的表达，比如已发现致癌基因 E1A 可以在转录水平上特别抑制铁蛋白的 H 型亚基的合成。另外，H 型铁蛋白的表达在过量表达 c-myc 癌基因的细胞中被下调，而 H 型铁蛋白水平的降低是 c-myc 介导的转化所需要的[21]。

在通常与细胞应激相关的条件下，铁蛋白水平有明显的调节作用。在努力确定控制 c-Jun 氨基末端激酶（c-Jun N-terminal kinase，JNK）级联反应诱导的细胞凋亡的调控因子时，发现 H 型铁蛋白受 NF-kB 的调节，并作为 NF-kB 的抗氧化和活性保护的重要媒介[22]。H 型铁蛋白在 NF-kB 的下游被诱导，并通过螯合铁和抑制活性氧（reactive oxygen species，ROS）的形成来防止由 TNF-α 引发的细胞凋亡。

研究表明，吗啡刺激神经元中的 μ 阿片受体（mu-opioid receptor）会引起 H 型铁蛋白的上调，H 型铁蛋白是趋化因子受体 CXCR4 的负调节因子[23]。鱼藤酮是一种呼吸链复合物 I 的抑制剂，它可诱发氧化应激和 ROS 的产生，也被发现通过作用于 ARE 元件来刺激铁蛋白的转录。其他研究表明，用转化生长因子-β（transforming growth factor-β，TGF-β）处理小鼠肝细胞以诱导上皮间质转化可以显著降低铁蛋白水平[24]，但 TGF-β 对铁蛋白的下调并不涉及转录过程，而是依赖于介导翻译抑制的 3′UTR 区域。在实验中过度表达 p53 的 H1299 肺癌细胞中，观察到了铁蛋白表达的非转录调节[25]。这导致了 H 型和 L 型铁蛋白链的诱导，继发于 IRP1 活性的下调，并伴随着 TfR-1 水平的增加。这一发现表明，对细胞铁可用性的限制可能是导致 p53 介导的生长停滞的另一种途径。在一项分析心脏衰老因素的研究中发现，老年大鼠的心脏中铁蛋白水平升高（主要是 L 型铁蛋白的升高），这可能是对衰老心肌中氧化损伤增加的一种保护性反应[26]。用硝酸铅处理大鼠会引起肝细胞和Kupffer 细胞中 L 型铁蛋白水平升高，这表明巨噬细胞的增加依赖于凋亡细胞的吞噬作用[27]。相比之下，实验性大鼠和小鼠心力衰竭个体的 H 型铁蛋白水平显著降低，其机制仍有待阐明，而且这种降低伴随着氧化损伤和活性氧的大量增加。在子宫内暴露于 γ 射线的大鼠大脑中，铁蛋白含量降低，总铁含量随之增加。这可能是氧化损伤后蛋白质降解率的增加而导致的。

铁蛋白的合成速率对植物、动物和细菌中细胞内铁和氧或氧化剂的变化有反应。然而，铁蛋白合成、转录（mRNA）和翻译（利用 mRNA 合成蛋白质）的双重控制点是动物细胞质铁蛋白所特有的。在动物铁蛋白的 mRNA 中，IRE 结构通过结合蛋白抑制因子 IRP - 1 或 IRP - 2，来控制核糖体与铁蛋白mRNA 结合的速率。一组用于铁或氧代谢的蛋白质的合成是由不同的、mRNA特异性的 IRE 结构控制的，这些结构对铁或氧信号产生了一套分层/分级的响应[28]。当 IRE 位于 5′非翻译（UTR）区时，可通过干扰真核起始因子 4E（eukaryotic initiation factor 4E, eIF4F）/核糖体的相互作用来调节核糖体的结合[29]，但当 IRE 在 3′UTR 区时，如转铁蛋白受体 mRNA 那样嵌入 AURE 序列时，蛋白质的合成是通过 mRNA 的降解/周转来控制的。mRNA 特异性 IRE 结构的家族，以及铁反应元件结合蛋白 IRP - 1 和 IRP - 2，翻译或降解的抑制因子，形成了一个自然的、组合的 RNA/蛋白质复合物阵列[28]。IRE 和 IRP - 1 或IRP - 2 之间的相互作用反映了细胞中铁、过氧化氢、一氧化氮和分子氧的浓度，因为这些无机化合物或元素会影响 mRNA/阻遏物复合物的形成。IRP - 1 和IRP - 2 的传感机制尚不完全清楚，但可以确定的是它们与其他代谢系统存在着许多潜在的联系。与 IRP - 1 相比，IRP - 2/IRE 的相互作用受蛋白质周转的调控，并依赖于铁或氧依赖的泛素化和蛋白酶体降解途径。IRP - 1 中缺失的 IRP - 2 中含有的 73 个氨基酸序列，这些序列一度被认为是铁或血红素结合的修饰位点[30-31]。但根据实际情况来看，即使消除了该结构域，对铁或血红素介导的 IRP - 2 降解也几乎没有任何影响，而仅仅会使 mRNA 的结合发生改变[32]。

3.1.2 铁蛋白对细胞铁物质的影响

H 型和 L 型铁蛋白是通过 IRP - IRE 系统对铁的可用性进行最严格调节的。当生物可利用铁的含量较高时，铁蛋白的合成很容易被上调，以产生足够的分子来容纳过量的铁。反之，当铁含量较低时，铁蛋白中的铁会被还原，以使铁可用于酶的合成。然而，铁蛋白在这一机制中发挥的作用尚未被完全阐明，特别是还不清楚该蛋白是否在细胞内铁稳态的调节机制中发挥积极作用。由于其强大的结合能力，铁蛋白是非红细胞中主要的铁结合蛋白，但由于其可利用的铁的种类未知且在不同组织中其外壳的亚基组成不同，故铁蛋白对金属的亲和力是无法精确确定的。此外，还应该考虑到大多数细胞中的铁蛋白只是部分饱和的，每分子铁蛋白中的铁原子几乎都少于 1500 个。因此，即使没有铁诱导的上调，铁蛋白也应该具备足够的铁存储能力以纳入过量的铁。这些观察结果表明，铁蛋白在调节铁代谢方面的活跃机制是我们难以预计的。此外，这两个亚基在应对铁反应的具体作用仍不清楚。然而，近年来，对铁代谢紊乱和细胞模型的研究又提供了新的见解。遗传性高铁蛋白血症白内障综合征是一种以血清铁蛋白水平升高为特征的疾病，通常伴随着早发性的双侧白内障。研究发现，这种疾病与体内铁储存无关，而与 L 型铁蛋白的 IRE 序列的异质性突变相关。这些突变降低了对 IRP 的亲和力，并决定了 L 型铁蛋白的构成性上调。这将导致血清和组织的蛋白质水平增加为正常水平的 10～20 倍，但在系统和细胞水平上并未观察到铁代谢的明显变化。白内障可能是在铁稳态没有局部异常的情况下，因铁蛋白晶体在晶状体中的沉积而形成的[33]。这些研究结果表明，过量表达的 L 型亚基本身不会改变铁的代谢，这与该亚基中缺乏催化亚铁氧化物酶位点的情形相一致。此外，这些结果还表明，由 L 型铁蛋白的过度积累引起的细胞铁储存能力的扩大不足以导致铁储存量的增加。对稳定转染的 HeLa 细胞的分析也证实了这一点：HeLa 细胞在诱导型四环素启动子的控制下过量产生 L 型铁蛋白，L 型铁蛋白的上调并没有引起细胞铁代谢的改变，而仅仅可以增加细胞的增殖率。然而，有研究发现了一种与铁蛋白 L 基因突变有关的新的神经系统疾病，这对于认为铁蛋白的 L 型亚基没有重要生理作用的假说提出了挑战[34]。这种疾病的病症表现为，多发于 40～55 岁的人群，他们表现出不自主的运动，并伴有常染色体的显性传播。组织病理学分析的结果显示，铁蛋白和铁沉积在大脑基底的神经节，该部位的铁沉积被怀疑与几种神经退行性疾病有因果关系。进一步研究发现，患有这种疾病的人群的血清铁蛋白水平都具有特征性的低水平，同时，这种疾病可能与一个改变了蛋白质 C 末端区域的核苷酸插入有关。显性遗传表明，该疾病不是由蛋白质失活引起的；相反，该突变可能干扰了细胞中所有或部分铁蛋白的组装和功能。

H 型亚基是铁蛋白活性的主要调节因子，它的过度表达会改变细胞的表型。这首先由转染了小鼠 H 型的小鼠红白血病细胞克隆显示出来，这些细胞表现出铁缺乏的表型，伴随不稳定铁池（labile iron pool，LIP）的减少，转铁蛋白受体和 IRP 活性的上调，以及血红蛋白合成的减少。与对照组的细胞相比，这些细胞在暴露于过氧化氢后也显示出活性氧（ROS）产生减少的现象。然后用 HeLa 细胞转染克隆也获得了类似的结果，其中 H 型铁蛋白的 cDNA 在诱导型四环素启动子的控制下进行表达[35]。在去除多西环素抑制因子后，H型铁蛋白的水平会先增加 20 ~ 30 倍，然后在高于背景值 15 ~ 20 倍的水平上趋于稳定。这种不寻常的模式在过量表达其他蛋白质的克隆或具有失活的铁氧化酶中心的 H 型亚基突变体中是没有观察到的，这表明可能存在着代偿机制，以减弱活性铁蛋白过度产生的影响。更重要的是，人们发现过量的 H 型亚基的存在诱发了类似于在转染的小鼠红白血病细胞转染体中观察到的缺铁表型，并且还降低了细胞的增殖速率，增加了细胞对由过氧化氢诱导的氧化损伤的抵抗力。所有的相关表现都被细胞铁的补充所消除，这明确表明它们都与相对缺铁有关。过量表达相同的 H 型铁蛋白，并使其铁氧化酶活性失活的突变，对铁的稳态、细胞增殖率和对过氧化氢的抗性没有影响。这表明，铁氧化酶活性调节着细胞铁的可用性，而细胞的铁供应又对各种细胞活动产生次要影响，包括增殖和对氧化损伤的抵抗。此外，还有研究发现 H 型铁蛋白的过量表达降低了对凋亡刺激（如TNF－α）的反应，其机制不受铁的可用性和功能性铁氧化酶中心存在与否的影响。在这些实验中，细胞表达了大量的 H 型铁蛋白，它们中约有一半形成了均聚物，只结合了微量的铁；而仅含有 1 ~ 2 个 L 型亚基的杂聚物却包含了大部分的铁。这证实了在细胞中，杂聚物在铁结合方面的效率更高。铁氧化酶的活性对于铁在铁蛋白中的结合是必不可少的，但它也可以通过去除具有更强潜在毒性的 Fe^{2+}，而对细胞的氧化还原状态具有重要调节作用。因此，我们并不能确定该位点的主要作用是促进了铁的结合还是降低了 Fe^{2+} 的可用性。人们还发现，在基因敲除小鼠中缺失其基因在胚胎发育的早期阶段是致命的，这进一步强调了 H 型铁蛋白的生物学重要性[36]。在进行转染实验时，人们发现虽然 H 型铁蛋白在 COS 和 HeLa 细胞中的瞬时表达是非常有效的，但对细胞铁代谢并没有可检测到的影响[37]。事实上，外源性铁蛋白既没有与内源性铁蛋白亚基共同组装，也没有结合大量的铁。当人们在 HeLa 细胞的细胞质内表达线粒体－铁蛋白时，也获得了类似的发现[38]。发生这种意外现象的原因是并不明确的，它们可能与实验模型所允许的有限时间有关，这种意外行为也防止了异位表达的铁蛋白与内源性铁蛋白平衡和竞争。

在哺乳动物中，H 型亚基和 L 型亚基的组装比例由组织和细胞发育决定。富含 H 型的铁蛋白存在于心脏和大脑中，具有较高的铁氧化酶活性，且具有更显著的抗氧化活性，而脾脏和肝脏中富含 L 型亚基的铁蛋白在物理上更加稳定，可能包含大量的铁，并且具有更明显的铁储存功能。

3.1.3　铁蛋白和氧化损伤

铁是一种必不可少的元素。它能够形成复合物，如蛋白质中的血红素和铁硫簇，以及二铁酶，使细胞具有各种功能。然而，游离的铁是有毒的，因为它会促进高活性氧自由基的产生，从而损害细胞成分，如 DNA、脂质和蛋白质等，并与癌症和衰老的病因学有关。因此对于维持细胞存活方面来说，平衡铁的有害和有益影响是非常重要的一个方面。

铁蛋白的表达会受到各种与氧化应激有关的条件调节，这些条件可直接作用于基因表达或通过改变 IRPs 的活性起到间接作用。相关的实验证实了铁蛋白在保护细胞免受氧化损伤方面的作用。在实验中，首先将内皮细胞暴露于急性铁负荷，然后暴露于 H_2O_2 和血红素。预处理保护了细胞免受铁的氧化损伤，并且在这个过程中，由铁蛋白充当了保护剂。在小鼠和人类白血病细胞中使用各种类型的氧化损伤也获得了类似的结果。此外，通过胞饮摄取富含脱铁铁蛋白的细胞也显示出类似的增强其对氧化应激的抵抗力，而使用反义寡核苷酸对 H 型铁蛋白含量进行人工下调会降低对应激的抵抗力。另一方面，经过紫外线辐射预处理，上调血红素加氧酶，可对氧化损伤起到保护作用。血红素加氧酶对大多数类型的应激反应都非常强烈，其部分抗氧化活性依赖于从血红素中释放铁的能力，这最终使铁蛋白上调。然而，据报道，紫外线辐射也会诱发人类原始成纤维细胞系中的铁蛋白即刻水解和铁蛋白中促氧化铁的释放，尽管铁蛋白核心的不溶性铁似乎不太可能轻易地进入不稳定的铁池。虽然目前已有充足的生物学证据证明铁蛋白具有抗氧化作用，但只有少数研究分析了其在生化水平上的作用机制。已有研究表明，H 型铁蛋白可以在溶液中螯合 Fe^{2+}，并减少芬顿反应引起的脂质过氧化，同时，负载铁的铁蛋白可以在不同的结构位点结合大量的 NO 分子[39]。

重组 H 链铁蛋白（recombinant ferritin, heavy polypeptide, FTH）具有抗氧化活性的证据由 Vercellotti 团队首次提出，他们的研究表明，用血红素和 H_2O_2 预处理细胞可以有效地保护细胞免受进一步的氧化损伤，而且这种保护可归因于铁蛋白的表达而非血红素加氧酶，已通过 HeLa 细胞和小鼠红白血病细胞中过量表达的具有铁氧化酶活性的 H 型铁蛋白证实了这一观点。FTH 增加了对氧化损伤的抵抗力，并减少了细胞的活性铁和活性氧的含量。下调 FTH 后也刚好获得了相反的效果[40]。由于 FTH 缺陷的小鼠会在胚胎发育过程中死亡，因此对铁蛋白缺乏症的体内研究变得更加复杂。有研究表明，如果条件性敲除小鼠的 FTH，其第一个外显子两侧将带有 LoxP 位点[41]。这些小鼠的肝脏、骨髓、脾脏和胸腺中都存在着铁蛋白的缺失。尽管它们没有铁储备，但这些小鼠是可以存活的，并且可以存活 2 年，也并没有观察到明显的劣势。然而，以高铁饮食喂养的小鼠却遭受到了严重的肝损伤。由于体内的系统相当复杂，因此对从小鼠体内获得的 FTH 无效胚胎成纤维细胞进行了分析。分析结果显示，这些细胞对铁的补充高度敏感，在细胞死亡之前，会产生胞浆游离铁水平增加、ROS 活性氧的形成以及线粒体去极化的情况。转染具有铁氧化酶活性的 FTH 基因可防止铁的毒性，并可以通过抗氧化试剂来降低毒性[41]。这表明铁蛋白的主要作用是防御涉及线粒体参与的氧化损伤的铁毒性。

缺血预处理是一种保护器官免受长时间缺血损伤的处理方法，铁蛋白在这种保护中发挥了重要的作用。有报道称，大鼠心脏预处理过程与铁蛋白的显著上调有关，在长期缺血期间铁蛋白的水平保持高位，并在再灌注后下降[42]。铁螯合剂对铁蛋白合成的抑制削弱了这种保护作用，而铁补充剂对铁蛋白的刺激增加了这种保护作用。这些结果表明，缺血产生游离铁的早期爆发诱导了铁蛋白的快速合成，铁蛋白作为氧化还原活性铁的物质，保护细胞免受缺血/再灌注损伤相关的氧化损伤。在对大鼠视网膜缺血预处理的研究中也获得了类似的结果[43]：它防止了在长时间缺血期间发生的铁蛋白水平的降低，并保护器官免受损伤。在这种情况下，通过用铁螯合剂抑制铁蛋白的合成，继而保护作用被阻断。在心力衰竭的大鼠模型中，心肌细胞活力的降低伴随着氧化损伤的增加和 FTH 的减少，用带有 shRNA 的腺病毒载体对 FTH 进行实验性下调，进一步减少了损伤[44]。这是通过使用 1，8 - 二氮 - 9 - 芴酮（9H - 1，8 - Diazafluoren - 9 - one，DFO）和 N - 乙酰半胱氨酸等抗氧化剂而缓解了这种情况。在另一个系统（肌肉）中，脂肪细胞衍生的蛋白脂联素的保护作用归因于 H 型铁蛋白的诱导，这种保护降低了活性氧水平和氧化损伤[45]。在神经母细胞瘤细胞系中，研究表明 FTH 的上调是对由神经毒剂鱼藤酮引起的氧化损伤的重要保护性反应，并且这种保护作用被特定的小干扰

RNA（small interfering RNA，siRNA）所消除[46]。在黑质多巴胺神经元中也观察到铁蛋白的保护作用，其中分析了蛋白酶体抑制剂乳酸菌素的毒性作用。在这些细胞中过量表达 FTH 可以降低氧化还原活性铁的水平，减轻蛋白酶体的抑制，更重要的是可以降低乳酸菌素的毒性[47]。

铁蛋白的结合铁量仅次于血红蛋白，当细胞缺铁时铁蛋白中的铁会被还原进而释放到细胞中以满足细胞的需求。人们普遍认为，铁蛋白中的铁是以一种安全的形式存在，不会对细胞造成氧化损伤；然而，在非生理条件下，随着强还原剂的产生，铁蛋白的铁可以被释放出来，催化自由基的产生。若使用还原性的自然制剂如硫化物和超氧离子，在 eb100 mV 的情况下，会降低铁蛋白中铁的含量。对此证明进行重新评估发现，铁蛋白与 H_2O_2 产生的 DNA 损伤与从芬顿反应中得到的损伤类似，而且这种损伤可以被强铁螯合剂所抑制[48]。当铁蛋白与 salsolinol（一种参与神经退行性疾病发病机制的内源性毒素）一起孵化时，也观察到铁蛋白由于铁释放而产生的促氧化活性[49]。铁蛋白加入 salsolinol 会导致 DNA 裂解，这种裂解被过氧化氢酶和铁螯合剂抑制，但不被超氧化物歧化酶所抑制，并伴随着可螯合铁的释放。研究表明，由铁蛋白引起的氧化损伤可以被已知具有神经保护功能的天然肌肽和相关化合物所抑制。因此，铁蛋白铁在病理条件下可能具有促氧化的作用。这一发现也得到了其他发现的支持。例如，在大鼠肝脏匀浆中加入铁蛋白会诱导抗坏血酸自由基的形成，并增加不稳定铁池[50]。此外，铁蛋白本身在孵化过程中被损坏，这可能有利于铁蛋白铁的释放。这表明，在铁蛋白储存铁的能力因化学或遗传原因被淹没或受损的条件下，铁蛋白的铁可以促进组织损伤。此外，H 型铁蛋白在多巴胺能神经元中的长期表达已被发现会增加神经变性和不稳定的铁池，这种影响可以通过给予生物可利用的铁螯合剂来抵消[51]。

一般认为，在生理条件下，铁蛋白铁的回收与蛋白质的降解同步进行，并且铁蛋白的降解会因螯合剂的处理、氧化损伤以及细胞体输出铁转运蛋白的诱导而加速。大多数早期的研究使用了 DFO，并显示出铁蛋白的降解主要是由溶酶体自噬介导的，而溶酶体自噬受亮抑蛋白酶肽（leupeptin）、抑凝乳蛋白酶素（chymostatin）和氯喹（chloroquine）等分子的抑制，但不受蛋白酶体抑制剂乳酸菌素的抑制。然而，氧化损伤和神经铁蛋白病的 L - 铁蛋白致病突变体的表达增加了蛋白酶体铁蛋白的降解途径。此外，由铁蛋白降解和过度表达膜铁转运蛋白（ferroportin，FPN）诱导的铁蛋白铁释放，不能被溶酶体抑制剂抑制，而可以被蛋白酶体抑制剂 MG132 和乳酸菌素抑制[52]。

3.1.4　铁蛋白介导的铁动员和铁自噬

　　储存在细胞质铁蛋白中的铁可以被同一细胞利用或从细胞中排出。在后一种情况下，膜铁转运蛋白（FPN）可以介导从铁蛋白中提取铁；随后，铁蛋白亚基被单泛素化，从而产生了铁蛋白笼的解体，亚基也被蛋白酶体所降解[53]。FPN与铁调素（hepcidin）肽一起调节铁的输出，同时铁可以从完整的铁蛋白中发生。几种还原剂可以使铁离子从完整的铁蛋白纳米笼中释放出来，包括抗坏血酸、黄素单核苷酸、连二亚硫酸钠和超氧化物[54]。还原的黄素（flavin）可以从铁蛋白中调动所有的铁，但抗坏血酸盐和谷胱甘肽的效率较低，只能还原一部分铁。只有在所有的可溶性氧被消耗的情况下，还原型的黄素才有利于铁蛋白的铁释放，而这在细胞环境中是不太可能发生的。这些试剂导致铁蛋白铁的还原，产生可溶性的 Fe^{2+} 阳离子，这些阳离子通过8个三重轴通道离开铁蛋白的内腔，进入细胞的不稳定铁池（LIP）。由于铁蛋白纳米笼的通道太大，以致这些还原剂无法自由扩散[55]，这表明电子转移很有可能是铁蛋白铁核心通过这种机制被还原。铁蛋白释放铁的另一种机制是在溶解的分子氧存在的情况下，使用 NADH（烟酰胺腺嘌呤二核苷酸，还原形式）作为还原剂[56]。由于不同还原剂的铁释放速率不同，可以假设亚细胞环境和化学成分在铁蛋白的铁释放中发挥作用，并为这个过程增加了一层控制。

　　在人类细胞中，铁蛋白降解和铁释放的主要机制都发生在自溶体中。细胞自噬是一种自然机制，细胞通过将其隔离在自噬体中并将其输送到溶酶体中进行降解，从而回收或清除功能失调的蛋白质或细胞器。核受体共激活因子4（nuclear receptor co – activator 4，NCOA4）发挥着选择性受体的作用，可将铁蛋白引导至自溶体进行降解，导致铁的释放（图3 – 1）[57]。溶酶体通过自噬降解铁蛋白的过程被称为铁蛋白吞噬。NCOA4与铁蛋白复合物结合，并与自噬相关的8号蛋白结合，将复合物募集到自噬体中。这将导致铁蛋白吞噬的相互作用在铁耗尽的条件下增加，在实验中由铁螯合剂刺激。在铁蛋白中，通过迁移率变化测定，已确定每个 H 型铁蛋白亚基可以结合一个 NCOA4，形成具有高稳定性的复合物，该复合物不能被尿素、氯化钠或 β – 巯基乙醇所解离。有研究表明，大约8个分子的 NCOA4 可以结合一个铁蛋白纳米笼[58]。使用酶联免疫吸附试验表示，该结合被 Fe^{2+} 部分抑制，但不被其他二价金属离子抑制，这意味着当活性铁含量丰富时，它可以通过干扰

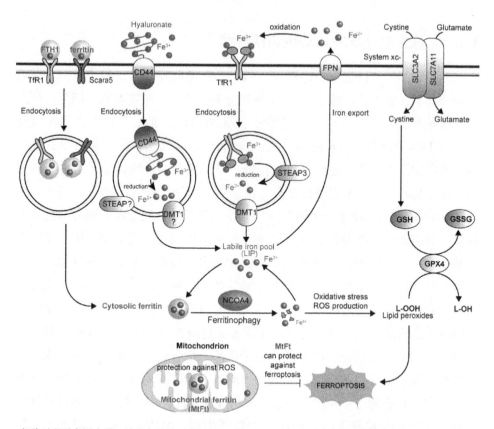

细胞过程示意图表明，铁蛋白是铁平衡的核心参与者。三价铁可以被转铁蛋白受体 1（Transferrin Receptor 1，TfR - 1）或 CD44 - 透明质酸盐吸收，然后在释放至细胞质之前被还原成亚铁。STEAP3 是负责还原三价铁的还原酶，DMT1 是负责将亚铁转运到细胞膜的蛋白。外源性铁蛋白也可以直接被 TfR - 1 或受体 Scara5 摄取。游离的亚铁可以储存在铁蛋白多聚体中或通过 FPN 输出。内吞作用和铁蛋白的降解是不稳定铁池的主要贡献者。不稳定的铁可以产生氧化应激和脂质过氧化物，随后导致铁死亡和细胞死亡。GPX4 可以防止脂质过氧化物的积累。SGH = 谷胱甘肽；GSSH = 谷胱甘肽二硫化物。MTFT 可以保护细胞免受铁死亡的影响。

图 3 - 1 细胞铁蛋白在铁死亡中的意义[57]

NCOA4 介导的与自噬体的相互作用来防止铁蛋白的降解。此外，NCOA4 选择性地与 H 型铁蛋白结合，而不是与 L 型铁蛋白结合，并且由于其与 H 型铁蛋白具有 79% 的序列同源性，因此也可以与线粒体铁蛋白（mitochondrial ferritin，MTFT）结合。实际上，与 L 型铁蛋白的结合可能不是必需的，因为铁蛋白通常是以异聚形式存在，并且已经通过 H 型铁蛋白与 NCOA4 结合。这种结合是通过 NCOA4（383—522）片段发生的，而 R23A 突变体 H 型铁蛋白不能与 NCOA4 结合。负载铁的铁蛋白在溶酶体中降解后，当暴露于溶酶体提供的酸性环境中时，亚铁酸盐晶体溶解，随后铁离子被释放并在溶酶体液中还原。根据细胞类型的不同，这些离子通过二价金属离子转运体 1（divalent metal transporter1，DMT1）或天然抗性相关巨噬细胞蛋白 1（Nramp1）转运回细胞膜，然后被转运到血液中用于生物体的其他部分，或被细胞用于内源性铁依赖过程[59]。在细胞内，线粒体需要铁通过：① 铁硫簇和含血红素的蛋白质（主要存在于电子传递链中）[60]；②与其他金属和代谢物进行氧化还原平衡来维持其功能。铁的缺乏会改变线粒体的呼吸作用、呼吸链复合体的组装和膜电位。因此，在缺铁的条件下，NCOA4 介导的铁蛋白吞噬作用通过细胞内释放铁和向线粒体供应铁，来促进对线粒体功能的维持[61]。

综合来看，铁自噬及其由 NCOA4 的调节对健康和疾病都有影响。NCOA4 介导的铁蛋白吞噬可能对神经退行性病变有影响，并且已在小鼠和大鼠的大脑中检测到了 NCOA4[62]。然而，在此情况下，需要详细研究以建立明确的联系和更加清晰的图像。NCOA4 介导的铁蛋白吞噬作用被认为是红细胞生成所必需的，因为在红细胞分化的体外模型中，NCOA4 的消耗会损害血红蛋白的形成和分化。在小鼠模型中，还发现 NCOA4 介导的铁蛋白吞噬对于维持红细胞的生成有很重要作用。对斑马鱼的初步研究表明，NCOA4 的 mRNA 表达在红细胞生成部位上调，红细胞的转录分析表明，NCOA4 在正色素红细胞中高度上调，而正色素红细胞的血红蛋白合成率最高[63]。

3.1.5 铁死亡

在 10 多年前（2012 年），有人提出了一种不同于细胞凋亡和坏死的新型调节性细胞死亡的形式。这种铁依赖性的细胞死亡途径被称为"铁死亡"，其特征在于从积累的铁中产生 ROS 以及脂质的过氧化。吞噬铁蛋白可以通过 NCOA4 介导的铁蛋白自噬降解和随后在成纤维细胞和癌细胞中释放的不稳定铁来促进铁死亡。吞噬铁蛋白在半胱氨酸剥夺诱导的胶质母细胞瘤细胞的铁死亡中起着重要作用[64]。在胶质母细胞瘤细胞中也证明了增加 NCOA4 介导的自噬会增加对铁死亡的敏感性。用胶质母细胞瘤细胞中衣壳蛋白复合物亚基 zeta 1（COPI coat complex subunit zeta 1 Gene，COPZ1）的下调也能证明这一点。高水平不稳定的 Fe^{2+} 会诱导氧化应激，从而引起脂质过氧化，导致细胞死亡（图 3-1）。然而，与铁无关的活性氧也可能参与了由小分子铁死亡诱导剂 erastin 介导的自噬的诱导[65]。铁死亡与多种人类疾病有关，包括神经退行性疾病、缺血/再灌注损伤、传染病，以及重要的癌症（图 3-2）。铁死亡还涉及到了慢性阻塞性肺疾病的发病机制，这主要是由吸烟引起的。烟草烟雾中含有的颗粒物（包括铁）会沉积在吸烟者的肺部，改变了铁的内稳态，导致氧化应激和炎症，进而导致铁死亡[66]。其他研究提供了铁在阿尔茨海默症（AD）中失调的证据，这可能也涉及铁死亡的影响[67]。有研究表明，在阿尔茨海默症的 β - 淀粉样蛋白肽（ AD peptide β - amyloid，Aβ）存在的情况下，铁蛋白中储存的铁会减少，而这种 Aβ 肽常见于 AD 患者中。

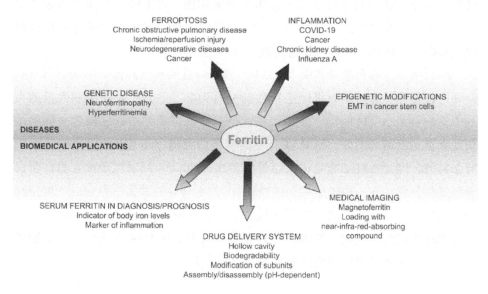

图中上面的部分表示铁蛋白在各种疾病中的影响。铁蛋白通过其对铁平衡的影响，参与了基于铁蛋白改变、铁死亡、细胞死亡以及甲基化和炎症等表观遗传修改的遗传疾病。下面的部分显示了铁蛋白在生物医学应用中的不同用途。三条主轴构成了铁蛋白在诊断学、药物输送系统和医学成像中的应用。

图 3 - 2　健康和疾病中的铁蛋白[57]

　　癌细胞通常依赖于谷胱甘肽过氧化物酶 4（glutathione peroxidase 4，GPX4），这种酶可以保护细胞免受脂质过氧化作用的影响，从而作为铁还原作用的负调节因子（图 3 - 1）。因此，使用 GPX4 抑制剂，如大鼠肉瘤（rat sarcoma，RAS）选择性致死化合物 3（RAS - selective lethal 3，RSL3）和 ML210 等来触发这些细胞中的铁死亡，可以选择性地去除它们，并防止癌症的复发[68-69]。然而，由于这两种化合物的药代动力学特性较差，它们在体内的应用受到了挑战。目前已经开发出了一种无载体的纳米药物，称为纳米颗粒铁蛋白结合的 erastin 和雷帕霉素，可以诱导铁死亡[70]。另一种方法是针对溶酶体铁，通过芬顿反应产生活性氧，利用癌症干细胞增加铁周转[71]。Sali-nomycin 是一种正在开发的分子，目前正在开发几种类似物，以诱导顽固癌细胞中的铁死亡[72]。

3.2 铁蛋白铁的吸收机制

通常将 Fe^{2+} 在一定条件下被铁蛋白催化并将氧化产物储藏在其内部空腔的过程称之为铁的吸收或铁氧化沉淀。自然存在于生物体内的铁蛋白均以含有内部铁核的铁蛋白分子（holo ferritin）的形式存在。目前，科学家在铁蛋白铁氧化沉淀方面的研究主要集中在马脾铁蛋白、人重组 H 型铁蛋白、牛蛙重组 M 型铁蛋白或 H 型铁蛋白、豌豆铁蛋白以及大豆铁蛋白等方面。其氧化沉淀机理如下所示。

①当铁通量 $\leqslant 2Fe^{2+}/H-chain$ 时，反应机理如下所示。

$$2Fe^{2+} + O_2 + 4H_2O + P \rightarrow P - [Fe_2O_2]_{FS}^{2+} \rightarrow P - [Fe_2O(OH)_2]_{FS}^{2+} \rightarrow$$

$$2Fe(O)OH_{(core)} + H_2O_2 + 4H^+ \tag{3.1}$$

其中 P 代表未结合 Fe^{2+} 的亚铁氧化中心，FS 代表 Fe^{2+} 的结合位点。由式（3.1）可知，Fe^{2+} 在亚铁氧化中心被 O_2 全部氧化，且 1 分子 O_2 可以氧化 2 分子的 Fe^{2+}，同时产生 1 分子的 H_2O_2 和 4 个 H^+。反应过程中有过氧桥连的三价双铁中间体 $[\mu-1,2-peroxodiiron(Ⅲ)\ intermediate]$ 生成，用 $P-[Fe_2O_2]_{FS}^{2+}$ 表示，该物质不稳定，可迅速分解为氧桥连的三价双铁配合物 $[\mu-1,2-oxodiiron(Ⅲ)\ complex]$，用 $P-[Fe_2O(OH)_2]_{FS}^{2+}$ 表示，然后分解为单核的 Fe^{3+} 化合物，并从亚铁氧化中心转移至铁蛋白内部空腔，最终形成矿化核 $Fe(O)OH_{(core)}$。

②当铁通量 $> 2Fe^{2+}/H-chain$ 时，亚铁氧化中心产生的 H_2O_2 与过量的 Fe^{2+} 发生去毒反应，反应机理如式（3.2）所示。

$$2Fe^{2+} + H_2O_2 + 2H_2O \rightarrow 2Fe(O)OH_{(core)} + 4H^+ \tag{3.2}$$

当加入的 Fe^{2+} 为 $48Fe^{2+}/protein$ 时，在 O_2 量一定的条件下，对于人重组 H 型铁蛋白来说，反应式（3.1）和反应式（3.2）的反应速率相同，而对于大肠杆菌铁蛋白（Escherichia coli bacterioferritin，EcBFR）来说，反应式（3.2）的速率大于反应式（3.1）[73]。通过这个反应，铁蛋白不仅消除了 Fe^{2+} 的毒性，而且还清除了 H_2O_2 的毒性。由此说明，铁蛋白具有去毒功能。

③当铁通量 $>10Fe^{2+}/H-chain$ 且铁矿核足够大时，Fe^{2+} 主要是在铁核表面被氧化，此时矿化机理扮演着重要的角色，Fe^{2+}/O_2 的计量比为 $4:1$，氧气最终被还原成水[74-75]，反应机理如式(3.3)所示。

$$4Fe^{2+} + O_2 + 6H_2O \rightarrow 4Fe(O)OH_{(core)} + 8H^+ \tag{3.3}$$

④对于豆科植物铁蛋白来说，其具有一条新的铁吸收途径——表面氧化途径，如图 3-3 所示。

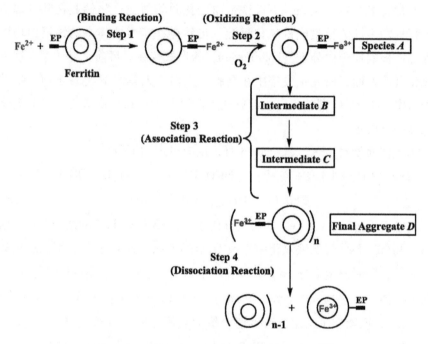

图 3-3 豌豆铁蛋白中一条新的铁吸收途径[76]

该研究发现豆科植物铁蛋白的 N 末端上存在着 EP 肽段，EP 的存在与蛋白质的稳定性密切相关。在豌豆铁蛋白铁吸收的过程中，当铁通量 $>48\ Fe^{2+}/$protein，且铁矿核较小时，EP 参与植物铁蛋白 Fe^{2+} 的氧化沉淀，这被认为是植物铁蛋白的第二个亚铁氧化中心。该途径的具体步骤如下：第一步是 Fe^{2+}（大于 $48Fe^{2+}/$protein）与豌豆铁蛋白表面的 EP 肽段结合；第二步是 Fe^{2+} 在 EP 表面被 O_2 氧化成 Fe^{3+}；第三步是 Fe^{3+} 诱导铁蛋白发生聚合；第四步是在 Fe^{3+} 转移到铁蛋白内部的同时铁蛋白发生解聚。

3.2.1 植物铁蛋白铁的吸收机制

3.2.1.1 植物铁蛋白铁氧化沉淀的调控

（1）pH 值对植物铁蛋白铁氧化沉淀的调控

当缓冲液的 pH 为 6.8～7.0 时，豌豆铁蛋白会出现"易溶"和"难溶"两种组分。其中"难溶"组分能够溶于 pH 大于7.0 的溶液，且具有正常豌豆铁蛋白的活性。但有趣的是，人们在马脾铁蛋白和人重组重链铁蛋白中都没有观察到这个实验现象，通过比较发现，这种 pH 值所诱导的聚合，是由植物铁蛋白中的 EP 肽段参与调控的。

豌豆种子中的铁蛋白是其铁离子的储藏库。豌豆淀粉体的 pH 值为 6.0，在这种条件下，铁蛋白在种子生长过程中应处于聚合态，这样有利于铁蛋白中铁的储藏。在萌发过程中，由于 EP 肽段本身具有弱的蛋白酶活性，会进行自身降解，而这种降解能促使铁蛋白由聚合态转变为游离态，进而有利于 Fe^{3+} 与还原剂的相互作用，最终导致 Fe^{2+} 的释放，以供种子生长所需[75]。

（2）铁离子对植物铁蛋白铁氧化沉淀的调控

铁离子可以诱导植物铁蛋白的聚合，以豌豆铁蛋白为例，植物铁蛋白中至少含有两种类型的亚铁氧化中心：一种位于其蛋白质外壳表面，另一种则位于亚铁氧化中心。只有在铁离子（Fe^{2+} 或 Fe^{3+}）过量时（ $>48Fe^{2+}$ 或 Fe^{3+}/protein）才能诱导豌豆铁蛋白的聚合，这种聚合是通过铁离子与豌豆铁蛋白外壳上 EP 肽段的结合而发生的[75-76]。当铁蛋白去掉 EP 肽段后，即使加入了过量的 Fe^{3+}，铁蛋白也不会发生聚合。有研究表明，EP 肽段是豌豆铁蛋白外壳铁结合位点的重要组成部分。这是因为 EP 肽段不仅具有结合铁离子的能力，并且还能够促进亚铁离子在第二个氧化中心的氧化。综上所述，通过 Fe^{3+} 诱导豌豆铁蛋白聚合，从而吸收铁离子氧化沉淀，是植物铁蛋白特有的一条铁氧化沉淀途径[76]。

（3）磷酸根离子对植物铁蛋白铁氧化沉淀的调控

磷酸根在植物铁蛋白矿化核中占有重要的比例。研究表明，磷酸根对高通量铁（ >48 Fe^{2+}/protein）氧化沉淀速率的增加大于其对低通量铁（ $\leqslant 48$ Fe^{2+}/ protein）氧化沉淀速率的影响；磷酸根并不会改变 Fe^{2+} 与脱铁豌豆铁蛋白（Apo – pea seed ferritin, ApoPSF）亚铁氧化中心的结合比例（即一个 ApoPSF 分子有48 个 Fe 结合位点），但是，当溶液中有磷酸根存在时，亚铁离子氧化形成的 μ – 氧桥联铁矿化合物与没有磷酸根存在时形成的化合物明显不同[77]；磷酸根离子能够提高铁蛋白亚铁氧化中心的活性再生能力[77-78]，在有氧条件下加入高通量铁（> 48 Fe^{2+}/ protein）时，由于铁氧化中心活性再生能力较弱，部分亚铁离子会在铁蛋白表面发生氧化；但在磷酸根离子存在时，它能够提高亚铁氧化中心的活性再生能力，从而抑制铁离子结合在铁蛋白表面并发生氧化，即抑制了铁蛋白的聚合[77]。

（4）EP 肽段对植物铁蛋白铁氧化沉淀调控

EP 肽段是植物铁蛋白特有的结构，位于植物铁蛋白的外表面。研究表明，去除 EP 肽段的植物铁蛋白（豌豆铁蛋白）的稳定性明显增强，同时还有利于促进铁蛋白的解聚[76]。在 pH 为 6.0 的条件下，去除了 EP 肽段的豌豆铁蛋白的聚合程度要明显低于天然的豌豆铁蛋白（图 3-4）[75]。研究显示，赤豆铁蛋白 EP 肽段的铁氧化活性明显高于重组大豆铁蛋白 H-1（rH-1）的 EP 肽段[79]。

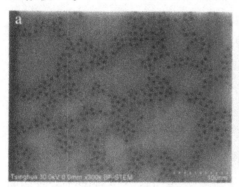 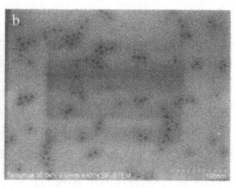

图 3-4　天然的（a）和去除 EP 肽段的（b）豌豆铁蛋白的聚合程度（pH 6.0）[75]

3.2.1.2　H-1 和 H-2 亚基在植物铁蛋白铁的氧化沉淀反应中的作用

与动物铁蛋白相比，植物铁蛋白在结构上另一个比较明显的区别是它由 H-1 和 H-2 两种亚基组成。植物铁蛋白中两个亚基的比例取决于植物的来源[80]。有学者认为，植物铁蛋白的亚基同时具有动物铁蛋白中 H 型及 L 型亚基的特点[81]。

研究发现，在大豆铁蛋白铁的氧化沉淀中，H-1 以及 H-2 亚基起着不同的作用。当添加到脱铁铁蛋白的铁离子浓度较低时（≤ 48 Fe^{2+}/protein），H-1 与 H-2 亚基都是通过铁蛋白内部亚铁氧化中心来催化铁的氧化的；当铁离子浓度介于 48~200 Fe^{2+}/protein 时，H-1 亚基仍然是通过亚铁氧化中心来催化铁的氧化的，但 H-2 亚基的铁氧化沉淀却主要以 EP-2（H-2 亚基的 EP 肽段）参与的表面氧化机制为主；当铁离子浓度高于 200 Fe^{2+}/protein 时，EP-1（H-1 亚基的 EP 肽段）也参与铁的氧化，但是它催化铁氧化以及转移铁到内部空腔的能力明显低于 EP-2。与动物铁蛋白的 H 型和 L 型亚基一样，植物铁蛋白的 H-1 和 H-2 亚基在铁氧化沉淀过程中具有协同作用。当添加到脱铁铁蛋白的铁离子浓度高于 48 Fe^{2+}/protein 时，大豆铁蛋白的 H-1 和 H-2 型亚基具有很好的协同性，从而导致重组的杂合铁蛋白（rH-1 和 H-2）和野生大豆铁蛋白的催化活性要比单个亚基高很多[82]。

另有一些研究发现，在所有已知的植物铁蛋白中，蚕豆铁蛋白（broad bean seed ferritin，BBSF）的 H-2 亚基含量是最高的（约为 86%），这就导致了其在铁氧化沉淀过程中的催化活性有很大不同。例如：当铁离子浓度较低时（≤48 Fe^{2+}/protein），豌豆铁蛋白的氧化沉淀初始速率是蚕豆铁蛋白的 6 倍。当铁离子浓度较高时（120 Fe^{2+}/protein），豌豆铁蛋白的氧化沉淀初始速率是蚕豆铁蛋白的 15 倍。另外，与蚕豆铁蛋白相比，豌豆铁蛋白的 EP 肽段具有更高更强的催化能力，导致上述结果的原因仍有待于进一步的研究[83]。研究还发现，赤豆（Vigna umbellata）铁蛋白中只含有 H-1 亚基，它与大豆铁蛋白 H-1 亚基的同源性最接近（89.6%）。与重组大豆铁蛋白 H-1(rH-1) 相比，赤豆铁蛋白在铁氧化沉淀反应中的催化活性明显低于 rH-1[79]。

3.2.2 动物铁蛋白铁的吸收机制

3.2.2.1 Fe^{2+} 通过三重轴通道进入脊椎动物铁蛋白的铁氧化酶中心

为了启动矿化作用，Fe^{2+} 必须能够进入铁氧化酶中心和内部空腔。Theil 和 Turano 的课题组通过大量工作确定了 15 Å 长的亲水三重轴通道对于 Fe^{2+} 进入铁氧化酶中心的重要性。使用 Co^{2+} 和 Mg^{2+} 作为探针，获得了青蛙 M 铁蛋白晶体的初始结构信息，以能探明其不稳定的 Fe^{2+} 位点[84]。这些结果，再加上在位点定向通道变体中观察到的对铁氧化酶中心活性的显著影响，揭示了一条 Fe^{2+} 从蛋白质外部，通过三重轴通道向铁氧化酶位点移动的途径。通道处的 Asp127 和 Glu130 以及位于亚基螺旋束内的残基 Glu136 和 Glu57 被证明对引导 Fe^{2+} 从三重轴通道进入铁氧化酶中心非常重要。

已有研究报道铁与青蛙铁蛋白的三重轴通道内结合的高分辨率结构。观察到两个完全水合的 Fe^{2+}（$[Fe(H_2O)_6]^{2+}$）离子，氢键在 Asp127 和 Glu130 上[85]。这是一个令人惊讶的发现，因为完全水合的 Fe^{2+} 离子的直径为 6.9 Å，在此之前其一直被认为直径过大，而无法在没有部分/完全脱水或通道构象弯曲/通道变宽的情况下穿过通道。然而，其结构数据是清晰明确的，并得到了包含两个六水合 Fe^{2+} 离子的通道的分子动力学模拟的支持[86]。这是 $[Fe(H_2O)_6]^{2+}$ 离子通过铁蛋白三重轴通道传输的第一个结构证据。对人类 H 型铁蛋白（human H ferritin, HuHF）的平行研究显示，在三重轴通道中同样具有两个 $[Fe(H_2O)_6]^{2+}$ 离子，它们被 Asp131 和 Glu134 配位，见图 3 - 5a、图 3 - 5b。

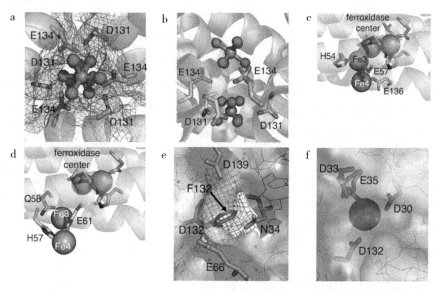

a. HuHF 的三重轴通道的视图，显示 $[Fe(H_2O)_6]^{2+}$ 的 H 键与 3 个对称相关的 Glu134 残基（pdb 4OYN）结合。b. 同一三重轴通道的垂直视图显示，另一个完全水合的 Fe^{2+} 离子被 Asp131（pdb 4OYN）结合在紧邻下方的通道中。c 和 d 分别为青蛙铁蛋白（pdb 4LYU）和 HuHF（pdb 4ZJK）的亚铁氧化酶中心的转运站点。图中显示了两种蛋白质中不同的 Fe3 和 Fe4 位点。（注意，在青蛙铁蛋白中，这些位点不能同时被占据）e. 大肠杆菌 BFR 的 B 通道。用 Phe 取代 Asp132 会导致通道阻塞，从而抑制最初的铁氧化酶中心反应和矿化（pdb 3E1L 和 4U3G）。f. Fe^{2+} 结合在硅藻（*P. multiseries*）铁蛋白的 B 通道上，由 Glu35、Asp30 和两个水分子（pdb 4ZKH）进行协调。在 a 中，网格代表通道的羧酸盐的表面，在 e 中，代表 F132 的表面。在 a～d 中，用棒状表示的侧链是那些在铁离子4 Å 以内的侧链[88]。

图 3 - 5　铁蛋白中的铁运输路线[88]

（资料来源：Current Opinion in Chemical Biology）

利用一种新的晶体方法对青蛙 M 型铁蛋白进行时间分辨晶体学分析，该方法包括在有催化抑制浓度 Mg^{2+} 存在的情况下青蛙 M 链铁蛋白暴露于结晶 Fe^{2+} 盐中，从而能够直接观察到靠近铁氧化酶中心的瞬时 Fe^{2+} 结合位点（图 3 - 5c）[85]。在这 3 个位点中，Fe3（由 His54、Glu57、Glu103 和 Asp140

配位）和 Fe4（由 Glu57、Glu136 和 Asp140 配位）在厌氧和好氧浸泡的晶体中都能被观察到（尽管 Fe3 的配位在有氧条件下不太明确），并与当这种金属被用作 Fe^{2+} 结合的替代物时观察到的 Co^{2+} 位点密切一致[84]。Fe2/Fe3 和 Fe3/Fe4 位点彼此足够接近，排除了同时占据的可能，这与 Fe3 和 Fe4 代表 Fe^{2+} 离子进入铁氧化酶中心时的瞬时结合位点相一致。观察到的占有率也与此一致，较长的有氧暴露时间显示 Fe^{2+} 仅结合在 Fe1 和 Fe2 位点。

也有研究小组对人体内的 H 型铁蛋白进行类似的研究[87]。HuHF 与青蛙 M 型铁蛋白具有 64% 的同一性，包括铁氧化酶中心的所有铁配位残基。然而，晶体的 X 射线结构揭示了从通道进入铁氧化酶中心转运位点的差异。在研究中观察到 Fe1 - Fe4 4 个位点，但位点 3 和 4 在两种蛋白质之间不保守。在 HuHF 中，Gln58 取代了青蛙 M 型铁蛋白的 His54 作为 Fe3 的配体，并且 Fe4 仅由 Glu61、His57 和 4 个水分子协调，而青蛙 M 型铁蛋白中有 3 个羧酸盐残基（图 3 - 5d）。与青蛙 M 型铁蛋白进一步对比，发现在有氧 Fe^{2+} 浸泡时间超过 5 min 时，4 个位点的占有率没有变化。1 min 后，Fe1 位点的占有率最高，为 70%，5 min 后（及以后）为 100%。随着暴露时间的增加，Fe2 - 4 的占有率从 20% 到 50% 不等，并且这些占有率并没有像青蛙铁蛋白所观察到的那样减少[87]。

这些数据阐明了 Fe^{2+} 转移到脊椎动物 H 型铁蛋白中的途径，首先是水合 Fe^{2+} 在三重轴通道中的结合，然后在靠近铁氧化酶中心的部位逐步脱溶和结合（这些部位在脊椎动物铁蛋白之间性质不同），最后到达铁氧化酶 Fe1 和 Fe2 位点。同时，占有率的数据表明，与 Fe2 位点相比，Fe1 是脊椎动物铁蛋白中对金属离子有较高亲和力的位点[88]。

3.2.2.2 动物铁蛋白 Fe^{2+} 氧化机制

对于脊椎动物的铁蛋白来说，铁氧化酶中心的两个 Fe^{2+} 离子与 O_2 的反应导致它们被氧化并将 O_2 还原成过氧化氢，产生 2∶1 的铁与 O_2 的比例。该反应通过一个蓝色的过氧化二铁（diferric peroxo，DFP）中间体进行，最终生成不稳定的 $\mu - 1$，2 - 过氧化二铁物。Fe^{3+} 物种迁移到中心空腔，成为矿物核心的一部分。铁氧化酶中心不稳定的 Fe^{3+} 与多年来难以获得 H 型铁氧化酶中心的铁结合形式的高分辨率结构是一致的。所观察到的占有率，特别是 Fe2 位点的占有率，与中心的氧化形式的不稳定性一致[85,87]。核磁共振实验检测了顺磁性 Fe^{3+} 对特定残基共振的弛豫效应，表明 Fe^{3+} 沿着亚基的长轴路径，出现在进入空腔的四重轴上[89]。该位点的高度对称性可能有利于新生铁矿物在离开亚基后立即成核。该机制的总结如图 3 – 6a 所示。

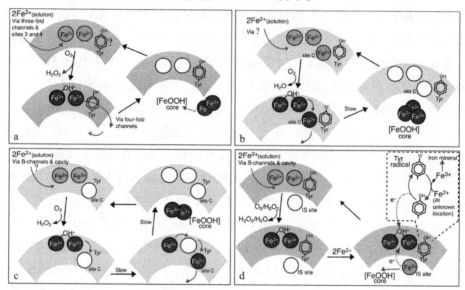

a. 脊椎动物 H 型铁蛋白的机制，其中铁氧化酶中心的两个 Fe^{2+} 离子的氧化导致不稳定的 di – Fe^{3+} 形式，导致 Fe^{3+} 物种转移到腔内。据报道，在保守的靠近铁氧化酶中心的 Tyr 残基处形成自由基，但 Tyr 的取代并不会明显影响矿化的总体速率，因此 Tyr 残基的重要性尚不清楚。b. 大肠杆菌 FTNA 和其他原核 FTN 蛋白的机制，其中 C 位点具有氧化还原活性，有助于整体 Fe^{2+} : O_2 的化学计量。3 个 Fe^{2+} 离子的氧化与保守的近铁氧化酶中心 Tyr 残基的氧化耦合，导致自由基的形成。Fe^{3+} 在铁氧化酶中心是不稳定的，但在 H 型铁蛋白中不稳定程度较低。c. 硅藻类铁蛋白的机制，其中 C 位点没有氧化还原活性，只有当 Fe^{3+} 从铁氧化酶中心排出时才被占据。在 b 和 c 中，位点 C 的存在使 Fe^{3+} 稳定在中心，从而大大限制了铁离子通过铁氧化酶中心的通量。d. 以大肠杆菌 BFR 为例的机制，其中铁氧化酶中心作为真正的催化辅助因子位点发挥作用。铁氧化酶中心的两个 Fe^{2+} 离子的氧化产生了一个稳定的 di – Fe^{3+} 形式，在腔内 Fe^{2+} 的连续氧化和中心 O_2 的还原驱动下进行氧化还原循环。在保守的 Tyr 残基上形成的瞬时自由基促进了铁氧化酶中心的还原。空心球体表示空置的铁结合位点[88]。

图 3 – 6　铁蛋白中铁矿化作用多样性的机制示意[88]

（资料来源：Current Opinion in Chemical Biology）

3.2.3　原核生物铁蛋白铁的吸收机制

3.2.3.1　Fe^{2+} 通过 B 通道进入 BFR 的铁氧化酶中心

目前人们对于 Fe^{2+} 进入原核生物铁蛋白的铁氧化酶中心的途径知之甚少。三重轴通道与动物铁蛋白的相似性使它们成为最有可能的铁氧化酶中心，但在大肠杆菌的细菌铁蛋白（BFR）揭示其铁氧化机制需要更多的探索。包括铁在内的金属离子在一些铁蛋白的四重轴通道中被观察到，表明这些通道可能作为一种铁离子的进入途径[90]。也有人针对细菌 FTN 蛋白（FTN）提出了一条从表面直接到铁氧化酶中心的短途径[91]。原核生物铁蛋白含有额外的 24 个通道，即所谓的 B 通道，它们出现在十二面体的每个面的边缘，其中一个亚基二聚体与另一面相遇。B 通道通常都有带电的或亲水的残基，因此代表了铁进入蛋白质的另一种可能途径，并且在一些 BFR 结构中已经观察到金属离子与通道的结合[90]。大肠杆菌 BFR 的 B 通道残基 Asp132 用 Phe 取代后，不仅会显著降低矿化速率，还会使初始的铁氧化酶中心反应的速率大大降低[92]。结构数据显示，该取代在没有其他物质结构的扰动下引起了 B 通道的空间阻塞（图 3 - 5e）。一个连接 B 通道和铁氧化酶中心的酸性内表面区域（距离约为 22 Å）表明了 Fe^{2+} 可能采取的路径，我们注意到用 Asn 替换构成区域一部分的 Glu47，显著降低了铁氧化酶中心初始 Fe^{2+} 的氧化速率。这些数据表明，B 通道是铁进入铁氧化酶中心和 BFR 的铁储存腔的主要途径。

虽然 B 通道不存在于动物铁蛋白中，但它们存在于拟菱形藻的铁蛋白中，与其类似 FTN 的铁氧化酶中心一致。将这种铁蛋白的 E44Q 变体的晶体在 Fe^{2+} 溶液中浸泡过夜，会导致铁结合在一些 B 通道中，并靠近由 Glu35、Asp30 和两个水分子协调的内表面（图 3 - 5f）[93]。

3.2.3.2 原核生物铁蛋白 Fe^{2+} 氧化机制

FTN 蛋白的矿化是通过一个与 H 型铁蛋白相关的机制发生的，但由于 C 位点的存在而变得复杂。在大肠杆菌 FTNA 和激烈火球菌（Pyrococcus furiosus）的 FTN 中可以观察到一个蓝色的中间体[94]，有研究报道了一个与脊柱动物铁蛋白相似的过氧化二铁（Ⅲ）物种的结构证据[91]。该中间体衰变产生一个 μ - 氧桥联的 Fe^{3+} 二聚体，它显然比其脊椎动物的铁蛋白的对应物更加稳定，因此很容易获得 FTN 蛋白的铁氧化酶中心的 Fe^{3+} 结合形式。位点 C 的作用在不同的 FTN 蛋白中似乎有所不同（图 3 - 6b、图 3 - 6c）。在某些蛋白质中，C 位点结合的 Fe^{2+} 参与铁氧化酶中心 Fe^{2+} 的氧化，导致更高的 $Fe : O_2$ 比率。

一个缺少 C 位点的大肠杆菌 FTNA 变体仅表现出氧化速率的小幅下降，但 $Fe^{2+} : O_2$ 的比率会从 3 ~ 4 下降到 2[95]，并且观察到初始快速氧化阶段的更快再生，导致与脊椎动物 H 型铁蛋白类似的行为。因此，该位点被认为是控制铁通量通过铁氧化酶中心的很重要的因素。相比之下，激烈火球菌的 FTN 中 C 位点的缺失导致初始 Fe^{2+} 氧化速率急剧下降，表明该 FTN 中的铁氧化酶中心活性依赖于位点 C[96]。在其他 FTN 蛋白中，位点 C 不具有氧化还原功能，而主要具有限制铁通量通过铁氧化酶中心的功能。P. multiseries FTN 表现出极快的铁氧化酶中心反应（在所有报道中是最快的），但矿化速度极慢。用 Ala 取代 C 位点配体 Glu130 导致矿化活性增加 10 倍，而铁氧化酶中心的功能不受影响。这提出了该蛋白质可能通过快速清除铁并将其保留在铁氧化酶中心来缓冲铁的可用性的结论，以促进长期铁储存[93]。

即使在 BFRs 内部，也存在明显的机制差异。铜绿假单胞菌的 BFR 与脊椎动物的 H 型铁蛋白相似，它的铁氧化酶中心作为一个铁离子进入的通道发挥作用。相反，大肠杆菌的 BFR 作为一个真正的催化中心，在其氧化（桥接 $di-Fe^{3+}$）和还原（$di-Fe^{2+}$）形式之间不断循环，以驱动中心腔中 Fe^{2+} 离子的氧化（图 3-6d）。这反映于中心在 Fe^{2+} 和 Fe^{3+} 两种状态的稳定性上，如光谱学和晶体学证明所示[97]。

这种机制需要在空腔和铁氧化酶中心之间有一个电子转移途径，其中的一个关键因素是距离铁氧化酶中心约 10Å 的、由 His46、Asp50 和 3 个水分子协调的内表面 Fe^{2+} 结合位点。通过诱变破坏该位点并不影响铁氧化酶中心氧化 Fe^{2+} 的能力，但会严重抑制随后的矿化过程[98]。最近，电子转移途径的其他重要组成部分也被确定。三个芳香族残基（Tyr25、Tyr58 和 Trp133）也被证明是矿化的必要条件，但它们不是铁氧化酶中心初始氧化 Fe^{2+} 的必要条件[99]。

将 Tyr25 确定为瞬时自由基形成的部位，提出了这样的假设：还原 $di-Fe^{3+}$ 铁氧化酶中心所需的两个电子来自内表面部位的 Fe^{2+} 和 Tyr25，自由基随后被腔内的第二个 Fe^{2+} 离子（可能也在内表面部位）氧化而淬灭。这保证了两个电子几乎同时传递到铁氧体酶中心，避免了其单电子还原或 O_2 还原的可能性。Tyr58 和 Trp133 对观察 Tyr25 自由基来说并不重要，但最近的数据也显示，如果没有它们，自由基的形成和衰变要慢得多。因此，不应将 BFR 的铁氧体酶中心简单地视为一个二铁位点，而应将其视为一个被芳香族残基网络包围的二铁位点，以促进其功能。

作为一个 Ⅱ 类铁蛋白，BFR 的铁氧化酶中心与此类蛋白质的其他实例非常相似，包括核糖核苷酸还原酶（ribonucleotide reductase，RNR）的 R2 亚基。鉴于在靠近二铁中心的 Tyr122 上形成了一个功能上必不可少的稳定自由基，与 RNR 的相似性就更为突出[100]。BFR 的 Tyr25 和 Trp133 与 RNR 的 Tyr122 和 Trp48 的位置非常相似，但位于二铁位点的另一侧，因此增加了一种可能性，即自由基从二铁中心转移的特性在这些蛋白质之间是共享的。

BFR 的 Tyr25 在所有的 H 型铁蛋白中都是严格保守的，并且至少在其他一些铁蛋白中是作为形成自由基的部位，包括来自大肠杆菌和激烈火球菌的 HuHF 和 FTN 蛋白[96]。对于 FTNs 来说，除了 O_2 的双电子还原产生 H_2O_2 外，还有一个额外的平行机制，涉及 Tyr24 氧化为自由基，并与铁氧化酶中心和 C 位点处的 Fe^{2+} 离子结合，将 Fe^{2+} 氧化，同时导致 O_2 还原为水，这一平行机制解释了在 FTN 蛋白中观察到的 Fe：O_2 比例的变化。与此相一致的是，大肠杆菌 FTNA 中 Tyr24 的取代对矿化作用有明显的影响，但这并不影响铁氧化酶位点的相关反应[95]。然而，在激烈火球菌的 FTN 中，Tyr24 被发现是铁氧化酶中心的 Fe^{2+} 初始氧化的关键，与平行机制不一致。HuHF 的 Tyr34 上的自由基形成的功能重要性尚不清楚[96]。在缺少 Tyr34 的情况下，最初的铁氧化酶中心反应的速率受到影响，但矿化铁的整体能力不受影响。与 FTNs 中 C 位点的作用一样，Tyr 的功能似乎在不同的铁蛋白之间有所不同。

3.3 铁蛋白铁的释放机制

3.3.1 铁蛋白铁的还原释放

铁蛋白铁的还原释放是指当细胞需要铁时（即 Fe^{2+} 浓度低时），铁蛋白在还原剂的帮助下将 Fe^{3+} 还原为 Fe^{2+}，并使铁从其内部释放出来以供其他蛋白质的合成利用。由于铁蛋白中的三价铁矿物质是以固态形式存在的，因此铁蛋白中铁的还原释放是一个缓慢的过程，释放的快慢与还原剂的浓度、蛋白的种类以及溶液的 pH 值都有很大的关系。研究铁蛋白的铁还原释放是了解铁蛋白铁代谢途径及其机理的重要手段之一，它可以更好地解释铁蛋白在生物体内是如何发挥其调节铁代谢平衡功能的，同时也为了进一步阐明铁蛋白的性质，以开发出新型、天然的补铁功能产品。但是由于铁蛋白的铁释放过程比较复杂，目前还无法采用简单的动力学公式来阐明铁还原释放的全过程及其规律，因而相关的研究进展报道并不多见。

马脾铁蛋白铁的释放模型结构显示，连二亚硫酸钠只能通过浓度扩散的方式穿过铁蛋白的蛋白壳通道进而进入铁核中，并以 1/2 级的反应动力学方式参与铁蛋白铁的还原释放。细菌铁蛋白的铁释放过程非常复杂，铁蛋白会以两种不同的速率途径来释放铁，进而可以建立相关的动力学方程，并较为合理地解释其释放铁的机理。哺乳动物铁蛋白在释放铁的过程中，同样也以两种不同的速率阶段来释放铁核中的铁，即以一级反应动力学方式释放铁核表层的铁组分，并以零级反应动力学途径释放铁核内层的铁组分[101]。

3.3.2 铁蛋白铁还原释放的途径与机制

游离的 Fe^{2+} 在氧化应激和神经退行性疾病的进展中能发挥作用，因此对铁蛋白释放铁的过程详细了解也是至关重要的，以明确在细胞需要铁的时候如何使其可用。在生理条件下，当胞质中的铁浓度降低时，铁就会从铁蛋白释放出来，这可能是因为铁被用于细胞代谢，或是因为作为铁输出泵的铁转运蛋白的过度表达。H 型亚基的铁氧化酶中心是铁蛋白铁吸收机制的核心，它并不参与铁的释放。因此，铁蛋白的铁吸收和铁释放过程利用了不同的途径。目前人们已经提出了 4 种全局模型来解释铁蛋白的铁释放：①储存在铁蛋白中的铁与细胞质中的铁之间存在平衡；②铁蛋白外壳的降解；③一个伴侣的参与，它将与铁蛋白对接并直接去除铁（Ⅲ）；④存在一个电子供体生物分子，它将与铁蛋白对接以减少铁矿的铁（Ⅲ）并促进铁（Ⅱ）的动员，这将被铁蛋白分子外的伴侣分子所螯合（图3-7）。

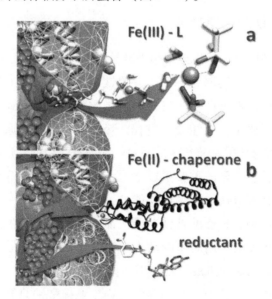

a. 直接螯合。分子（L）直接螯合亲水通道上的 Fe^{3+}。b. 还原-螯合。一个还原剂将 Fe^{3+} 还原为 Fe^{2+}，Fe^{2+} 离开铁蛋白，被一个伴侣吸收。

图3-7 铁蛋白铁释放的两种主要机制示意[102]

尽管缺乏明确的证据来支持还原－螯合模型（上面的选项④），但人们认为这种机制是在体内发挥作用的。一方面，细胞内环境的还原特性提供了黄素、谷胱甘肽和抗坏血酸等分子，这些分子能够从铁蛋白核心中还原铁。此外，体外研究表明，从铁蛋白中去除铁的最有效方法是通过还原－螯合（图3－7）。事实上，这也是实验中常用的方法，利用铁蛋白制备脱铁铁蛋白，排空铁蛋白衣壳中的铁，通常使用巯基乙酸（thioglycolic acid，TGA）作为还原剂，2,2′－联吡啶（2,2′－bipyridyl）或阿魏酸（ferrozine）作为 Fe^{2+} 螯合剂[102]。

可以通过铁的生物螯合剂（上述选项③）从铁蛋白中直接螯合和固定 Fe^{3+}，如转铁蛋白，但这个过程已被证明过于缓慢，无法在生理学相关的时间尺度上发生。此外，铁蛋白本质上是一种细胞内蛋白质，设想血浆蛋白从铁蛋白中释放铁的机制似乎并不合理。同样，真正的大型六价铁螯合剂，如去铁胺（一种除铁剂和铁螯合疗法的药物），能从铁蛋白中提取铁，尽管其速度仍旧很慢，这可能是由于大分子很难通过狭窄的三重轴铁蛋白通道所致。只有通过使用较小的和事实上非生物可用的 Fe^{3+} 螯合剂，如乙酰基和苯并羟胺分子，并在生理浓度的尿素（一种能够打开铁蛋白孔的试剂）的存在下，并在pH值为7.4时，才可在1 h内实现铁蛋白中铁的完全去除。

铁蛋白铁释放的另一种途径是通过三嗪类螯合物从铁蛋白中释放铁，该三嗪类螯合物能够快速调动铁蛋白中的铁。这种释放铁的方式是由氧催化的，并涉及超氧阴离子对铁核心的还原。还原后的铁从铁蛋白外壳中扩散出来，形成 Fe^{3+} 复合物，同时产生超氧阴离子。深入研究还原－螯合机制，根据还原剂的大小，设想了两种一般情况。对于小到足以穿过铁蛋白通道的生物分子，反应将在铁蛋白腔内发生，产生 Fe^{2+} 和氧化的生物分子。例如，儿茶酚和6－羟基多巴胺（6－hydroxydopamine，6－OHDA）与铁蛋白的反应。6－OHDA和铁蛋白的相互作用引发了一个可以维持帕金森病（Parkinson's disease，PD）的循环反应。在这种疾病中，黑质中的神经黑色素含有较高的铁含量，其中一部分可以通过芬顿反应产生 OH 自由基。这些自由基可以很容易地将神经递质多巴胺氧化成神经毒性的6－OHDA，而6－OHDA是一种强还原剂，因此反过来能够从铁蛋白中释放 Fe^{2+}。这一事件的循环可以很好地解释由于持续的神经元损伤而导致的帕金森病的发展。

对于明显大于铁蛋白通道的生物大分子，人们认为 Fe^{3+} 还原为 Fe^{2+} 可能是通过电子隧穿发生的，生物大分子和铁蛋白铁之间没有直接的物理相互作用。从这个意义上说，电子转移蛋白能够还原一些铁蛋白的铁核，这表明铁蛋白的蛋白质外壳中同时存在着一个分子对接位点和一个电子转移通路。在某些情况下，这种对接位点已经被发现，因为它发生在递质毒素与细菌铁蛋白的血红素基团特异性结合时，并通过蛋白质外壳开启电子转移。同样，结合计算建模方法，可以显示黄素分子如何与铁蛋白表面结合，并通过蛋白质外壳转移电子到达铁核心。另外，一些金属硫蛋白可以通过向壳层泵送电子，将 Fe^{3+} 还原为 Fe^{2+}，并扩散到细胞内环境中，从而促进铁蛋白中铁的释放。

在任何情况下，如果还原性生物分子穿过并接触铁蛋白核心，或者发生电子隧穿过程，这两种选择都会导致 Fe^{2+} 的释放，最终通过铁蛋白通道扩散到细胞质中，在那里它能够参与产生自由基的过程。因此，当细胞需要铁蛋白提供铁时，需要的不仅仅是一种还原性生物分子，为了防止游离 Fe^{2+} 形成活性氧，还需要一种金属伴侣或 Fe^{2+} 螯合剂来快速结合和封存释放的 $Fe^{2+[102]}$。

如果认可铁蛋白铁的释放是通过受控的还原－螯合机制在细胞中进行的，那么有理由认为，它可能会受到的某些生物分子的过剩或缺失的影响和/或改变。特别是，可以设想两种可能性：①还原剂过量，这将导致 Fe^{3+} 不受控制地还原，从而导致 Fe^{2+} 的输送不受控制；②伴侣剂的缺失或缺省，这是捕获释放的 Fe^{2+} 和防止活性氧形成所必需的。

3.3.3　植物铁蛋白铁的还原释放

研究表明，铁核的大小对植物铁蛋白铁的还原释放影响不大。大豆铁蛋白亚基和黑豆铁蛋白亚基的氨基酸序列存在高度的同源性，但大豆铁蛋白的铁还原释放速率要比黑豆铁蛋白的还原释放速率高，这是由于这两种铁蛋白在亚基组成比例上存在着明显的差异，即黑豆铁蛋白的 28.0 kDa 与 26.5 kDa 的比例约为 1:2，而大豆铁蛋白这两种亚基的比例为 1:1，因此推测造成还原能力有差异的原因可能是这两种铁蛋白的亚基组成不同。三重轴和四重轴通道主要负责铁离子进出铁蛋白，因此，大豆（Glycine max）铁蛋白的铁离子通道可能要大于黑豆（Phaseolus vulgaris）铁蛋白的铁离子通道[103]。

为了阐明动物对植物铁蛋白的吸收效果，Lönnerdal 研究了谷物和豆类食物中铁蛋白的生物利用率，结果显示，植物铁蛋白的铁吸收机制不同于其他非血红素铁，重组的含磷高（植物型）铁蛋白和含磷低（动物型）铁蛋白的铁吸收效果没有显著差异，表明植物铁蛋白具有良好的铁吸收效果，可以作为主食营养强化的一种方式[104]。Hoppler 等研究了在煮沸和体外胃消化作用后重组的豆类（豌豆、大豆和红芸豆等）铁蛋白的铁释放情况，结果表明，经过上述处理的铁蛋白能够有效地释放出供人体利用的铁，且铁蛋白释放的铁和食物中其他非血红素铁的吸收效率一样[105]。Yun 等的研究发现，与 Fe-SO$_4$一样，植物铁蛋白中的铁对缺铁性贫血的大鼠（Rattus norregicus）是有效的，其可以作为铁的补充制剂使用，但是原花青素对铁蛋白的铁吸收具有抑制作用[106]。因此建议在摄食富含铁蛋白的食物时最好去除原花青素，以便铁蛋白铁的有效摄入。Zielińska – Dawidziak 等研究发现，富含大豆铁蛋白的豆芽菜和羽扇豆（Lupinus luteus）铁蛋白提取物与 FeSO$_4$一样，都有利于缺铁性贫血大鼠的铁的有效摄入，表明植物铁蛋白是良好的铁补充制剂[107]。Zhang 等研究表明，大豆铁蛋白在铁吸收过程中对淀粉颗粒没有破坏作用，而铁蛋白在抗坏血酸诱导的铁还原释放过程中对淀粉颗粒造成了很大的损伤[108]。

3.3.3.1 还原剂对植物铁蛋白铁还原释放的调控

采用烟酰胺腺嘌呤二核苷酸（reduced form of nicotinamide – adenine dinu-cleotid，NADH）和黄素单核苷酸（flavin mononucleotide，FMN）作为还原剂，研究重组铁蛋白的铁释放过程，结果表明，铁蛋白的铁释放过程由其自身的展开部位（unfolder）调节，同时铁蛋白亚基螺旋间的疏水作用发生改变，使得亚基 C – D 转角附近的晶体结构紊乱，从而改变了铁蛋白的物质交换通道。

有研究发现，NADH 能够单独发挥还原作用诱导豌豆铁蛋白的铁还原释放。NADH 可与脱铁豌豆铁蛋白发生相互作用并结合成为复合物，且 NADH 会结合在豌豆铁蛋白的表面，这说明，NADH 诱导的铁还原释放是通过蛋白壳上的电子传递链进行的，并推断该电子传递链存在于四重轴通道上[109]。相关研究报道了表没食子儿茶素、没食子酸甲酯、芥子酸和阿魏酸等多种植物多酚类物质对马脾铁蛋白的铁释放动力学及其铁释放速率，实验结果显示，这些多酚类物质诱导的铁蛋白还原释放速率大小为：表没食子儿茶素 > 没食子酸甲酯 ≈ 芥子酸 > 阿魏酸。Deng 等也研究比较了多种花青素及抗坏血酸对天然大豆铁蛋白的铁释放动力学，结果表明，和抗坏血酸一样，多种花青素都具有还原释放铁蛋白中铁矿的能力，同时花青素能起到抑制铁蛋白降解的作用，而抗坏血酸可以导致铁蛋白降解。其原因可能是花青素具有很强的螯合 Fe^{2+} 的能力以及捕获羟基自由基的能力[110]。

3.3.3.2 EP 肽段对植物铁蛋白铁还原释放的调控

研究发现，大豆铁蛋白的 EP 肽段具有类丝氨酸蛋白酶的活性，进而可以导致植物铁蛋白的自降解。铁蛋白的自降解促使蛋白解聚，进而可以加速铁的还原释放，以满足种子萌发过程中生长的需要，即植物铁蛋白可以通过 EP 肽段来调节铁的释放从而进行植物自身补充铁的过程[75]。在去除含铁的大豆铁蛋白的 EP 肽段后，蛋白质在相同实验条件下变得稳定，这进一步证实了大豆铁蛋白的降解是基于 EP 肽段的自降解。当还原剂抗坏血酸作用于铁蛋白使铁蛋白发生铁释放反应时，铁蛋白自身也会发生明显的降解，而且由于抗坏血酸的作用，去除 EP 肽段的大豆铁蛋白会比野生型大豆铁蛋白降解得更快、更明显。可见，在还原剂的作用下，植物铁蛋白在进行铁释放的同时，自身也会发生降解，而且铁蛋白的铁释放速率越快其自身的降解也更加明显[111]。

3.3.4 动物铁蛋白铁的还原释放

Fe^{2+} 通过存在于任何 3 个相邻 L 或 H 型亚基之间的 8 个极性三重轴通道进入和离开动物铁蛋白。这些通道主要由天门冬氨酸和谷氨酸侧链排列。非极性通道主要由亮氨酸排列，位于 6 个 4 倍亚基交叉点内[112]。另外，研究发现锌离子可阻断铁离子进入三重轴通道[113]。

此外还有研究表明，在动物体中可通过铁蛋白的降解来达到释放铁的目的。动物铁蛋白主要存在于细胞质中，铁蛋白可被蛋白酶体识别水解后释放出铁，释放出的铁供细胞生长生存所用。此外细胞中的铁蛋白也可被溶酶体吞噬后降解，释放出铁。有研究表明，K562 细胞株（第一个人类髓性白血病人工培养的细胞）在发生急性铁耗竭后，可利用铁离子浓度的恢复是伴随着细胞液中铁蛋白的衰退而减少的，而且蛋白酶抑制剂亮抑酶肽（leupeptin）和胰凝乳蛋白酶抑制剂（chymostatin）能够抑制这一现象的发生，证明了酶降解铁蛋白的释铁途径在生理缺铁情况下的重要性[114]。

3.3.5 细菌铁蛋白铁的还原释放

BFR 要将铁从矿物铁芯中释放出来，需要降低矿物铁芯中的 Fe^{3+} 浓度。BFR 的铁释放独立于氧化铁酶中心，因此铁芯的矿化和释放涉及不同的催化/辅助因子中心；铁氧化酶中心是矿化所必需的，但似乎不参与铁的释放；血红素基团是矿化所必需的，但在铁的释放中起着重要作用。在 BFRs 中，铁释放机制的一个重要考虑因素是 12 个亚基间血红素基团的存在，它们不存在于其他类型的铁蛋白中，也不是矿物质形成所必需的，这表明血红素具有另一种功能。从 BFR 中分离出的缺乏血红素的变体，其含铁量明显高于在相同条件下产生的野生型蛋白质，这表明这些变体缺乏铁释放，而血红素可能参与铁释放[115]。

在体外，FTN 铁芯中的铁经化学还原后，再用 Fe^{2+} 螯合剂进行螯合，可以将铁离子释放出来。可用于还原 FTN 铁芯中的铁的还原剂包括相对小分子的抗坏血酸盐、连二亚硫酸钠、硫醇、二氢黄素等，以及大分子的如黄素蛋白等[116-117]。BFR 与 FTN 的区别在于它含有血红素基团。BFR 中有两个铁基序列，双核氧化铁酶中心和血红素基团。铁氧化酶中心是 Fe^{2+} 氧化的催化活性位点。血红素基团埋在外表面下，其丙酸盐向内腔突出，这使得血红素基团可以将电子从外部还原剂转移到 BFR 的矿物核心。因此，血红素被认为在降低 BFR 铁芯中的铁含量方面起着关键作用。目前还不清楚电子是如何从血红素转移到铁氧化酶中心的（或有多少氨基酸残基参与了在血红素和铁氧化酶中心之间的电子转移）。血红素提供的铁氧化酶中心的电子能否催化矿物铁芯中 Fe^{3+} 的还原，也并未报道。

不同的细菌对血红素的电子供体可能不同。在某些细菌（如大肠杆菌、小肠结肠炎耶尔森菌、荧光假单胞菌和绿脓杆菌）中含有细菌铁素相关铁氧化还原蛋白（bacterioferritin - associated ferredoxin，BFD），认为 BFD 是 BFR 血红素的直接电子供体[118]。当 NADPH 依赖的铁还蛋白还原酶（a flavoprotein，FPR）被用来提供电子时，BFR 铁芯需要 BFD 来释放铁[119]。BFD 缺失或阻断 BFR - BFD 相互作用会导致 Fe^{3+} 在 BFR 中不可逆积累，从而显著降低绿脓杆菌的生物膜的形成和适应度。然而，并不是所有使用 BFR 储存铁的细菌都具有 BFD。例如，根癌脓杆菌没有任何 BFD 基因，但使用 BFD 存储铁[120]。因此，根癌脓杆菌不可能将 BFD 作为其 BFR 血红素的直接电子给体。

3.4 食品加工及营养因子对铁蛋白氧化沉淀和还原释放的影响

3.4.1 绿原酸对铁蛋白的影响

许多生物活性分子如多酚可能与铁蛋白和铁离子共存并相互作用。这些相互作用可能会影响铁蛋白的理化性质，从而影响 Fe^{3+} 和 Fe^{2+} 的代谢。绿原酸是一种多酚类化合物，具有抗氧化、抗肿瘤和抗菌活性，并具有心血管保护作用[121]。它被广泛应用于食品、化妆品和医药领域。

3.4.1.1 绿原酸对铁蛋白结构的影响

通过研究铁（Ⅲ）和绿原酸对铁蛋白紫外/可见光吸收的影响，表明铁蛋白和绿原酸之间存在合成的相互作用（图3-8）。绿原酸-三氯化铁络合后，在327 nm处绿原酸的特征吸收峰消失，在264和360 nm处出现两个新的特征吸收峰，说明绿原酸与Fe（Ⅲ）相互作用形成了绿原酸-Fe（Ⅲ）络合物。在铁蛋白-绿原酸-Fe（Ⅲ）络合物中也发现了这两个峰，表明铁蛋白-绿原酸-Fe（Ⅲ）络合物保留了绿原酸-Fe（Ⅲ）的络合结构（图3-8）。同时，在约273 nm处吸收峰增强，光谱带加宽，进一步证明绿原酸-Fe（Ⅲ）配合物的形成以及铁蛋白与绿原酸-Fe（Ⅲ）配合物同时合成相互作用。在该研究中，铁蛋白-绿原酸-Fe（Ⅲ）络合物和绿原酸-Fe（Ⅲ）络合物中出现了新的明显的峰，以及酚酸和铁蛋白的吸收峰移位，证实了三组分络合物的形成[122]。

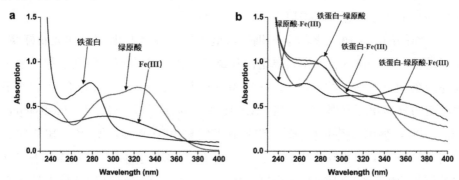

图3-8　a. 对铁蛋白、氯原酸和氯化铁的紫外光谱分析；b. 铁蛋白-绿原酸复合物、铁蛋白-Fe（Ⅲ）复合物、绿原酸-Fe（Ⅲ）复合物和铁蛋白-绿原酸-Fe（Ⅲ）复合物的紫外光谱分析[122]

用傅里叶变换红外光谱（Fourier transform infrared spectroscopy，FTIR）分析了绿原酸和铁（Ⅲ）对铁蛋白的化学组成和结构的影响。铁蛋白-绿原酸-Fe（Ⅲ）配合物的光谱如图3-9所示。铁蛋白的两个峰分别位于3423和1052 cm^{-1}处，代表酰胺A带、N—H拉伸和氢键结构[123]。相比之下，铁蛋白-绿原酸络合物的酰胺A带中这两个峰（3423和1052 cm^{-1}）增强，表明氢键可能是铁蛋白-绿原酸相互作用的主要动力。此外，绿原酸-Fe（Ⅲ）配合物在1400和1255 cm^{-1}附近出现了两个新的吸收峰，表明Fe（Ⅲ）与酚酸发生了络合反应。这3个组分中一些典型基团，如代表C—O拉伸振动的1630和1552 cm^{-1}处的峰，以及代表O-H变形和C-O拉伸振动的1295和

1036 cm^{-1}处的增强吸收谱图，也证实了这 3 个组分之间的相互作用。此外，通过比较铁蛋白 – 绿原酸 – Fe（Ⅲ）配合物与绿原酸 – Fe（Ⅲ）配合物的结构，发现其吸收峰从 1295 cm^{-1} 移至 1255 cm^{-1}，在 1036 cm^{-1} 处吸收峰增强，说明该配合物是三者官能团之间通过氢键相互作用的组合[122]。

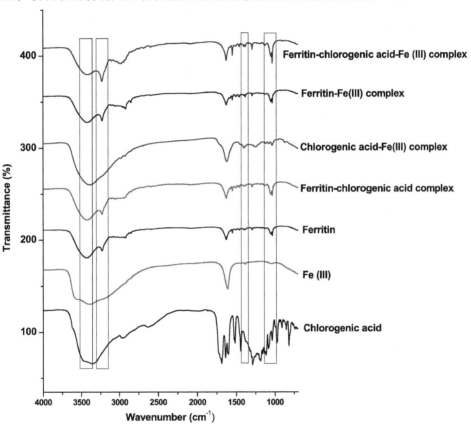

图 3 – 9　铁蛋白、绿原酸、氯化铁、铁蛋白 – 绿原酸复合物、铁蛋白 – Fe（Ⅲ）复合物、绿原酸 – Fe（Ⅲ）复合物、铁蛋白 – 绿原酸 – Fe（Ⅲ）复合物的傅里叶红外光谱[122]

　　每个铁蛋白亚基在 E – 螺旋上都有一个色氨酸残基，其环绕形成四重通道结构。在 330 nm（激发波长为 290 nm）处色氨酸的荧光变化或色氨酸的峰移是铁蛋白结构变化的可利用指标。用 Cary Eclipse 荧光分光光度计（Agilent，USA）记录铁蛋白、铁蛋白 – 绿原酸络合物、铁蛋白 – 铁（Ⅲ）络合物和铁蛋白 – 绿原酸 – Fe（Ⅲ）络合物的荧光光谱。图 3 – 10 的结果表明，铁蛋白的荧光可以被绿原酸淬灭，这可能是由于铁蛋白四重轴通道上色氨酸微环境的变化所致。当铁蛋白溶液中同时加入绿原酸和氯化铁时，相对于铁蛋白 -绿原酸体系和铁蛋白 - Fe（Ⅲ）体系，铁蛋白的荧光强度明显被淬灭（图 3 - 10）。铁蛋白和铁蛋白 - 绿原酸 - Fe（Ⅲ）复合物的荧光峰明显发生了约 8 nm 的蓝移，说明这三种化合物之间的相互作用可以促进铁蛋白的四重轴通道结构向更疏水的环境转变。这一发现被绿原酸在氯化铁存在下显著的荧光淬灭所证实（图 3 - 10），这可以解释为电荷从绿原酸转移到 Fe（Ⅲ），导致绿原酸 - Fe（Ⅲ）络合物的形成。我们推断 Fe（Ⅲ）与绿原酸相互作用形成绿原酸 - Fe（Ⅲ）复合物，然后通过氢键与铁蛋白结合（图 3 - 9）；相应地，这种相互作用影响了铁蛋白的结构，促使铁蛋白通道上的色氨酸残基转移到疏水环境中[122]。

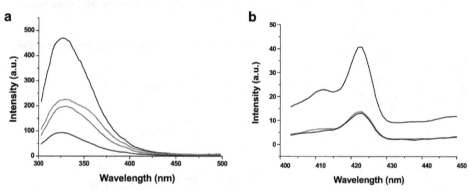

图 3 - 10　a. 铁蛋白、铁蛋白 - 绿原酸复合物、铁蛋白 - Fe（Ⅲ）复合物和铁蛋白 - 绿原酸 - Fe（Ⅲ）复合物的荧光光谱［从上到下依次为铁蛋白、铁蛋白 - 绿原酸复合物、铁蛋白 - Fe（Ⅲ）复合物和铁蛋白 - 绿原酸 - Fe（Ⅲ）复合物（激发波长设置为 290 nm）］；b. 绿原酸、铁蛋白 - Fe（Ⅲ）复合物和铁蛋白 - 绿原酸 - Fe（Ⅲ）复合物的荧光光谱［从上到下依次为绿原酸、铁蛋白 - Fe（Ⅲ）复合物和铁蛋白 - 绿原酸 - Fe（Ⅲ）复合物（激发波长设为 338 nm）］[122]

3.4.1.2　绿原酸对铁蛋白氧化沉淀和还原释放的影响

研究结果表明绿原酸能捕获羟基自由基（·OH），防止其对细胞造成氧化损伤，并能促进铁蛋白诱导的铁氧化和铁释放。

氧化沉淀是铁蛋白的一种特征，它表示亚铁通过三重轴通道上的亚铁氧化酶中心氧化沉淀到铁蛋白腔内，这个过程可以防止铁诱导的细胞氧化损伤。铁的氧化沉淀可能受到与铁蛋白和铁共存的食物生物活性成分如绿原酸的影响。研究表明，绿原酸能显著提高铁蛋白的铁氧化速率，且呈剂量依赖性。Fe（Ⅱ）可被铁氧化酶中心催化形成 Fe（Ⅲ），并可通过三重轴通道转移到铁蛋白内表面，且通道结构对温度和疏水肽加成等环境变化通常很敏感。绿原酸作为亲水性分子，主要因与铁蛋白通道结构的相互作用而提高铁蛋白铁的氧化速率，且绿原酸在促进铁蛋白铁氧化沉淀活性方面的积极作用，可在机体铁（Ⅱ）含量较高时减轻细胞的铁氧化损伤。

铁蛋白的释铁活性是指铁蛋白氧化沉淀亚铁的逆过程。通常通过还原剂诱导 $Fe(Ⅲ)$ 还原为 $Fe(Ⅱ)$，并从脊椎动物铁蛋白的三重通道或植物铁蛋白的四重轴通道释放 $Fe(Ⅱ)$ 来实现[124]。铁蛋白通过铁氧化沉淀和铁释放过程，维持机体铁代谢的平衡。为了评价绿原酸对铁蛋白铁释放的影响，在含铁的铁蛋白溶液中加入不同浓度的绿原酸，考察铁的释放曲线和铁的初始释放速率（v_0）。由图 3 – 11c 可知，绿原酸可以促进 $Fe(Ⅲ)$ 的还原和释放，其作用与抗坏血酸诱导铁蛋白释放 $Fe(Ⅲ)$ 的作用类似。

以抗坏血酸为研究对象，对照样本，进一步评估了铁蛋白螯合铁（Ⅱ）的能力，以阐明绿原酸对铁蛋白释放铁的影响。实验结果表明，在相同浓度下，绿原酸对 $Fe(Ⅱ)$ 的螯合能力显著高于抗坏血酸。铁释放的潜在机制是抗坏血酸等还原剂扩散到铁蛋白中，并通过还原剂将铁离子还原为亚铁离子，然后从铁蛋白腔中释放出亚铁离子扩散。绿原酸可能与反应体系中释放的 $Fe(Ⅱ)$ 配合，促进 $Fe(Ⅱ)$ 通过铁蛋白通道排出。绿原酸相对于抗坏血酸具有更高的螯合能力，说明绿原酸更有效地与 $Fe(Ⅱ)$ 结合，进而促进 $Fe(Ⅲ)$ 的还原，绿原酸具有更多酚羟基的独特结构可能是其关键原因。

非血红素铁，特别是豆科植物中的植物铁蛋白，近年来被认为是一种潜在的铁补充剂。同时，豆科植物中富含酚酸，可能与铁蛋白一起在人类饮食中摄入。研究绿原酸存在下铁蛋白铁的氧化沉淀和释放特性，有助于阐明酚酸在食品中多种成分中的作用。绿原酸促进铁过渡的积极作用是在铁（Ⅱ）质量较高时通过减轻细胞铁氧化损伤来调节铁代谢，在机体需要铁离子时促进铁的释放。

还原剂（如绿原酸和抗坏血酸）可能会在一定程度上影响铁的释放，进而影响铁蛋白 – 还原剂 – 铁体系中 ·OH 的生成。其中，铁蛋白 – 绿原酸 – 铁反应体系中 ·OH 含量显著低于铁蛋白 – 抗坏血酸 – 铁反应体系。过量的 ·OH 是有毒的，可能通过破坏蛋白质、脂类和 DNA 造成细胞损伤[125]。抗坏血酸诱导铁释放过程中产生的大量 ·OH 会导致铁蛋白降解。与抗坏血酸相比，绿原酸作为铁蛋白释放铁的还原剂，可以在一定程度上保护铁蛋白免受 ·OH 等自由基的伤害。说明绿原酸可以通过减少铁释放过程中 ·OH 的生成，有效保

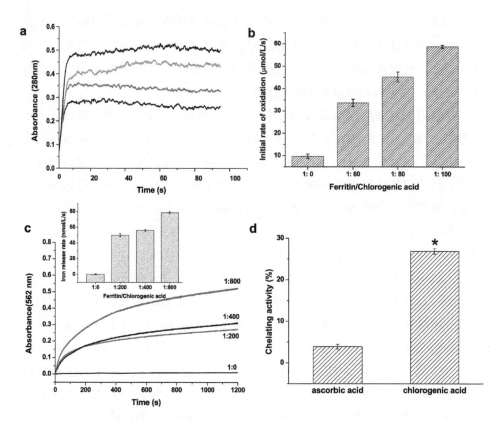

图 3 - 11　a. 不同绿原酸摩尔比（从上到下依次为 1∶0、1∶60、1∶80 和 1∶100，铁蛋白/绿原酸）的铁蛋白氧化沉淀亚铁的时间过程；b. 不同浓度绿原酸作用下铁蛋白氧化铁的初始速率；c. 不同绿原酸摩尔比（1∶0、1∶200、1∶400 和 1∶800，铁蛋白/绿原酸）下全铁蛋白释放铁的动力学，插入的直方图表示不同浓度绿原酸作用下铁蛋白释放铁的初始速率；d. 绿原酸和抗坏血酸在两种浓度均为 60 μM 时的螯合能力 [（＊）$p <$ 0.05][122]

护铁蛋白免受氧化损伤。同时，相对于抗坏血酸，绿原酸能更强地螯合 Fe（Ⅱ）。绿原酸降低 ·OH 含量和螯合 Fe（Ⅱ）的合成作用可以有效抑制芬顿反应，阻碍 ·OH 的生成，从而进一步保护铁蛋白免受氧化损伤。

3.4.2　大气压低温等离子体对铁蛋白的影响

将大气压低温等离子体（atmospheric cold plasma，ACP）应用于红豆铁蛋白（red bean seed ferritin，RBF），制备经 ACP 处理的 RBF（ACP - treated RBF，ACPF）。研究结果表明，经 ACP 处理保留了铁蛋白的壳状结构，但降

低了 α - 螺旋/β 折叠的含量和热稳定性。铁的氧化沉淀和释放活性也发生了显著变化。

ACP 是一种非热技术,是指在近环境温度和压力下产生的非平衡等离子体[126-127]。ACP 是活性氧的来源,包括单态氧和臭氧,并能激发分子氮[128]。ACP 利用其对微生物(包括腐败菌和食源性致病菌)的灭活作用,在食品保鲜中得到了广泛的应用。ACP 在增强表面疏水性、表面调制和酶失活等方面显示出了应用潜力。ACP 的应用已经扩展到包括生物大分子的处理,如乳清蛋白[129-130]。然而,关于 ACP 处理对铁蛋白结构和性质影响的研究很少有报道。

3.4.2.1 大气压低温等离子体对铁蛋白结构的影响

通过对铁蛋白的转变温度、荧光、二级结构和表面疏水性分析,其研究结果表明,ACPF 的 α - 螺旋含量下降了 4.0%。同时,与未处理的脱铁红豆铁蛋白(apo - red bean seed ferritin, apoRBF)相比,ACPF 的 β - 螺旋结构减少了约 2.3%。具体来说,α - 螺旋有助于蛋白质的弹性和韧性结构。ACP 处理可以破坏铁蛋白的部分氢键,从而影响铁蛋白的 α - 螺旋结构,从而降低铁蛋白笼的抗拉强度和柔韧性。

疏水力是一种弱的非共价相互作用,是蛋白质三级/四级结构形成和稳定的主要力量之一[131]。伴随着氢键和范德华力,疏水力在铁蛋白笼的空间结构稳定中也起着重要作用。利用 8 - 苯胺 - 1 - 萘磺酸(8 - anilino - 1 - naphtha-lenesulfonic acid, ANS)的荧光探针检测经 ACP 处理后 apoRBF 表面疏水性的变化。结果表明,经 ACP 处理的 apoRBF 的表面疏水性指数显著低于未处理的 apoRBF,证明经 ACP 处理导致芳香氨基酸表面疏水性降低。这一发现提示芳香氨基酸的折叠和埋藏可能是荧光强度下降的重要原因。ACP 处理后,铁蛋白链折叠方式改变,芳香氨基酸的微环境可被改变。

3.4.2.2 ACP 处理对铁蛋白氧化沉淀和还原释放的影响

铁蛋白是一种铁的储存和解毒蛋白质。因此,ACP 处理显著抑制了 apoRBF 的铁氧化。具有铁氧化酶位点的亲水三重轴通道被认为是铁通过蛋白质外壳的途径[132]。我们推测 ACP 处理可能通过改变三重轴通道结构来影响 apoRBF 的结构。因此,铁进入铁蛋白的部分通道受到了阻碍。

与氧化沉淀途径不同,四重轴通道是植物铁蛋白的铁释放通道。为了研究 ACP 处理对 apoRBF 铁释放的影响,测定了初始铁释放速率(v_0)。在加入 600 个 Fe^{3+}/铁蛋白后,发现经 ACP 处理 apoRBF 和未经处理 apoRBF 的铁释放

曲线不同 （图 3 - 12）。具体而言，经 ACP 处理的全铁红豆铁蛋白的 ν_o 显著高于未经处理的全铁红豆铁蛋白。因此，根据结果推测局部区域，如铁蛋白四重轴通道周围的氨基酸，对 ACP 处理引起的环境变化非常敏感。因此，ACP诱导的铁蛋白通道结构是灵活的，这导致了 ν_o 的增加[130]。

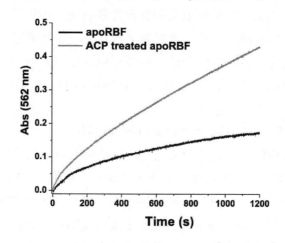

图 3 - 12　1mM 抗坏血酸诱导的红豆铁蛋白和 APC 处理的红豆铁蛋白（600 个铁/铁蛋白笼）的铁释放动力学[130]（黑色为红豆铁蛋白，灰色为ACP 处理后的红豆铁蛋白）

3.4.3　脉冲电场处理对铁蛋白的影响

　　铁蛋白具有保守的 24 亚基球形结构和独特的可逆自组装特性。采用脉冲电场 （pulsed electric fields，PEF） 技术处理脱铁红豆铁蛋白 （apoRBF），制备了经 PEF 处理的 apoRBF （ PEF - modified apoRBF，PEFF）。脉冲电场技术是一种很有潜力的食品加工非热技术，包括微生物灭活和酶活性灭活。PEF可以通过瞬时 （微秒到毫秒） 和高电压 （10 ~ 50 kV/cm） 脉冲破坏某些微生物的细胞膜，从而影响一些液体食品，并可以使内部酶如过氧化物酶和脂氧合酶失活[133]。与传统的高温巴氏杀菌法相比，经过 PEF 处理后，果汁和牛奶等食品受到的影响相对较小，可以保持较高的质量。近年来，除了微生物巴氏杀菌和酶失活外，脉冲电场还被应用于改变蛋白质的结构和特性，如凝固、乳化和起泡。PEF 处理对蛋白质结构和性质的影响正受到越来越多的关注[134]。

3.4.3.1　PEF 对铁蛋白结构及热稳定性的影响

　　对 apoRBF 和 PEF 处理 apoRBF 的热稳定性进行了评估，结果表明 PEF 修饰 apoRBF 的达峰时间（tpeak）和熵值的显著降低表明 PEF 处理后铁蛋白的热稳定性下降。吸热峰的变化和熵的降低可能与蛋白质的结构变化有关，如分子的结构解螺旋或展开。铁蛋白是一种刚性的蛋白质笼子，由许多通道结构组成，如三重轴通道和四重轴通道。这些结构对环境条件很敏感，如温度变化和极性剂处理。维持铁蛋白这些敏感结构（如蛋白质通道）的氢键、疏水力和范德华力可能部分受到 PEF 的影响，导致热稳定性降低[135]。

3.4.3.2 经 PEF 处理的 apoRBF 的二级结构分析

圆二色光谱可用于获得更多关于蛋白质和多肽在溶液中的二级结构的信息，使用圆二色光谱检测 apoRBF 和 PEF 修饰 apoRBF，结果表明，PEF 处理显著降低了 α - 螺旋含量和 β - 折叠的结构。简单地说，PEF 修饰 apoRBF 的 α - 螺旋含量比 apoRBF 降低了 3.8%，β - 折叠结构比未修饰 apoRBF 降低了约 2.9%。由于氢键的形成，α - 螺旋结构的含量显著影响蛋白质的刚性和弹性结构[135]。这种改变可以直接影响铁蛋白的构象结构，相应降低铁蛋白的热稳定性。以往的研究发现，PEF 可以干扰或重建蛋白[136]的氢键和疏水相互作用，从而相应影响蛋白质的稳定性。因此，我们推断 PEF 处理可以改变铁蛋白的折叠，进而影响铁蛋白的稳定性。

3.4.4 高静水压对铁蛋白的影响

高静水压（high hydrostatic pressure，HHP）是一种在 200 MPa ～ 300 MPa 范围内可逆改变蛋白质构象的新技术。它可以破坏分子间和分子内的疏水相互作用，并通过水化那些隐藏的疏水残基来增加蛋白质的溶解度[137-138]。HHP 应用于从包涵体或聚集物中折叠蛋白质，与其他传统方法相比，它可以获得相对较高的收率[139]。HHP 还可以通过可逆破坏组装单元之间的相互作用来灭活病毒。通过光谱测量和电子显微镜分析，许多病毒可以被 HHP 完全灭活而不发生衣壳的剧烈结构变化。高静水压（HHP）技术是将产品置于一个特殊设计的容器中，使其承受 100 MPa 以上的压力。它被用作热处理之外的另一种保存方法。众所周知，与热加工相比，高压加工会影响包括蛋白质、维生素、脂类、糖类和色素在内的食品成分的结构稳定性，从而改善它们的固有功能特性，以满足在颜色、风味和质地保留方面的新需求。HHP 技术已被用于加工各种食品[140]。在商业上，高静水压技术除用于修饰食品成分的功能特性外，还常用于食品保鲜。高静水压（HHP）技术因其在食品工业中的潜在应用而备受关注。因此，了解 HHP 处理是否对该蛋白有影响是很有研究价值的。

3.4.4.1 HHP 对铁蛋白结构的影响

压力能够影响蛋白质二级，三级和四级结构。小的单体蛋白质通常在 400 MPa ~ 800 MPa 的压力范围内变性[141]。有研究表明在压力强度为 400 MPa，保持时间为 10 min 的条件下，大豆铁蛋白（SSF）在经 HHP 处理后的电泳行为改变。这表明，由于 HHP 诱导的破裂、聚集或寡聚，分子质量没有发生变化，即亚基的肽链没有被 HHP 分解。随后，利用圆二色光谱对铁蛋白的二级结构进行研究。结果与电泳实验结果类似，在 HHP 处理脱铁大豆铁蛋白的情况下，其圆二色光谱与未处理的蛋白样品几乎重合，说明在 HHP 处理条件下，SSF 的二级结构基本没有变化。

利用蛋白质中的色氨酸基团具有吸收紫外区域的入射光，从而发射荧光的特性，该荧光团残基周围的微环境非常敏感。SSF 中有 24 个色氨酸残基，位于四重轴通道上。研究表明，天然的植物铁蛋白和经高压处理过的 SSF 样品的紫外和荧光光谱有明显的差异，说明 SSF 中色氨酸的微环境发生了很大的改变。经过 HHP 处理后，SSF 的局部三级和四级结构发生了改变[142]。在这一过程中，蛋白质的一级结构保持完整，而三级和四级结构则受到不同程度的影响[140]。此外，在 100 MPa ~ 300 MPa，这些变化是可逆的，但 > 300 MPa 的压力会带来不可逆的变性。

3.4.4.2 HHP 对铁蛋白氧化沉淀及还原释放的影响

以 300 nm 处的紫外吸光度作为滴定实验的检测波长，结果表明经高温高压处理的 SSF 样品的滴定曲线与未处理的 SSF 样品的滴定曲线基本重合，说明高温高压处理对 SSF 的催化活性影响不大。在低铁负荷时，铁氧化反应主要发生在位于 4 个 α – 螺旋束之间的铁氧化酶中心。因此，这些结果表明，上述 HHP 处理没有改变这些中心的结构[142]。相比之下，与未处理的 SSF 相比，HHP 处理后的 SSF 铁的释放速度要小得多。

上述结果表明，HHP 处理对铁蛋白中铁氧化沉淀和铁蛋白中铁还原释放两个不同过程的影响明显不同，说明铁进出铁蛋白腔的途径可能是不同的。事实上，植物铁蛋白中亲水的四重轴通道可能是铁蛋白释放铁的途径。因此，HHP 处理可能主要改变了蛋白质结构，使四重轴通道变窄，而三重轴通道保持不变[142]。

3.4.5 压热超声处理对铁蛋白的影响

压热超声处理（manothermosonication，MTS）是一种新的超声处理方法，通常与热和静压处理相结合。MTS 具有产生气泡爆炸和提高声空化活性的作用，在缩短液体食品巴氏杀菌时间方面具有优势。近年来，MTS 技术在大豆蛋白结构和性质改性方面的应用得到了扩展，提高了大豆蛋白的溶解性、游离巯基、表面疏水性和抗氧化活性等理化性质[143]。MTS 技术应用于制备经 MTS 处理的脱铁红豆铁蛋白（MTS – treated apoRBF，MTSF），MTS 处理（200 kPa，50 ℃,40 s）维持了脱铁红豆铁蛋白 MTSF 的球形形貌（12 nm），但减少了 α – 螺旋结构的含量，增加了随机线圈结构的含量，相应降低了铁蛋白的稳定性。MTS 处理还通过降低铁蛋白的铁氧化沉淀活性和提高铁释放活性来影响铁蛋白的铁存储功能。

3.4.5.1 压热超声处理对铁蛋白结构的影响

用圆二色光谱法测定了 apoRBF 和 MTSF 的二级结构。结果表明，MTSF 的 α – 螺旋含量显著低于 apoRBF。MTSF 的无规则卷曲含量（27.0% ± 0.5%）显著高于 apoRBF（23.2% ± 0.4%）。这是由于 MTS 处理展开了 α – 螺旋，相应地增加了铁蛋白的无规则卷曲结构。MTSF 的 α – 螺旋含量在40 ℃ 处理时开始下降，低于 apoRBF 的阈值温度（50 ℃）。在40 ℃、50 ℃ 和60 ℃ 处理后，MTS 处理的铁蛋白中 α – 螺旋的含量下降约 1.1%、1.7% 和 4.0%，高于 apoRBF，其分别下降约 0.1%、0.7% 和 1.3%。此外，MTSF 的无规则卷曲含量在 40 ℃ 时开始增加，这低于 apoRBF 的阈值温度（50 ℃），其时无规则卷曲的含量开始变化（图 3 – 13）。实际上，MTSF 在 40 ℃、50 ℃ 和 60 ℃ 处理后的无规则卷曲结构分别提高了 1.7%、3.3% 和 6.1%，显著高于 apoRBF[144]。

每个铁蛋白的保守性在于其独特的二级结构：根据铁蛋白的不同，24 个亚基折叠成 4 或 5 个 α – 螺旋束。α – 螺旋是一种稳定而稳健的结构，可以通过形成氢键影响蛋白质/肽的构象和稳定性[145]。相比之下，无规则卷曲是一种特定的构象，其中蛋白质亚基是随机定向的，没有规则的形状。在该研究中，MTS 处理铁蛋白的阈值温度（40 ℃）是热诱导二级结构变化低于未处理铁蛋白（50 ℃）的温度。此外，α – 螺旋结构含量的降低伴随着 MTSF 中无规则卷曲含量的增加，这可能直接影响铁蛋白笼的构象结构。从 α – 螺旋结构到无规则卷曲结构的转变表明 MTS 处理可以展开部分螺旋结构。这一结果表明铁蛋白的结构对环境变化很敏感，如 MTS 处理。这些螺旋和无规则卷曲构型的结构变化可能影响铁蛋白的功能和性质。

蛋白质的转变温度（T_m）可以用在加热时紫外吸收达到最大值的一半的

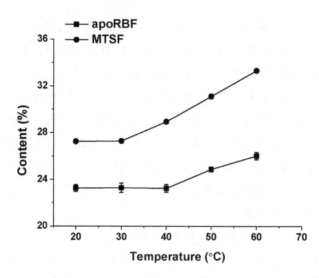

图 3 - 13　在不同温度处理（20 ~ 60 ℃）下，apoRBF 和 MTSF 中
无规则卷曲结构的含量[144]

温度表示。以 T_m 为指标，研究 MTS 处理对铁蛋白稳定性的影响。结果表明，
MTS 处理后铁蛋白的稳定性降低了。MTS 通过展开 α - 螺旋结构和增加无规
则卷曲含量来影响铁蛋白的结构。因此，我们推断 MTSF 中 α - 螺旋含量的降
低是热稳定性降低的关键原因，因为 α - 螺旋是二级结构的一个重要结构，
通过形成氢键有助于蛋白质的构象和稳定性[145]。维持铁蛋白二级结构的弱键
（如氢键）可能受到 MTS 处理的影响，从而导致对热处理的稳定性下降。

　　疏水相互作用是一种非共价力，对蛋白质的稳定和功能起着重要作
用[146]。表面疏水性（S_0）是蛋白质分子间相互作用能力的重要指标，可以表
征蛋白质的溶解性、乳化性等功能[147]。为了研究 MTS 对铁蛋白结构和性质
的影响，采用 ANS 作为荧光探针，评估了 MTS 处理（200 kPa，50 ℃，40 s）
对铁蛋白表面疏水性的影响。其中 MTS 处理的铁蛋白的表面疏水性，显著高
于未处理的 apoRBF。因此，MTS 可以诱导铁蛋白表面疏水性的改善。

　　此前有研究表明，超声处理可能会使埋在蛋白质界面或内部的疏水性基
团暴露出来，这通常会影响铁蛋白的疏水性和溶解度[148]。研究表明，S_0 值较
高的 MTSF 样品溶解度也较高。这是由于 MTS 处理的铁蛋白溶解度较高，S_0
增加可能是由于蛋白质表面疏水基团之间的分子间相互作用减少[144]。虽然
MTSF 保持了天然铁蛋白的典型纳米尺寸，但固液界面空化产生的物理作用力
可能会通过影响芳香氨基酸的暴露而改变铁蛋白的结构。此外，铁蛋白是一

种笼状蛋白质,具有 3 个不同的表面,即亚基之间的界面、内表面和外表面;弱相互作用(包括氢键和疏水相互作用)的破坏和重组也可以导致水溶性的提高。

3.4.5.2 压热超声处理对铁蛋白氧化还原的影响

为了研究 MTS 对铁氧化沉淀活性的影响,研究了 Fe^{2+} 氧化沉淀曲线,即 MTSF 生成 Fe^{3+} 的过程结果表明,经压热超声处理的铁蛋白 MTSF 的铁氧化率明显低于 apoRBF。apoRBF 氧化铁的初始速率为 (1.11 ± 0.12) μM Fe/s/亚基。相比之下,MTSF 的初始速率为 (0.49 ± 0.08) μM Fe/s/亚基单位,显著低于未处理的铁蛋白[144]。因此,MTS 处理显著降低了铁蛋白的催化能力。铁蛋白是一个具有多亚基的蛋白质家族,在铁蛋白亚基周围分布着四重轴、三重轴和两重轴通道。故 MTS 处理可能通过改变铁蛋白的 α - 螺旋结构来改变其三重轴通道的结构。因此,MTS 处理影响了氧化铁酶中心,部分阻碍了催化活性。

铁释放是铁氧化沉淀的逆过程,铁可通过还原剂还原,从植物铁蛋白的四重通道中释放出来。为了研究 MTS 对铁蛋白铁释放活性的影响,通过添加维生素 C 和铁锌(Fe^{2+} 螯合剂)分析了铁的初始释放速率 (ν_0)。研究发现,将 480 Fe^{3+}/铁蛋白加载到 apoRBF 或 MTSF 后,铁释放曲线不同[144]。经 MTS 处理铁蛋白的释放速率,高于维生素 C 诱导的铁蛋白。从植物铁蛋白的晶体结构信息可以看出,四重轴通道位于 4 个 E 螺旋的中心。我们推测 MTS 诱导 α - 螺旋的展开可能与铁蛋白通道周围 E - 螺旋的改变有关。MTS 处理可能导致铁蛋白子结构域的局部结构变化,这种结构效应可能反过来导致四重通道的展开和扩展,促进铁释放率的提高。这些变化可能会影响铁蛋白在体内铁代谢中的功能,并可能影响其作为铁补充剂的使用。

3.4.6 京尼平交联剂对铁蛋白的结构及性质影响

京尼平(Genipin)是栀子苷经 β - 葡萄糖苷酶水解后的产物,是一种优良的天然生物交联剂,可以与蛋白质、胶原、明胶和壳聚糖等交联制作生物材料,如人造骨骼、伤口包扎材料等,其毒性远低于戊二醛和其他常用化学交联剂,也可用于治疗肝脏疾病、降压、通便等。以色列一家医疗中心的研究结果表明,京尼平可以缓解 Ⅱ 型糖尿病的症状。京尼平也可用作指纹采集试剂和制备固定化酶的交联剂。

有研究利用京尼平作为交联剂来制备铁蛋白纳米载体,并研究京尼平对铁蛋白结构和性能的影响。通过使用紫外 - 可见吸收光谱和荧光方法测量蓝色荧光素，对不同孵化时间的交联反应进行了表征。然后，应用 SDS - 和 Native - PAGE 来探索共价产物的形成，分析铁蛋白的分子内或分子间交联。随后，系统地研究了京尼平对二级、三级和四级结构的影响[149]。

该研究中使用京尼平处理的铁蛋白根据反应时间分别被称为 Gen - 1 h、Gen - 2 h、Gen - 4 h 和 Gen - 6 h。经过严格的透析去除游离京尼平分子。随着反应时间的延长，得到的样品颜色逐渐由无色变为蓝色。这是由于京尼平分子能与氨基酸中的伯胺反应可以生成稳定的蓝色色素[146]。此外，利用紫外 - 可见吸收光谱研究了铁蛋白与京尼平的交联反应。铁蛋白在 ~ 280 nm 处出现了一个单峰，该单峰属于 Trp、Tyr 和 Phe 的芳香基团。经京尼平处理后，铁蛋白在 ~ 280 nm 处的吸光度逐渐增加，红移至 ~ 295 nm。同时，在 ~ 595 nm 处观察到出现一个蓝色吸收区。有研究表明，由京尼平和蛋白质生成的蓝色色素在 570 ~ 600 nm 具有最大的紫外 - 可见吸收光谱，部分蓝色色素的中间产物在 ~ 290 nm 处出现吸光峰[150-151]。因此，可认为京尼平分子作为交联剂与铁蛋白相互作用，反应产物由蓝色色素及其中间体组成。另外，随着反应时间的延长，铁蛋白在 295 nm 和 595 nm 处的吸光度增加，说明有更多的京尼平分子参与交联反应。以上结果均表明，京尼平分子可以与铁蛋白纳米笼相互作用，且交联度随着反应时间的延长而增加[149]。

研究人员还通过凝胶电泳对铁蛋白和京尼平之间的交联反应进做了进一步的研究。竹节虾铁蛋白（penaeus japonicus ferritin, MjFer）呈单条带，分子量约为 19 kDa。在和京尼平反应 1 h 后，观察到 3 个不同的蛋白条带，分子量分别为 20 kDa、40 kDa 和 60 kDa，分别对应于单体亚基（~19 kDa）、二聚亚基（~38 kDa）和三聚亚基（~57 kDa）的理论分子量。结果表明，铁蛋白纳米笼的亚基相互共价共轭，并生成二聚体和三聚体亚基 - 亚基复合单位。并且随着培养时间的延长，铁蛋白亚基逐渐转化为二聚体和三聚体单位，并进一步形成分子量超过 200 kDa 的大物种。值得注意的是，铁蛋白亚基单体在孵育 4 h 后明显可以被京尼平完全交联。理论上，京尼平分子既可以产生分子内交联，也可以产生分子间交联，因此，为了进一步探究亚基 - 亚基交联是分子内偶联还是分子间偶联，研究人员进行了非变性聚丙烯酰胺凝胶电泳（Native - PAGE）实验。实验结果表明，经京尼平处理后，Gen - 1 h 和 Gen - 2 h 的蛋白带与 MjFer 蛋白的蛋白带相似，说明京尼平的交联对 MjFer 蛋白在 2 h 内的分子量影响不大。Gen - 4 h 和 Gen - 6 h 在电泳上呈一条不明显的条带，但大部分条带集中在 440 kDa。研究人员认为这条模糊的条带可能是由于：①少量 MjFer 蛋白通过分子间交联形成大物种；②京尼平介导的修饰可能改变铁蛋白的结构，从而导致电泳中蛋白迁移而改变。总的来说，这些结果表明京尼平介导的交联主要是分子内偶联，大多数 MjFer 蛋白纳米笼以单体状态存在，但少量铁蛋白纳米笼在孵育时间达到 6 h 时可发生分子间交联并形成大物种。

有报道称京尼平介导的蛋白质交联主要是通过与赖氨酸和精氨酸的氨基反应驱动的[152]，因此分析了铁蛋白结构中赖氨酸和精氨酸残基的分布。圆二色光谱分析了京尼平介导的交联对 MjFer 蛋白二级结构的影响。结果表明，对比对照样品，MjFer 蛋白在 208 nm 和 222 nm 处呈负椭圆度（θ）。这表明 MjFer 蛋白富含 α-螺旋，这与报道的晶体结构一致[153]。MjFer 蛋白的曲线拟合结果为 78.4% 的 α-螺旋，1.5% 的 β-折叠，7.6% 的转角和 12.4% 的随机线圈，与报道的结果相似[154]。与未修饰的 MjFer 蛋白相比，京尼平处理 2 h 后二级结构含量变化不大。说明相邻亚基之间的交联对培养 2 h 内二级结构影响不大。可能存在于两个相邻亚基的交联位点彼此靠近，两个残基之间的共价偶联不会改变铁蛋白的主链结构。随着培养时间的延长，MjFer 蛋白中 α-螺旋的含量降低，β-链、转角和无规则卷曲的含量增加。孵卵 6 h 后，α-螺旋的含量由 78.4% 下降到 52.7%，而 β-链、转角和无规则卷曲的含量分别上升到 10%、14.2% 和 23.0%。结果表明，较高程度的亚基-亚基交联会部分破坏铁蛋白的二级结构。这种现象可能是由于 MjFer 蛋白的一些交联位点距离较远，共价偶联会改变 MjFer 蛋白的主链结构。该研究表明，随着培养时间的延长，化学交联会破坏铁蛋白的二级结构，但似乎不影响整体的壳状结构[149]。

3.5　铁蛋白的可逆自组装

自组装（self-assembly），是指在没有人为因素的干涉下，基本的结构单元通过分子间的相互作用自发地从一个无序状态形成一个复杂的、有序的、有组织的聚集体的过程。能从非有序结构形成有序结构的过程都属于自组装的范畴，如果提供合适的条件，自组装可以在从微观到宏观上的任意尺度中发生。

自组装的驱动力来源于分子间的弱相互作用力的协同作用。推动自组装的弱相互作用力包括氢键、范德华力、静电力、疏水作用、堆积作用、阳离子吸附作用等。自组装体系形成后，其结构的稳定性和完整性也要依靠非共价键弱相互作用力来维持。分子自组装的过程是一个不受外力影响的过程。分子有序排列的过程一旦开始，将自动进行到某个终点，即使是形成复杂的功能体系也不需要外力的作用。在自组装过程中，人的作用是可以设计产物并启动过程，但过程开始后，人就不再介入到此过程中。但是并不是所有分子都能够发生自组装过程，它的产生需要两个条件：自组装的动力以及自组装的导向作用。自组装的动力指分子间的弱相互作用力的协同作用，它为分子自组装提供能量；自组装的导向作用指的是分子在空间的互补性，也就是说要使分子自组装发生就必须在空间的尺寸和方向上达到分子重排的要求。

自组装的方式在自然界中是广泛存在的，如生物体的细胞就是由各种生物分子自组装成而成的。利用分子间的自组装技术是构建纳米材料非常重要的方法，目前已被广泛应用于制备具有光、电、磁、感测催化功能的纳米材料。自组装的可控和非对称纳米结构的构建仍是我们面临的挑战。蛋白笼作为多样化的纳米平台，是用于可控组装和非对称自组装的理想构建元件。非对称纳米结构打破了传统的对称性，具有不同于单个组分的优越性能。但目前用于可控和非对称自组装的方法较少，基于铁蛋白的可控和非对称自组装的研究还处于探索阶段。

3.5.1 铁蛋白的自组装性质

所有铁蛋白的亚基之间，即铁蛋白亚基界面之间都是通过氢键、盐桥或疏水相互作用而结合在一起的。因此影响和破坏这些次级键的因素会对铁蛋白的球形结构产生影响。例如，在变性条件下，如在 pH 2.0 或者添加变性剂的条件下，铁蛋白亚基之间的氨基酸质子化导致铁蛋白整体结构的解离，而当恢复体系环境时，铁蛋白又能自发地恢复其原来的状态。有学者研究了在低 pH 值条件下马脾铁蛋白亚基之间的相互作用。经过后续不断地研究和探索，有科学家利用铁蛋白在低 pH 值条件下解离并在中性条件下重新组装的性质，将大于铁蛋白通道孔径的分子以及一些有机分子成功地装载到了铁蛋白的内部空腔中，并将其用于药物的传递和释放[155]，如图 3-14 所示。

蛋白质单体分子的自组装性质表现在多个方面，经过不同修饰的铁蛋白亚基也可以通过铁蛋白的自组装性质加以组合形成新型的杂合铁蛋白。例如，Kang 等通过基因水平的修饰改装 Dps 铁蛋白的亚基，通过调节 pH 到 2.0 后，

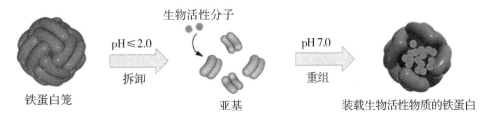

图 3-14 由 pH 变化引起的铁蛋白笼的解离和重组及其在食品生物活性分子包封中的应用

将两种不同修饰后的铁蛋白亚基在不同比例下混合，充分混合后，调节体系环境中的 pH 值至 7.0 以诱导两种不同亚基自组装聚合[156]。并且他们利用质谱手段确定了两种不同亚基在新形成的杂合 Dps 铁蛋白中的比例。由于两种不同修饰的亚基分别具有金属成核位点（内表面）和荧光基团（外表面），杂合后的铁蛋白同时具有了新的金属结合能力及荧光性质，荧光基团的修饰则利于铁蛋白的检测。

像其他蛋白笼一样，铁蛋白本身就是一个自组装体。一方面，这种自组装体可作为一个独立的构件进行自组装。如图 3-15 所示，Bellapadrona 将黄色荧光蛋白（yellow fluorescent protein，YFP）融合到人铁蛋白（HuHF）中，通过荧光蛋白的二聚化作用，介导经过荧光蛋白修饰的铁蛋白笼合成 3D 网状超分子蛋白聚集体[157]。另一方面，经过不同修饰的蛋白亚基也可以作为构建元件而进行组装。例如，不同修饰的铁蛋白笼解离-重组的过程就属于这个范畴。铁蛋白在组装中还可作为模板和纳米反应器。Qiu H 等以铁蛋白为模板，在石墨烯上自组装 Pt，组装后通过热处理的方式去除铁蛋白外壳，然后得到了 Pt NP/3D 石墨烯电化学催化剂[158]。这种催化剂在催化甲醇氧化方面，比传统催化剂具有更高的活性，有望在燃料电池中应用。此外，由于铁蛋白的尺寸较为均一，其可以作为模板为组装体系提供均一性的控制。

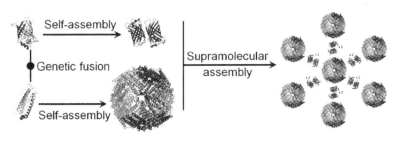

图 3-15 超分子聚集体组装系统的设计示意[157]

3.5.2 基于铁蛋白的可控自组装

蛋白笼结构，如病毒衣壳、铁蛋白和热休克蛋白，已被广泛用作模型系统来研究大分子复合物的自组装过程，同时，蛋白笼作为纳米材料的反应器也在许多活性物质的封装和运输中有所应用。但是通过可控的方式操纵他们自组装，并精确地在分子水平上分析他们的组装产品，仍然是具有挑战性的[159]。

首先，铁蛋白的组装会受到构建元件的性质和离子强度的影响。因此，有望通过调节构建元件的尺寸和组装体系的离子强度来实现对自组装结构的可控操纵。Liljestrom 等[160] 通过使用脱铁蛋白和不同代数的树枝状分子（poly amidoaminedendrimers，PAMAM）形成了不同晶型的有序结构。并得出结论：低离子强度可促进较大结构的形成，而高离子强度可能会引起纳米颗粒组装体的解离。

Kang 等[156] 曾利用 DNA 结合蛋白的解离 – 重组特性，通过两种不同功能化蛋白笼的解离和以特定比例的混合再组装，可控地制备出含有两种亚基的嵌合笼，同时使用质谱分析得出结论——不同混合比例组装得到的 Junans – Like 蛋白笼具有不同比例的功能化亚基。铁蛋白也具有解离 – 重组的特性，因此，铁蛋白可能也可以通过这种方法实现可控组装。

3.5.3 基于铁蛋白的非对称自组装

3.5.3.1 通过解离 – 重组的性质介导

蛋白质分子是自组装中理想的元件，但是较大、较复杂的有序组装设计一直是一个很大的挑战。然而，通过铁蛋白的非对称自组装，不仅能提供新型的构建材料，还能使复杂纳米材料的构建变得更加灵活。

由于铁蛋白具有解离 – 重组的性质，通过混合两种或更多种类型的铁蛋白笼，再通过解离和重组，就可以得到具有混合特征的铁蛋白，并实现铁蛋白的多功能化和非对称自组装。Lin 等[161] 在 2011 年报道了运用经荧光剂（Cy5.5，C）修饰处理的蛋白笼（CyS.5 – ferritins，C – Fn）和使用淬灭剂（BHQ，B）修饰处理的铁蛋白笼（black hole quencher – ferritins，B – FN）通过分解 – 重组的方法来制备非对称蛋白酶激活探针。在实验中，通过调节混合比例，组装得到了 3 种具有不同染料/淬灭剂（C/B）的混合铁蛋白（C/B 分别为 2∶1、1∶1 和 1∶5）。经研究发现，在最终产品中具有不同 C/B 的探针也具有不同的荧光激活活性。

3.5.3.2　通过四重轴通道介导

Yang 等通过四重轴通道介导的静电组装，实现了铁蛋白笼的单功能化和长度可控的线性组装[162]。整个修饰和组装过程分为 4 步（图 3 - 16）：第 1 步，多聚赖氨酸〔poly（α，L - lysine），PLL_{15}〕与蛋白笼相互识别，以寻求合适的结合位置。第 2 步，通过静电作用，将 PLL_{15} 插入到蛋白笼的四重轴通道上（4 - fold channels），形成单功能化的蛋白笼（实际上，铁蛋白笼表面有 6 个四重轴通道，但是插入一个 PLL_{15} 之后，蛋白笼的结构发生改变，除 PLL_{15} 分子对侧的四重轴通道外，其他四重轴通道失去与 PLL_{15} 分子的结合能力）。第 3 步，长度是蛋白壳厚度两倍的 PLL_{15} 足以插到另一个蛋白笼的四重轴通道中，并将两个蛋白笼连接起来，形成一个二聚体形式的线性结构。第 4 步，二聚体的两末段继续组装或已形成的单体和二聚体相互组装，形成线性化的链状结构。线性组件的长度可以通过调节 PLL_{15}/蛋白笼的比例以及反应中的延伸时间来控制。

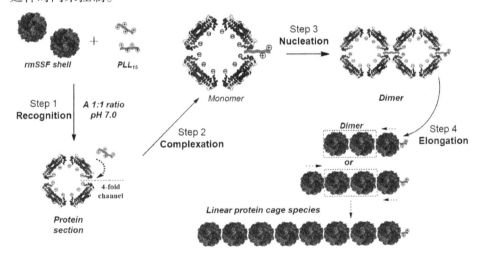

图 3 - 16　铁蛋白的单功能化和线性组装示意[162]

参考文献

［1］ YANG X, LE BRUN N E, THOMSON A J, et al. The iron oxidation and hydrolysis chemistry of Escherichia coli bacterioferritin ［J］. Biochemistry, 2000, 39: 4915 – 4923.

［2］ ZHAO G, BOU – ABDALLAH F, YANG X, et al. Is hydrogen peroxide produced during iron (Ⅱ) oxidation in mammalian apoferritins ［J］. Biochemistry, 2001, 40: 10832 – 10838.

［3］ LAUFBERGER V. Sur la Cristallisation de la Ferritine ［J］. Bulletin de la Société de Chimie Biologique, 1937, 19: 1575 – 1582.

［4］ RICHARD K W, ROBERT J H, D MATTHEW G. Oxido – reduction is not the only mechanism allowing ions to traverse the ferritin protein shell ［J］. Biochimica et Biophysica Acta, 2010, 1800: 745 – 759.

［5］ WANG A, ZHOU K, QI X. Phytoferritin association induced by EGCG inhibits protein degradation by proteases ［J］. Plant Foods for Human Nutrition, 2014, 69 (4): 386 – 391.

［6］ WALDEN W E, SELEZNEVA A I, DUPUY J, et al. Structure of dual function iron regulatory protein 1 complexed with Ferritin IRE – RNA ［J］. Science, 2006, 314: 1903 – 1908.

［7］ TONG W H, ROUAULT T A. Metabolic regulation of citrate and iron by aconitases: role of iron – sulfur cluster biogenesis ［J］. Biometals, 2007, 20: 549 – 564.

［8］ WANG J, FILLEBEEN C, CHEN G, et al. Iron – dependent degradation of apo – IRP1 by the ubiquitin – proteasome pathway ［J］. Molecular and Cellular Biology, 2007, 27: 2423 – 2430.

［9］ GALY B, FERRING D, MINANA B, et al. Altered body iron distribution and microcytosis in mice deficient in iron regulatory protein 2 (IRP2) ［J］. Blood, 2005, 106: 2580 – 2589.

［10］ SAMMARCO M C, DITCH S, BANERJEE A, et al. Ferritin L and H subunits are differentially regulated on a post – transcriptional level ［J］. Journal of Biological Chemistry, 2008, 283: 4578 – 4587.

［11］ IWASAKI K, MACKENZIE E L, HAILEMARIAM K, et al. Hemin – mediated regulation of an antioxidant – responsive element of the human ferritin H gene and role of Ref – 1 during erythroid differentiation of K562 cells ［J］. Molecular and Cellular Biology, 2006, 26: 2845 – 2856.

［12］ HINTZE K J, KATOH Y, IGARASHI K, et al. Bach1 repression of ferritin and thioredoxin reductase1 is heme – sensitive in cells and in vitro and coordinates expression with heme oxygenase1, beta – globin, and NADP (H) quinone (oxido) reductase1 ［J］. Journal of Biological Chemistry, 2007, 282: 34365 – 34371.

［13］ HINTZE K J, THEIL E C. Cellular regulation and molecular interactions of the ferritins

[J]. Cellular and Molecular Life Sciences, 2006, 63: 591－600.

[14] HENTZE M W, KUHN L C. Molecular control of vertebrate iron metabolism: mRNA－based regulatory circuits operated by iron, nitric oxide, and oxidative stress [J]. Proceedings of the National Academy of Sciences of the USA, 1996, 93: 8175－8182.

[15] BRIAT J F, LOBREAUX S. Iron storage and ferritin in plants [J]. Metal Ions in Biological Systems, 1998, 35: 563－584.

[16] KWAK E L, LAROCHELLE D A, BEAUMONT C, et al. Role for NF－kappa B in the regulation of ferritin H by tumor necrosis factor－alpha [J]. Journal of Biological Chemistry, 1995, 270: 15285－15293.

[17] SCACCABAROZZI A, AROSIO P, WEISS G, et al. Relationship between TNF－alpha and iron metabolism in differentiating human monocytic THP－1 cells [J]. British Journal of Haematology, 2000, 110: 978－984.

[18] AI L S, CHAU L Y. Post－transcriptional regulation of H－ferritin mRNA. Identification of a pyrimidine－rich sequence in the 3－untranslated region associated with message stability in human monocytic THP－1 cells [J]. Journal of Biological Chemistry, 1999, 274: 30209－30214.

[19] MARZIALI G, PERROTTI E, ILARI R, et al. Transcriptional regulation of the ferritin heavy－chain gene: the activity of the CCAAT binding factor NF－Y is modulated in heme－treated Friend leukemia cells and during monocyteto－macrophage differentiation [J]. Molecular and Cellular Biology, 1997, 17: 1387－1395.

[20] ORINO K, LEHMAN L, TSUJI Y, et al. Ferritin and the response to oxidative stress [J]. Biochemical Journal, 2001, 357 (Pt 1): 241－247.

[21] WU K J, POLACK A, DALLA－FAVERA R. Coordinated regulation of iron－controlling genes, H－ferritin and IRP2, by c－MYC[J]. Science, 1999, 283(5402):676－679.

[22] PHAM C G, BUBICI C, ZAZZERONI F, et al. Ferritin heavy chain upregulation by NF－kappaB inhibits TNFalpha－induced apoptosis by suppressing reactive oxygen species [J]. Cell, 2004, 119: 529－542.

[23] SENGUPTA R, BURBASSI S, SHIMIZU S, et al. Morphine increases brain levels of ferritin heavy chain leading to inhibition of CXCR4－mediated survival signaling in neurons [J]. Journal of Neuroscience, 2009, 29: 2534－2544.

[24] ZHANG K H, TIAN H Y, GAO X, et al. Ferritin heavy chain－mediated iron homeo－stasis and subsequent increased reactive oxygen species production are essential for epithelial－mesenchymal transition [J]. Cancer Research, 2009, 69: 5340－5348.

[25] ZHANG F, WANG W, TSUJI Y, et al. Post－transcriptional modulation of iron homeostasis during p53－dependent growth arrest [J]. Journal of Biological Chemistry, 2008,

283: 33911 – 33918.

[26] BULVIK B, GRINBERG L, ELIASHAR R, et al. Iron, ferritin and proteins of the methio-nine – centered redox cycle in young and old rat hearts [J]. Mechanisms of Ageing and Development, 2009, 130: 139 – 144.

[27] FAN Y, YAMADA T, SHIMIZU T, et al. Ferritin expression in rat hepatocytes and Kupffer cells after lead nitrate treatment [J]. Toxicologic Pathology, 2009, 37: 209 – 217.

[28] THEIL E C, EISENSTEIN R S. Combinatorial mRNA regulation: iron regulatory proteins and iso – iron responsive elements (iso – IREs) [J]. Journal of Biological Chemistry, 2000, 275: 40659 – 40662.

[29] MUCKENTHALER M, GRAY N K, HENTZE M W. IRP – 1 Binding to ferritin mRNA pre-vents the recruitment of the small ribosomal subunit by the cap – binding complex eIF4F [J]. Molecular Cell, 1998, 2: 383 – 388.

[30] JEONG J, ROUAULT T A, LEVINE R L. Identification of a heme – sensing domain in iron regulatory protein 2 [J]. Journal of Biological Chemistry, 2004, 279: 45450 – 45454.

[31] KANG D K, JEONG J, DRAKE S K, et al. Iron regulatory protein 2 as iron sensor. Iron – dependent oxidative modification of cysteine [J]. Journal of Biological Chemistry, 2003, 278: 14857 – 14864.

[32] WANG J, CHEN G, MUCKENTHALER M, et al. Iron – mediated degradation of IRP2, an unexpected pathway involving a 2 – oxoglutarate – dependent oxygenase activity [J]. Molecular and Cellular Biology, 2004, 3: 954 – 965.

[33] MUMFORD A D, CREE I A, ARNOLD J D, et al. The lens in hereditary hyperferritinae-mia cataract syndrome contains crystalline deposits of L – ferritin [J]. British Journal of Ophthalmology, 2000, 84: 697 – 700.

[34] CURTIS A R, FEY C, MORRIS C M, et al. Mutation in the gene encoding ferritin light polypeptide causes dominant adult – onset basal ganglia disease [J]. Nature Genetics, 2001, 28: 350 – 354.

[35] COZZI A, CORSI B, LEVI S, et al. Overexpression of wild type and mutated human fer-ritin H – chain in HeLa cells: in vivo role of ferritin ferroxidase activity [J]. Journal of Biological Chemistry, 2000, 275: 25122 – 25129.

[36] FERREIRA C, BUCCHINI D, MARTIN M E, et al. Early embryonic lethality of H ferritin gene deletion in mice [J]. Journal of Biological Chemistry, 2000, 275: 3021 – 3024.

[37] CORSI B, PERRONE F, BOURGEOIS M, et al. Transient over – expression of human H and L ferritin chains in COS cells [J]. Biochemical Journal, 1998, 330 (Pt 1): 315 – 320.

[38] CORSI B, COZZI A, AROSIO P, et al. Human mitochondrial ferritin expressed in HeLa

cells incorporates ion and affects cellular iron metabolism [J]. Journal of Biological Chemistry, 2002, 277: 22430 – 22437.

[39] AROSIO P, LEVI S. Ferritin, iron homeostasis and oxidative damage [J]. Free Radical Biology and Medicine, 2002, 33 (4): 457 – 463.

[40] COZZI A, CORSI B, LEVI S, et al. Analysis of the biologic functions of H – and L – ferritins in HeLa cells by transfection with siRNAs and cDNAs: evidence for a proliferative role of L – ferritin [J]. Blood, 2004, 103: 2377 – 2383.

[41] DARSHAN D, VANOAICA L, RICHMAN L, et al. Conditional deletion of ferritin H in mice induces loss of iron storage and liver damage [J]. Hepatology, 2009, 502: 852 – 860.

[42] CHEVION M, LEIBOWITZ S, AYE N N, et al. Heart protection by ischemic preconditioning: a novel pathway initiated by iron and mediated by ferritin [J]. Journal of Molecular and Cellular Cardiology, 2008, 45: 839 – 845.

[43] OBOLENSKY A, BERENSHTEIN E, KONIJN A M, et al. Ischemic preconditioning of the rat retina: protective role of ferritin [J]. Free Radical Biology and Medicine, 2008, 44: 1286 – 1294.

[44] OMIYA S, HIKOSO S, IMANISHI Y, et al. Downregulation of ferritin heavy chain increases labile iron pool, oxidative stress and cell death in cardiomyocytes [J]. Journal of Molecular and Cellular Cardiology, 2009, 46: 59 – 66.

[45] IKEGAMI Y, INUKAI K, IMAI K, et al. Adiponectin upregulates ferritin heavy chain in skeletal muscle cells [J]. Diabetes, 2009, 58: 61 – 70.

[46] MACKENZIE E L, RAY P D, TSUJI Y. Role and regulation of ferritin H in rotenone – mediated mitochondrial oxidative stress [J]. Free Radical Biology and Medicine, 2008, 44: 1762 – 1771.

[47] ZHU W, XIE W, PAN T, et al. Prevention and restoration of lactacystin – induced nigrostriatal dopamine neuron degeneration by novel brain – permeable iron chelators [J]. Faseb Journal, 2007, 21: 3835 – 3844.

[48] LIU Y, HU N. Electrochemical detection of natural DNA damage induced by ferritin/ascorbic acid/H2O2 system and amplification of DNA damage by endonuclease Fpg [J]. Biosensors and Bioelectronics, 2009, 25: 185 – 190.

[49] KANG J H. Ferritin enhances salsolinol – mediated DNA strand breakage: protection by carnosine and related compounds [J]. Toxicology Letters, 2009, 188: 20 – 25.

[50] ROUSSEAU I, PUNTARULO S. Ferritin – dependent radical generation in rat liver homogenates [J]. Toxicology, 2009, 264: 155 – 161.

[51] KAUR D, RAJAGOPALAN S, ANDERSEN J K. Chronic expression of H – ferritin in do-

paminergic midbrain neurons results in an age – related expansion of the labile iron pool and subsequent neurodegeneration: implications for Parkinson's disease [J]. Brain Research, 2009, 1297: 17 – 22.

[52] AROSIO P, LEVI S. Cytosolic and mitochondrial ferritins in the regulation of cellular iron homeostasis and oxidative damage [J]. Biochimica et Biophysica Acta, 2010, 1800: 783 – 792.

[53] DE DOMENICO I, VAUGHN M B, LI L, et al. Ferroportin – mediated mobilization of ferritin iron precedes ferritin degradation by the proteasome [J]. EMBO Journal, 2006, 25 (22): 5396 – 5404.

[54] BOU – ABDALLAH F, PALIAKKARA J, MELMAN G, et al. Reductive mobilization of iron from intact ferritin: mechanisms and physiological implication [J]. Pharmaceuticals, 2018, 11 (4): 120.

[55] JOHNSON L E, WILKINSON T, AROSIO P, et al. Effect of chaotropes on the kinetics of iron release from ferritin by flavin nucleotides [J]. Biochimica et Biophysica Acta (BBA) – General Subjects, 2017, 1861 (12): 3257 – 3262.

[56] KOOCHANA P K, MOHANTY A, DAS S, et al. Releasing iron from ferritin protein nanocage by reductive method: the role of electron transfer mediator [J] Biochimica et Biophysica Acta (BBA) – General Subjects, 2018, 1862 (5): 1190 – 1198.

[57] PLAYS M, MÜLLER S, RODRIGUEZ R. Chemistry and biology of ferritin [J]. Metallomics, 2021, 13 (5): mfab021.

[58] SRIVASTAVA A K, FLINT N, KRECKEL H, et al. Thermodynamic and kinetic studies of the interaction of nuclear receptor coactivator – 4 (NCOA4) with human ferritin [J]. Biochemistry, 2020, 59 (29): 2707 – 2717.

[59] LA A, NGUYEN T, TRAN K, et al. Mobilization of iron from ferritin: new steps and details [J]. Metallomics, 2018, 10 (1): 154 – 168.

[60] PAUL B T, TESFAY L, WINKLER C R, et al. Sideroflexin 4 affects Fe – S cluster biogenesis, iron metabolism, mitochondrial respiration and heme biosynthetic enzymes [J]. Scientific Reports, 2019, 9 (1): 19634.

[61] FUJIMAKI M, FURUYA N, SAIKI S, et al. Iron supply via NCOA4 – mediated ferritin degradation maintains mitochondrial functions [J]. Molecular and Cellular Biology, 2019, 39 (14): e00010 – 19.

[62] KOLLARA A, BROWN T J. Variable expression of nuclear receptor coactivator 4 (NcoA4) during mouse embryonic development [J]. Journal of Histochemistry and Cytochemistry, 2010, 58 (7): 595 – 609.

[63] WEBER G J, CHOE S E, DOOLEY K A, et al. Mutant – specific gene programs in the ze-

brafish [J]. Blood, 2005, 106 (2): 521 – 530.

[64] HAYASHIMA K, KIMURA I, KATOH H. Role of ferritinophagy in cystine deprivation – induced cell death in glioblastoma cells [J]. Biochemical and Biophysical Research Communications, 2021, 539: 56 – 63.

[65] PARK E, CHUNG S W. ROS – mediated autophagy increases intracellular iron levels and ferroptosis by ferritin and transferrin receptor regulation [J]. Cell Death and Disease, 2019, 10 (11): 822.

[66] YOSHIDA M, MINAGAWA S, ARAYA J, et al. Involvement of cigarette smoke – induced epithelial cell ferroptosis in COPD pathogenesis [J]. Nature Communications, 2019, 10 (1): 1 – 13.

[67] ASHRAF A, JEANDRIENS J, PARKES H G, et al. Iron dyshomeostasis, lipid peroxidation and perturbed expression of cystine/glutamate antiporter in Alzheimer's disease: evidence of ferroptosis [J]. Redox Biology, 2020, 32: 101494.

[68] YANG W S, STOCKWELL B R. Synthetic lethal screening identifies compounds activating iron – dependent, nonapoptotic cell death in oncogenic – RAS – harboring cancer cells [J]. Chemistry & Biology, 2008, 15 (3): 234 – 245.

[69] WEÏWER M, BITTKER J A, LEWIS T A, et al. Development of small – moleculeprobes that selectively kill cells induced to express mutant RAS [J]. Bioorganic & Medicinal Chemistry Letters, 2012, 22 (4): 1822 – 1826.

[70] LI Y, WANG X, YAN J, et al. Nanoparticle ferritin – bound erastin and rapamycin: a nanodrug combining autophagy and ferroptosis for anticancer therapy [J]. Biomaterials Science, 2019, 7 (9): 3779 – 3787.

[71] MAI T T, HAMAÏ A, HIENZSCH A, et al. Salinomycin kills cancer stem cells by sequestering iron in lysosomes [J]. Nature Chemistry, 2017, 9 (10): 1025 – 1033.

[72] VERSINI A, COLOMBEAU L, HIENZSCH A, et al. Salinomycin derivatives kill breast cancer stem cells by lysosomal iron targeting [J]. Chemistry, 2020, 26 (33): 7416 – 7424.

[73] ZHAO G, CECI P, ILARI A. Iron and hydrogen peroxide detoxification properties of DNA – binding protein from starved cells, A ferritin – like DNA – binding protein of Escherichia coli [J]. Journal of Biological Chemistry, 2002, 277 (31): 27689 – 27696.

[74] YANG X, CHEN – BARRETT Y, AROSIO P. Reaction paths of iron oxidation and hydrolysis in horse spleen and recombinant human ferritins [J]. Biochemistry, 1998, 37 (27): 9743 – 9750.

[75] YANG H X, FU X P, LI M L. Protein association and dissociation regulated by extension peptide: A mode for iron control by phytoferritin in seeds [J]. Plant Physiology, 2010,

154: 1481 – 1491.

[76] LI C R, FU X P, QI X. Protein association and dissociation regulated by ferric ion: A novel pathway for oxidative deposition of iron in pea seed ferritin [J]. Journal of Biological Chemistry, 2009, 284: 16743 – 16751.

[77] LI C R, QI X, HU X S. Effect of phosphate on Fe (Ⅱ) oxidative deposition in pea seed ferritin [J]. Biochimie, 2009, 91: 1475 – 1481.

[78] EBRAHIMI K H, HAGEDOORN P L, HAGEN W R. Phosphate accelerates displacement of Fe (Ⅲ) by Fe (Ⅱ) in the ferroxidase center of Pyrococcus furiosus ferritin [J]. FEBS Letters, 2013, 587: 220 – 225.

[79] LI M, YUN S, YANG X. Stability and iron oxidation properties of a novel homopolymeric plant ferritin from adzuki bean seeds: A comparative analysis with recombinant soybean seed H – 1 chain ferritin [J]. Biochimica et Biophysica Acta, 2013, 1830 (4): 2946 – 2953.

[80] ZHAO G. Phytoferritin and its implications for human health and nutrition [J]. Biochimica et Biophysica Acta, 2010, 1800: 815 – 823.

[81] LOBREAUX S, YEWDALL S J, BRIAT J F. Amino – acidsequence and predicted 3 – dimensional structure of pea seed (Pisum – dativum) ferritin [J]. Biochemical Journal, 1992, 288: 931 – 939.

[82] DENG J, LIAO X, YANG H. Different roles of H – 1 and H – 2 subunits in iron oxidative deposition in soybcan seed ferritin [J]. Journal of Biological Chemistry, 2010, 285: 32075 – 32086.

[83] YUN S, YANG S, HUANG L. Isolation and characterization of a new phytoferritin from broad bean (Vicia faba) seed with higher stability compared to pea seed ferritin [J]. Food Research International, 2012, 48: 271 – 276.

[84] TOSHA T, NG H L, BHATTASALI O, et al. Moving metal ions through ferritin – protein nanocages from three – fold pores to catalytic sites [J]. Journal of the American Chemical Society, 2010, 132: 14562 – 14569.

[85] POZZI C, DI PISA F, LALLI D, et al. Time – lapse anomalous X – ray diffraction shows how Fe^{2+} substrate ions move through ferritin protein nanocages to oxidoreductase sites [J]. Acta Crystallographica. section D. biological Crystallography, 2015, 71: 941 – 953.

[86] CHANDRAMOULI B, BERNACCHIONI C, DI MAIO D, et al. Electrostatic and structural bases of Fe^{2+} translocation through ferritin channels [J]. Journal of Biological Chemistry, 2016, 291: 25617 – 25628.

[87] POZZI C, DI PISA F, BERNACCHIONI C, et al. Iron binding to human heavy – chain ferritin[J]. Acta Crystallographica Section D Biological Crystallography, 2015, 71: 1909 – 1920.

［88］ JUSTIN M B, GEOFFREY R M, NICK E. Diversity of Fe^{2+} entry and oxidation in ferritins ［J］. Current Opinion in Chemical Biology, 2017, 37: 122 - 128.

［89］ TURANO P, LALLI D, FELLI I C, et al. NMR reveals pathway for ferric mineral precursors to the central cavity of ferritin ［J］. Proceedings of the National Academy of Sciences, 2010, 107: 545 - 550.

［90］ SWARTZ L, KUCHINSKAS M, LI H Y, et al. Redoxdependent structural changes in the Azotobacter vinelandii bacterioferritin: new insights into the ferroxidase and iron transport mechanism ［J］. Biochemistry, 2006, 45: 4421 - 4428.

［91］ KIM S, LEE J H, SEOK J H, et al. Structural basis of novel iron - uptake route and reaction intermediates in ferritins from Gram - hegative bacteria ［J］. Journal of Molecular Biology, 2016, 428: 5007 - 5018 .

［92］ WONG S G, GRIGG J C, LE BRUN N E, et al. The B - type channel is a major route for iron entry into the ferroxidase center and central cavity of bacterioferritin ［J］. Journal of Biological Chemistry, 2015, 290: 3732 - 3739.

［93］ PFAFFEN S, BRADLEY J M, ABDULQADIR R, et al. A diatom ferritin optimized for iron oxidation but not iron storage ［J］. Journal of Biological Chemistry, 2015, 290: 28416 - 28427.

［94］ EBRAHIMI K H, BILL E, HAGEDOORN P L, et al. Spectroscopic evidence for the role of a site of the di - iron catalytic center of ferritins in tuning the kinetics of Fe (Ⅱ) oxidation ［J］. Molecular BioSystems, 2016, 12: 3576 - 3588.

［95］ BOU - ABDALLAH F, YANG H, AWOMOLO A, et al. Functionality of the three - site ferroxidase center of Escherichia coli bacterial ferritin (EcFtnA) ［J］. Biochemistry, 2014, 53: 483 - 495.

［96］ EBRAHIMI K H, HAGEDOORN P L, HAGEN W R. A conserved tyrosine in ferritin is a molecular capacitor ［J］. ChemBioChem, 2013, 14: 1123 - 1133.

［97］ KWAK Y, SCHWARTZ J K, HUANG V W, et al. CD/MCD/VTVH - MCD studies of Escherichia coli bacterioferritin support a binuclear iron cofactor site ［J］. Biochemistry, 2015, 54: 7010 - 7018.

［98］ CROW A, LAWSON T L, LEWIN A, et al. Structural basis for iron mineralization by bacterioferritin ［J］. Journal of the American Chemical Society, 2009, 131: 6808 - 6813.

［99］ BRADLEY J M, SVISTUNENKO D A, LAWSON T L, et al. Three aromatic residues are required for electron transfer during iron mineralization in bacterioferritin ［J］. Angewandte Chemie International Edition, 2015, 54: 14763 - 14767.

［100］ MINNIHAN E C, NOCERA D G, STUBBE J. Reversible, long - range radical transfer in E. coli class Ia ribonucleotide reductase ［J］. Accounts of Chemical Research, 2013,

46：2524 - 2535.

［101］付晓苹, 云少君, 赵广华. 植物铁蛋白的铁氧化沉淀与还原释放机理［J］. 农业生物技术学报, 2014, 22（2）：239 - 248.

［102］CARMONA F, PALACIOS Ò, GÁLVEZ N, et al. Ferritin iron uptake and release in the presence of metals and metalloproteins: Chemical implications in the brain［J］. Coordination Chemistry Reviews, 2013, 257：2752 - 2764.

［103］DENG J, LIAO X, HU J. Purification and characterization of new phytoferritin from black bean（Phaseolus vulgaris L. ）seed［J］. Journal of Biological Chemistry, 2010, 147：679 - 688.

［104］LÖNNERDAL B. The importance and bioavailability of phytoferritin - bound iron in cereals and legume foods［J］. International Journal for Vitamin and Nutrition Research, 2007, 77（3）：152 - 157.

［105］HOPPLER M, SCHONBACHLER A, MEILE L. Ferritin iron is released during boiling and in vitro gastric digestion［J］. Journal of Nutrition, 2008, 138：878 - 884.

［106］YUN S, ZHANG T, LI M. Proanthocyanidins inhibit iron absorption from soybean（Glycine max）seed ferritin in rats with iron deficiency anemia［J］. Plant Foods for Human Nutrition, 2011, 66：212 - 217.

［107］ZIELIŃSKA - DAWIDZIAK M, HERTIG I, PIASECKA - KWIATKOWSKA D. Study on iron availability from prepared soybean sprouts using an iron - deficient rat model［J］. Food Chemistry, 2012, 135（4）：2622 - 2627.

［108］ZHANG T, LIAO X, YANG R, et al. Different effects of iron uptake and release by phytoferritin on starch granules［J］. Journal of Agricultural and Food Chemistry, 2013, 61（34）：8215 - 8223.

［109］LV C Y, BAI Y F, YANG S P, et al. NADH induces iron release from pea seed ferritin: A model for interaction between coenzyme and protein components in foodstuffs［J］. Food Chemistry, 2013, 141：3851 - 3858.

［110］DENG J, CHENG J, LIAO X, et al. Comparative study on iron release from soybean（Glycine max）seed ferritin induced by anthocyanins and ascorbate［J］. Journal of Agricultural and Food Chemistry, 2010, 58：635 - 641.

［111］FU X, DENG J, YANG H, et al. A novel EP - involved pathway for iron release from soybean seed ferritin［J］. Biochemical Journal, 2010, 427：313 - 321.

［112］BRADLEY J M, MOORE G R, LE BRUN N E. Mechanisms of iron mineralization in ferritins: one size does not fit all［J］. Journal of Biological Inorganic Chemistry, 2014, 19：775 - 785.

［113］BADU - BOATENG C, PARDALAKI S, WOLF C, et al. Labile iron potentiates ascorbate -

dependent reduction and mobilization of ferritin iron [J]. Free Radical Biology and Medicine, 2017, 108: 94 – 109.

[114] 白宇飞, 张拓, 李美良, 等. 铁蛋白铁释放机理的研究进展 [J]. 食品工业科技, 2012, 33 (1): 409 – 412.

[115] YASMIN S, ANDREWS S C, MOORE G R, et al. A New Role for Heme, Facilitating Release of Iron from the Bacterioferritin Iron Biomineral [J]. Journal of Biological Chemistry, 2010, 286 (5): 3473 – 3483.

[116] KOOCHANA P K, MOHANTY A, PARIDA A, et al. Flavin – mediated reductive iron mobilization from frog M and Mycobacterial ferritins: impact of their size, charge and reactivities with NADH/O$_2$ [J]. Journal of Biological Inorganic Chemistry, 2021, 26 (2 – 3): 265 – 281.

[117] SATOH J, KIMATA S, NAKAMOTO S, et al. Free flavins accelerate release of ferrous iron from iron storage proteins by both free flavin – dependent and independent ferric reductases in Escherichia coli [J]. Journal of General and Applied Microbiology, 2020, 65 (6): 308 – 315.

[118] FORTUNA A M, SINHA S, DAS T K, et al. Adaption of microarray primers for iron transport and homeostasis gene expression in Pseudomonas fluorescens exposed to nano iron [J]. Methods X, 2019, 6: 1181 – 1187.

[119] RIVERA M. Bacterioferritin: Structure, dynamics, and protein – protein interactions at play in iron storage and mobilization [J]. Accounts of Chemical Research, 2017, 50: 331 – 340.

[120] YANG J, PAN X, XU Y, et al. Agrobacterium tumefaciens ferritins play an important role in full virulence through regulating iron homeostasis and oxidative stress survival [J]. Molecular Plant Pathology, 2020, 21 (9): 1167 – 1178.

[121] GONG X, SU X, ZHAN K, et al. The protective effect of chlorogenic acid on bovine mammary epithelial cells and neutrophil function [J]. Journal of Dairy Science, 2018, 101 (11): 10089 – 10097.

[122] YANG R, TIAN J, LIU Y, et al. Interaction mechanism of ferritin protein with chlorogenic acid and iron ion: The structure, iron redox, and polymerization evaluation [J]. Food Chemistry, 2021, 349: 129144.

[123] YANG C, WANG B, WANG J, et al. Effect of pyrogallic acid (1, 2, 3 – benzenetriol) polyphenol – protein covalent conjugation reaction degree on structure and antioxidant properties of pumpkin (Cucurbita sp.) seed protein isolate [J]. LWT – Food Science and Technology, 2019, 109: 443 – 449.

[124] LIU Y, YANG R, LIU J, et al. Fabrication, structure, and function evaluation of the

ferritin based nano – carrier for food bioactive compounds [J]. Food Chemistry, 2019, 299: 125097.

[125] VAN EDEN M E, AUST S D. The consequences of hydroxyl radical formation on the stoichiometry and kinetics of ferrous iron oxidation by human apoferritin [J]. Free Radical Biology and Medicine, 2001, 31 (8): 1007 – 1017.

[126] HAN L, BOEHM D, AMIAS E, et al. Atmospheric cold plasma interactions with modified atmosphere packaging inducer gases for safe food preservation [J]. Innovative Food Science & Emerging Technologies, 2016, 38: 384 – 392.

[127] TERPIŁOWSKI K, TOMCZYŃSKA – MLEKO M, NISHINARI K, et al. Surface properties of ion – inducted whey protein gels deposited on cold plasma treated support [J]. Food Hydrocolloids, 2017, 71: 17 – 25.

[128] MISRA N N, PANKAJ S K, SEGAT A, et al. Cold plasma interactions with enzymes in foods and model systems [J]. Trends in Food Science & Technology, 2016, 55: 39 – 47.

[129] SEGAT A, MISRA N N, CULLEN P J, et al. Atmospheric pressure cold plasma (ACP) treatment of whey protein isolate model solution [J]. Innovative Food Science & Emerging Technologies, 2015, 29: 247 – 254.

[130] YANG R, LIU Y, MENG D, et al. Effect of atmospheric cold plasma on structure, activity, and reversible assembly of the phytoferritin [J]. Food Chemistry, 2018, 264: 41 – 48.

[131] DONG S, WANG J, CHENG L, et al. Behavior of zein in aqueous ethanol under atmospheric pressure cold plasma treatment [J]. Journal of Agricultural and Food Chemistry, 2017, 65: 7352 – 7360.

[132] WATT R K, HILTON R J, GRAFF D M. Oxido – reduction is not the only mechanism allowing ions to traverse the ferritin protein shell [J]. Biochimica et Biophysica Acta (BBA) – General Subjects, 2010, 180: 745 – 759.

[133] DALVI – ISFAHAN M, HAMDAMI N, LE – BAIL A, et al. The principles of high voltage electric field and its application in food processing: A review [J]. Food Research International, 2016, 89: 48 – 62.

[134] YU L, NGADI M, RAGHAVAN G S V. Effect of temperature and pulsed electric field treatment on rennet coagulation properties of milk [J] Journal of Food Engineering, 2009, 95: 115 – 118.

[135] MENG D, WANG B, ZHEN T, et al. Pulsed Electric Fields – Modified Ferritin Realizes Loading of Rutin by a Moderate pH Transition [J]. Journal of Agricultural and Food Chemistry, 2018, 66: 12404 – 12411.

[136] MARRACINO P, APOLLONIO F, LIBERTI M, et al. Effect of high exogenous electric

pulses on protein conformation: myoglobin as a case study [J]. The Journal of Physical Chemistry B, 2013, 117: 2273 - 2279.

[137] NUCCI N V, FUGLESTAD B, ATHANASOULA E A, et al. Role of cavities and hydration in the pressure unfolding of T - 4 lysozyme [J]. Proceedings of the National Academy of Sciences of the USA, 2014, 111: 13846 - 13851.

[138] ROCHE J, CARO J A, NORBERTO D R, et al. Cavities determine the pressure unfolding of proteins [J]. Proceedings of the National Academy of Sciences of the USA., 2012, 109: 6945 - 6950.

[139] RODRIGUES D, FARINHA - ARCIERI L E, VENTURA A M, et al. Effect of pressure on refolding of recombinant pentameric cholera toxin B [J]. Journal of Biotechnology, 2014, 173: 98 - 105.

[140] RASTOGI N K, RAGHAVARAO K S M S, BALASUBRAMANIAM V M, et al. Opportunities and challenges in high pressure processing of foods [J]. Critical Reviews in Food Science and Nutrition, 2007, 47 (1): 69 - 112.

[141] QORONFLEH M W, HESTERBERG L K, SEEFELDT M B. Confronting highthroughput protein refolding using high pressure and solution screens [J]. Protein Expression and Purification, 2007, 55 (2): 209 - 224.

[142] ZHANG T, LV C, YUN S, et al. Effect of high hydrostatic pressure (HHP) on structure and activity of phytoferritin [J]. Food Chemistry, 2012, 130: 273 - 278.

[143] YILDIZ G, ANDRADE J, ENGESETH N E, et al. Functionalizing soy protein nano - aggregates with pH - shifting and mano - thermosonication [J]. Journal of Colloid and Interface Science, 2017, 505: 836 - 846.

[144] MENG D, ZUO P, SONG H, et al. Influence of Manothermosonication on the Physicochemical and Functional Properties of Ferritin as a Nanocarrier of Iron or Bioactive Compounds [J]. Journal of Agricultural and Food Chemistry, 2019, 67: 6633 - 6641.

[145] YANG R, LIU Y, MENG D, et al. Alcalaseenzymolysis of red bean (adzuki) ferritin achieves nanoencapsulation of food nutrients in a mild condition [J]. Journal of Agricultural and Food Chemistry, 2018, 66: 1999 - 2007.

[146] DONG S, WANG J, CHENG L, et al. Behavior of zein in aqueous ethanol under atmospheric pressure cold plasma treatment [J]. Journal of Agricultural and Food Chemistry, 2017, 65: 7352 - 7360.

[147] YILDIZ G, DING J, ANDRADE J, et al. Effect of plant protein - polysaccharide complexes produced by manothermo - sonication and pH - shifting on the structure and stability of oil - in - water emulsions [J]. Innovative Food Science & Emerging Technologies, 2018, 47: 317 - 325.

[148] LEE H, YILDIZ G, DOS SANTOS L C, et al. Soy protein nano – aggregates with improved functional propertiesprepared by sequential pH treatment and ultrasonication [J]. Food Hydrocolloids, 2016, 55: 200 – 209.

[149] CHEN H, TAN X, HU M, et al. Genipin – mediated subunit – subunit crosslinking of ferritin nanocages: Structure, properties, and its application for food bioactive compound sealing [J]. Food Chemistry, 2023, 411: 135437.

[150] ZHANG Q, WANG X, MU Q, et al. Genipin – cross – linked silk sericin/poly (n – isopropylacrylamide) ipn hydrogels: Color reaction between silk sericin and genipin, pore shape and thermo – responsibility [J]. Materials Chemistry and Physics, 2015, 166: 133 – 143.

[151] PARK J E, LEE J Y, KIM H G, et al. Isolation and characterization of water – soluble intermediates of blue pigments transformed from geniposide of gardenia jasminoides [J]. Journal of Agricultural and Food Chemistry, 2002, 50 (22): 6511 – 6514.

[152] HWANG Y J, LARSEN J, KRASIEVA T B, et al. Effect of genipin crosslinking on the optical spectral properties and structures of collagen hydrogels [J]. ACS Applied Materials & Interfaces, 2011, 3 (7): 2579 – 2584.

[153] MASUDA T, GOTO F, YOSHIHARA T, et al. Crystal structure of plant ferritin reveals a novel metal binding site that functions as a transit site for metal transfer in ferritin [J]. Journal of Biological Chemistry, 2010, 285 (6): 4049 – 4059.

[154] TANG J, YU Y, CHEN H, ZHAO G. Thermal treatment greatly improves storage stability and monodispersity of pea seed ferritin [J]. Journal of Food Science, 2019, 84: 1188 – 1193.

[155] LIU G, WANG J, LEA S A. Bioassay labels based on apoferritin nanovehicles [J]. ChemBioChem, 2006, 7: 1315 – 1319.

[156] KANG S, OLTROGGE L M, BROOMELL C C. Controlled assembly of bifunctional chimeric protein cages and composition analysis using noncovalent mass spectrometry [J]. Journal of the American Chemical Society, 2008, 130: 16527 – 16529.

[157] BELLAPADRONA G, ELBAUM M. Supramolecular protein assemblies in the nucleus of human cells [J]. Angewandte Chemie International Edition, 2014, 126 (6): 1560 – 1563.

[158] QIU H, DONG X, SANA B, et al. Ferritin – templated synthesis and self – assembly of Pt nanoparticles on a monolithic porous graphene network for electrocatalysis in fuel cells [J]. ACS Applied Materials & Interfaces, 2013, 5 (3): 782 – 787.

[159] KLEM M T, WILLITS D, YOUNG M, et al. 2 – D array formation of genetically engineered viral cages on Au surfaces and imaging by atomic force microscopy [J]. Journal of the American Chemical Society, 2003, 125 (36): 10806 – 10807.

［160］LILJESTRÖM V, SEITSONEN J, KOSTIAINEN M A. Electrostatic self – assembly of soft matter nanoparticle cocrystals with tunable lattice parameters ［J］. ACS Nano, 2015, 9 (11): 11278 – 11285.

［161］LIN X, XIE J, ZHU L, et al. Hybrid ferritin nanoparticles as activatable probes for tumor imaging ［J］. Angewandte Chemie International Edition, 2011, 123 (7): 1607 – 1610.

［162］YANG R, CHEN L, ZHANG T, et al. Self – assembly of ferritin nanocages into linear chains induced by poly (α, l – lysine) ［J］. Chemical Communications, 2014, 50 (4): 481 – 483.

第四章　铁蛋白作为补铁剂在食品中的应用

铁是生物体必需的营养元素之一。对于人类来说，铁缺乏是当今世界最为严重的营养缺乏症之一，目前已经成为第九类健康风险因素。妇女和儿童是铁缺乏的主要患病人群。这种缺乏症的最主要病症表现为贫血。众所周知，贫血会降低人的生理和心理机能，损坏机体的免疫系统，影响人的身心健康，并容易导致人的精神状况萎靡，以及工作和学习效率的下降。此外，铁缺乏还会影响人体中枢神经系统的功能，造成患者智力低下，机体防御能力降低等[1]。因此，如何改善铁元素的营养状况，是世界也是我国亟须解决的问题。

传统的补铁制剂主要是以亚铁离子的无机盐为代表的一类二价非血红素铁（如硫酸亚铁、有机酸亚铁盐类等），由于亚铁离子会受到食物中一些小分子螯合剂（如植酸、单宁等）的干扰，因此亚铁离子的吸收利用率并不令人满意；同时，这些化合物易与硫化物及多酚结合引起食物的变色和变质；且服用过多的 Fe^{2+} 还会诱发芬顿反应，产生大量的自由基，从而严重刺激胃肠道功能，破坏机体组织，损害心脏、大脑等器官，大大增加人体罹患癌症的风险，因此补铁效果并不十分理想。

就目前的补铁方案来看，有些方案虽已经历过数百年的验证，但其可能还会因为铁的化学氧化损伤而对人体产生消极的影响和一些毒副作用[2-3]。因此，充分利用微生物、植物、海洋生物等资源结合现代化高新技术，开发天然、安全、生物利用率高、稳定性好、成本低廉的新型补铁制剂势在必行。

铁蛋白代表了一种新颖的、天然的补铁产品，正受到越来越多的关注。铁蛋白是生物体中铁的主要存在形式，它能以可溶的、无毒的、生物可利用的形式存储大量的铁原子（每分子铁蛋白最多可容纳约 4500 个），可以用于调节细胞内铁的动态平衡，同时不会引起其他毒副作用，目前已经成为营养学家研究的热点。本章将从铁的营养价值、吸收途径、铁蛋白补铁机制及面临的问题几个方面进行介绍。

4.1 铁的来源及生理需求量

4.1.1 铁的来源

人体内铁的来源主要有两个方面：一方面来源于食物，如动物的肝脏、肾脏、瘦肉、蛋黄、鱼类等，或是植物的豆类、蔬菜、水果等，它们均含有丰富的铁质，其中以无机铁为主。另一方面来源于红细胞的破坏，细胞破坏后释放出来的铁有80%可以重新用于血红蛋白的合成，而剩余20%的铁会储存起来。因此，在体内代谢中，大部分的铁可以被身体反复利用，而仅有少量的铁被排出。

食物中铁基本上以血红素和非血红素这两种形式存在。其中，血红素铁主要存在于肉类食物中，如肉类、鱼和家禽等，而非血红素铁主要存在于植物性食物中，如香料、草本植物、豆类、谷物、坚果、水果和蔬菜等。血红素铁作为不受其他食物成分影响的稳定卟啉复合物被人体吸收利用；而非血红素铁，作为一种"游离"铁，仅存在于弱复合物中。在人体消化的过程中，植酸盐或单宁等食物成分可以从其他食物的弱复合物中捕获铁，进而改变食物中铁的生物利用率。因此，摄入的食物中不同化学形式的铁之间的分布，以及不同化学形式的铁之间的反应，决定了铁在食物中的利用率，而不是简单地依据摄入食物中铁的含量而决定。

在发展中国家，特别是在社会经济地位较低的群体中，主食占这部分人群每日能量和微量营养素总摄入量的很大一部分。这部分人群的主要铁来源（占总铁消费量的50%）是主食谷物，如小麦、稻米和玉米，以及淀粉质根茎、块茎和豆类。香料和草本植物是最丰富的铁的来源，其次是豆类和绿色蔬菜。在美国农业部（the United States department of agriculture，USDA）国家营养数据库标准参考列出的香料和草本植物中，小茴香籽的铁含量最高，可达66.36 mg/100 g；而在生豆类种子中，大豆的铁含量最高，可达15.70 mg/100 g，其次是翅豆13.44 mg/100 g和蚕豆10.85 mg/100 g。

4.1.2 铁的膳食参考值

摄入足量的营养素对于维持身体健康至关重要，并有助于预防一些慢性疾病和功能障碍。世界上许多国家和组织都提供了微量营养素的建议，以作为良好健康指导的基础。目前，各国对微量营养素的建议标准存在很大差异。造成这种差异的主要原因是，各国人群饮食中营养素生物利用率的不同，以及用于制定建议的方法不同。在不同的报告中，铁的生物利用率系数在 5% ~ 18% 变化[4]。这个系数主要是基于饮食中血红素铁与非血红素铁比值的生物利用率的研究而定。人体对铁的生理需要量会随着年龄的变化而变化，同时也需要考虑性别、特殊生理期等差异因素。由于红细胞团的快速膨胀，幼儿在生长发育过程中通常需要摄入大量的膳食铁。中国营养学会制订的中国居民膳食铁参考摄入量为：婴幼儿 10 ~ 12 mg/d，男青年 20 mg/d，女青年 25 mg/d，成年男性 15 mg/d，成年女性 20 mg/d，孕妇及哺乳期女性 15 ~ 35 mg/d，老年人 15 mg/d。人体可耐受铁的最高量为 50 mg/d。

饮食中提供的铁应足以满足生理需求并弥补铁的损失，以确保良好的铁状态。计算膳食中铁参考值的方法很复杂，因为它需要根据生理需求和铁损失，确定每个人群的需求量，以及肠道铁吸收的系数或比率，这取决于所食用的膳食，以及受试者的铁状态和遗传背景等。

生理上的铁需求取决于个人的生长阶段。在婴儿、儿童和青少年阶段，人体需要较多的这种矿物质来增加血红蛋白的质量、合成新的组织并增加储存铁来建立储备[5-6]。在女性的整个怀孕过程中，由于胎儿的生长以及母体血浆和血容量的增加，对铁的需求也会有所增加[7]。

所有人群中的铁损失包括粪便中矿物质的损失（生理调节），以及尿液、汗液和皮肤细胞脱落的少量损失。而在育龄妇女中，经期失血可能造成相对较高的铁损失。在这方面，虽然有几项研究表明，月经持续的时间与月经损失量和血清铁蛋白之间存在关系，但人们普遍认为这种分布存在偏差且难以估计[8]。

众所周知，铁的吸收高度依赖于个体的生理状况和铁的状态。在健康受试者中，肠道对膳食铁的吸收与血清铁蛋白的浓度成反比，特别是在浓度低于 60 μg/L 时。另外，孕妇对铁的需求增加可以通过提高铁吸收效率来满足[9]。此外，与铁代谢相关的遗传变异可以增加铁的吸收。另一方面，在感染的情况下，铁的吸收会减少，这是免疫系统为避免感染和败血症扩散而做出的一部分反应。

因此，参与铁平衡的各种因素的复杂性和可变性都可以部分地解释为什么在几个国家和组织给出的铁的推荐膳食摄入量（recommended dietary allowance，RDA）没有达成共识，如表 4 - 1 所示。总之，铁的最高推荐值是针对育龄妇女（巴西除外）和孕妇来说的，农粮组织/世卫组织（FAO/WHO）的建议指出了膳食铁生物利用率的重要性[10]。

表 4-1 不同机构和国家按年龄和性别推荐的膳食铁摄入量（mg/d）

年龄	西班牙		英国		北欧		巴西		IOM		FAO/WHO		EFSA	
0~12 月	7		7.8		8		0.27		0.27		6~19		11	
1~3 岁	7		6.9		8		9		11		4~12		7	
4~6 岁	9		6.1		8		6		7		4~13		7	
7~9 岁	9		8.7		9		9		10		4~18		11	
	男	女	男	女	男	女	男	女	男	女	男	女	男	女
10~12 岁	12	18	11.3	14.8	11	11	14	14	8	8	10~38	9~65	11	13
13~19 岁	15	18	11.3	14.8	11	15	14	14	11	18	9~38	9~65	11	16
20~50 岁	10	18	8.7	14.8	9	15	14	14	8	18	9~27	20~59	11	16
>51 岁	10	10	8.7	8.7	9	9	14	14	8	8	9~27	8~23	11	11
怀孕期		18		14.8		–		14		27		–		16
哺乳期		18		14.8		15		27		10		10~30		16

另一方面，铁的氧化还原活性使其在过量存在的情况下具有潜在的毒性。已证实的主要不良反应有：急性毒性、铁锌相互作用、胃肠道不适、继发性铁过载和慢性疾病[11]。然而，并非所有给出 RDA 的国家或组织都确定了可耐受摄入量上限（UL）。欧洲食品安全局认为，在肠道功能正常的情况下，膳食来源引起的系统性铁过量的风险可以忽略不计，并且所描述的不良反应是继发于医疗铁过量之后的。只有美国医学研究所为成年人（14 岁及以上的男性和女性，包括孕妇和哺乳期女性）、婴儿及儿童设定了铁的可耐受摄入量上限（UL），分别为 45 mg/d、40 mg/d。

4.2 铁的吸收机制

4.2.1 铁吸收和体内平衡

铁是生命所必需的元素，但其容易获得或失去电子的能力促使了高活性氧的产生，这将对一些基本的生物成分，如脂质、蛋白质和 DNA 等造成损害。因此，铁需要一个复杂的调节程序，使它既能满足身体的需求，也能防止铁的过度积累。人体没有生理上的铁排泄途径，因此身体的铁状态需要通过一个复杂的过程来维持。该过程调节了十二指肠中铁的吸收、巨噬细胞的铁回收以及铁储存（主要在肝脏中）之间的平衡[12]。在这方面，铁调素被证明发挥了关键的作用。这种激素在21世纪初被发现，通过抑制铁的吸收和组织动员储存的铁，对铁的平衡起到了负面的控制作用。铁调素的作用是与铁转运蛋白（一种输出型跨膜蛋白）结合并诱导其降解，从而抑制靶细胞（肝细胞、巨噬细胞和肠细胞）的铁释放。此外，研究结果表明，铁调素也可能通过减少参与铁吸收的基因表达来调节身体的铁吸收[13]。由前可知，非血红素铁和血红素铁是食物中铁的两种形式。食物中的非血红素铁来源于动物和植物，而血红素铁只由动物性食物提供。铁主要在十二指肠中被吸收，但这些形式的吸收机制是不同的，如图4-1所示。

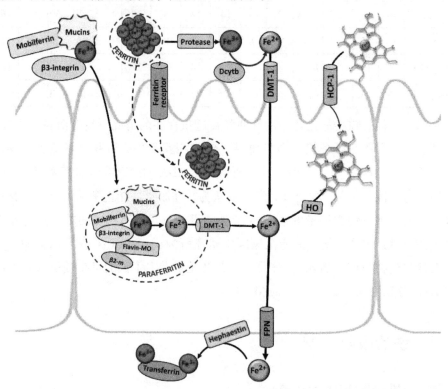

连续粗箭头表示主要机制；虚线箭头表示次要途径或对该机制的怀疑。Dcytb，十二指肠细胞色素b还原酶；DMT-1，二价金属转运蛋白-1；FPN，铁转运蛋白；HCP-1，血红素载体蛋白；Flavin-MO，黄素单加氧酶；$β_2$-m，$β_2$-微球蛋白；HO，血红素加氧酶[10]。

图4-1 十二指肠肠道细胞的铁吸收机制

4.2.1.1 非血红素铁的吸收

由于胃蛋白酶和盐酸的作用，食物中存在的非血红素铁复合物在胃肠道的消化过程中会被降解。一旦从食物成分中释放出来，大多数非血红素铁以三价铁（Fe^{3+}）的形式存在，其溶解度和生物利用度较低。然而，有许多膳食成分能够将 Fe^{3+} 还原为 Fe^{2+}，包括抗坏血酸以及半胱氨酸和组氨酸等氨基酸。此外，主要的还原活动是由十二指肠细胞色素 b 还原酶（Dcytb）进行的，Dcytb 是一种位于肠细胞顶膜上的血蛋白，它会使用抗坏血酸来促进铁的还原。

（1）亚铁的吸收

可溶性的 Fe^{2+} 形式通过二价金属转运蛋白 – 1（divalent metal transporter 1，DMT – 1）转运到肠细胞中，DMT – 1 是一种质子同向转运蛋白，需要低 pH 值才能有效地发挥金属运输的功能。这种载体不是铁特异性的，铁和其他二价金属，如钙和锌之间存在竞争[14]。

（2）三价铁的吸收

Fe^{3+} 可能通过一种与 DMT – 1 不同的机制被肠道细胞吸收。有人提出，空腔内的 Fe^{3+} 通过与黏蛋白相互作用，随后与 β_3 – 整合素和动员铁蛋白结合，首先穿过腔膜并被内化；然后这种 Fe^{3+} – 蛋白质复合物与黄素单加氧酶（flavin – MO）和 β_2 – 微球蛋白（β_2 – m）结合，形成副铁蛋白复合物，其中 Fe^{3+} 被还原为 Fe^{2+}[15]。最终可以通过 DMT – 1 输出到细胞溶质中。

（3）铁蛋白的吸收

铁蛋白也可能是一个很好的铁的来源。已经提出了铁蛋白作为铁源的三种吸收机制：铁蛋白被管腔膜上的特定受体吸收；内吞机制；以及铁蛋白在蛋白酶水解后提供 Fe^{3+}。需要注意的是，铁蛋白是一种存在于动物和植物中的大分子，其中储存了大量的铁，因此存在着显著的铁催化吸收活性[16]。下面介绍两种主要由铁蛋白介导的铁吸收。

①铁蛋白旁路介导的铁吸收：paraferritin 是一类分子量为 520 kD 的膜复合物[17]，含有 β_3 – 整合素、mobilferrin 和 flavin mono – ox – genase，它们均参与黏蛋白介导的肠腔中的铁吸收。将抗 β_3 – 整合素的单克隆抗体用于红白血病细胞中，可以阻碍 90% 的柠檬酸铁的吸收，但是对于亚铁离子的吸收没有影响。因此，三价铁大多通过 paraferritin – 介导的途径而被吸收。确切的机制目前尚不清楚，但推测可能是由于三价铁在肠腔中通过黏蛋白而变得可溶，接着被转移到含有 mobilferrin 和 β_3 – 整合素的 paraferritin 复合物中，然后进行

内吞作用。进入细胞后，flavin mono‐ox‐genase 和复合物相互作用，三价铁就降价成了二价铁，并伴随有 NADPH 的活性。有趣的是，含有 mobilferrin 和 β_3‐整合素的 paraferritin 复合物还会同时与 β_2‐微球蛋白作用。mobilferrin 和 β_2‐微球蛋白已经被证明在血代谢铁过载的过程中发挥着重要作用。

②转铁蛋白受体介导的铁吸收：体内铁的吸收、储存、利用以及铁在血浆中的转运都需要一种血浆蛋白，名为转铁蛋白[18]，其对于三价铁具有很高的亲和力。大多数非肠道细胞吸收铁都是通过转铁蛋白来吸收的。细胞铁的摄入首先涉及转铁蛋白和转铁蛋白受体结合后介导的铁吸收，转铁蛋白受体是细胞主要的表面受体，能够介导铁的吸收。尽管转铁蛋白受体并不直接与铁作用，但它们是大多数细胞中控制铁的吸收和储存的途径。转铁蛋白受体共有两种类型，每一种类型都含有独特的细胞和组织特异性表达系统。转铁蛋白受体1是细胞膜上的糖蛋白，除了成熟的红细胞外，它表达于所有细胞中。转铁蛋白受体2，是转铁蛋白受体1的同源体，特异地表达于肝脏中，尤其是肝细胞。转铁蛋白与转铁蛋白受体结合后，转铁蛋白受体‐转铁蛋白复合物通过内吞作用进行内化，铁从转铁蛋白释放至酸性的核内体复合物中，然后通过核内体的膜，铁就进入细胞内的铁池中。细胞内的铁能够被含血色素和不含血色素的蛋白的合成所利用，或者被储存于铁蛋白中。转铁蛋白受体结合转铁蛋白重复循环至细胞表面，以被重复利用，进而完成一个特异的和有效的细胞铁的吸收循环过程。

4.2.1.2 血红素铁的吸收

关于血红素铁的吸收途径，在刷状边缘处存在一种特定的血红素载体蛋白（hemolysin coregulated protein 1，HCP‐1），能够很好地解释为什么这种形式的铁几乎不受饮食因素的影响，而大部分可被完整吸收。这种载体也是一种质子偶联的叶酸转运体，对叶酸的亲和力高于对血红素的亲和力。一旦内化，血红素铁由血红素加氧酶（heme oxygenase，HO）释放，然后遵循与非血红素铁相同的途径；或者经血红素转运蛋白 1（FLVCR heme transporter 1 Gene，FLVCR1）完整地通过基底外侧膜输出到血浆中，然后在那里被血红素结合蛋白捕获并以血红素‐血红素结合蛋白的形式传递。其中，第2种输出机制将是一个次要途径，它涉及血红素‐血红素结合蛋白复合物的 CD91 受体。

4.2.1.3 细胞内的铁储存和铁输出

根据身体的需要，吸收的铁将有两种命运。如果身体储备充足，大量新吸收的铁将以铁蛋白（Fe^{3+}）的形式储存在肠细胞中。由于十二指肠小肠细胞的更新周期非常迅速（其寿命为 3～4 天），里面所含的大部分铁蛋白将通过细胞脱屑而丢失。另一方面，如果身体对铁的需求很高，肠细胞内的大部分铁将通过铁转运蛋白（FPN）转运通过基底外侧膜，并在被跨膜结合的铜蓝蛋白同系物 hephaestin 氧化成 Fe^{3+} 后，以三价铁的形式被携带到血液中[19]。当体内铁储存量过高时，铁转运蛋白会被铁调素灭活，因为这种激素会降低组织对铁的吸收和动员。

4.2.2 铁吸收机制的固有局限性

消化系统中的铁运输由几种铁结合蛋白控制，如转铁蛋白、乳铁蛋白、血红蛋白和细菌性铁蛋白，以及其他存在于几个关键部位的功能剂。通常来说，黏蛋白在胃的酸性条件下与铁结合，有助于保持铁的溶液状态，以便之后在十二指肠的碱性条件下被吸收。黏蛋白结合的铁随后可以穿过黏膜细胞膜。进入细胞后，细胞质铁结合蛋白动员铁蛋白将其转运到基底外侧，在那里被输送到血浆中。肠黏膜细胞中血红素铁和非血红素铁的吸收机制涉及各种转运过程和调节蛋白。在人体中，铁以不同比例的血红素铁和非血红素铁的形式被吸收。肉类中血红素铁的吸收效率是最高的，一般不受其他饮食因素的影响，而非血红素铁的吸收会受到饮食消费模式的很大影响[20]。

摄入的铁会在人体内经历一系列复杂的变化（图 4 - 2）。如前所述，通过肠道黏膜吸收的膳食铁以血红素和非血红素两种形式存在。其中，血红素

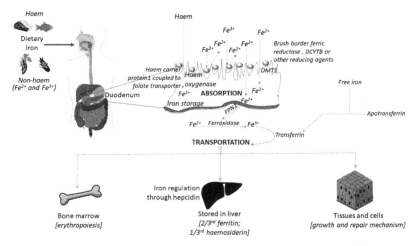

图 4 - 2 铁吸收机理示意[21]

铁能更好地被人体吸收。早些时候，血红素载体蛋白 - 1 （HCP - 1）被认为负责十二指肠肠道细胞的铁吸收。后来，事实证明，叶酸转运蛋白负责这一机制。非血红素（元素）铁通常以两种价态存在：还原的亚铁（Fe^{2+}）和氧化铁（Fe^{3+}）形式。只有 Fe^{2+} 可以被十二指肠肠道细胞吸收。因此，Fe^{3+} 必须首先被细胞色素 b 还原酶（十二指肠细胞色素 b 还原酶）或其他存在于十二指肠细胞顶端膜中的还原剂还原成亚铁形式。之后，它被二价金属铁转运蛋白 - 1（DMT - 1）转运到十二指肠细胞质中。吸收元素铁需要酸性条件，因为它们有助于亚铁的溶解，并为通过 DMT - 1 的共同运输提供质子。吸收的亚铁可以通过 3 种不同的方式被人体利用：①转移到线粒体以产生血红素分子；②转移到铁蛋白中并储存在肠细胞中；③转移到身体中其他需要铁的部位。膜铁转运蛋白是一种在基底外侧膜和网状内皮巨噬细胞中发现的转运蛋白分子，与亚铁氧化酶 hephaestin 协调，负责亚铁的循环[22]。另一种铁氧化酶分子是血浆中的铜蓝蛋白（ceruloplasmin，CP），它在细胞外液协助下与转铁蛋白结合。这些蛋白质的遗传性缺陷会阻碍铁的氧化，从而导致肝脏、胰腺和大脑中的铁过载。这种情况最终可能引发神经功能紊乱和糖尿病。从肝脏中释放的一种小的糖肽分子铁调素有助于铁的吸收和循环。在较高的水平下，铁调素通过延缓 DMT - 1 在肠细胞中的转录来减少铁的吸收。因此，铁调素会导致铁的螯合，通常见于慢性贫血，并且可以通过红细胞产量的增加、铁的缺乏和缺氧而下调。

4.3　铁的生物利用度

食品成分的生物利用度一词源于药理学中使用的口服药物在血浆中出现的现象。就矿物质的生物利用度而言，特别是铁的生物利用度（起初是吸收的同义词），它由体外溶解度决定。铁化合物的溶解度越高，其潜在的吸收能力就越强，因此其生物利用度也就越高。如果使用半透膜模拟消化过程并测量通过该膜的传输，那么这种溶解度方法与铁的可用性或可透析性的定义有关。

在体外或体内新技术发展的同时，生物利用度的概念也得到了发展。因此，铁的生物利用度目前被定义为摄入的铁被肠道吸收并通过正常代谢途径使用或储存的比例。如图 4 - 3 所示，它以摄入量的百分比表示，并且已知受到饮食和宿主因素的影响[23]。这种更广泛的铁生物利用度方法包括以下步骤：从其基质中释放；吸收到系统循环；分布到组织中；代谢利用或储存在体内。从食品科技的角度来看，前两个是需要考虑的主要问题。

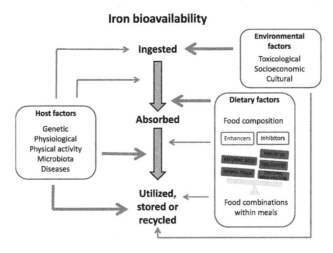

图 4 - 3　宿主和环境因素，包括饮食因素、调节铁的生物利用度[10]

　　肠道吸收血红素铁的途径独立于非血红素铁的吸收途径，血红素铁几乎不受与其他食物成分相互作用的影响[24]。然而，血红素形式的铁仅占膳食中铁总量的 10% ~ 15%，因此非血红素铁是主要的铁来源。人们担心加大血红素的摄入量以防止铁缺乏的做法可能会对健康产生影响，因为血红素的过量摄入与结肠癌、氧化状态增加等有关[25]。因此，关于铁吸收的增强剂和抑制剂的一切讨论都集中于非血红素铁。

4.3.1　铁的生物利用度的评估方法

　　不同形式的铁的生物利用度可以通过其价态和溶解度来确定。根据溶解度，铁化合物可分为：①易溶于水的（如乳酸亚铁、葡萄糖酸亚铁、硫酸亚铁和柠檬酸亚铁铵）；②难溶于水但可溶于稀酸的（如富马酸亚铁、糖酸亚铁和琥珀酸亚铁）；③不溶于水且难溶于稀酸的（如元素铁粉、正磷酸铁铵、正磷酸铁和焦磷酸铁）；④受保护的铁化合物（FeEDTA）。铁盐类在人体内的生物利用度顺序为：硫酸亚铁、乳酸亚铁、富马酸亚铁、琥珀酸亚铁、甘氨酸亚铁、谷氨酸亚铁、葡萄糖酸亚铁 > 柠檬酸亚铁、酒石酸亚铁、焦磷酸亚铁 > 柠檬酸铁、硫酸铁[20]。使用 NaFeEDTA 或甘氨酸亚铁的螯合作用可以提高铁的生物利用度，因为这种螯合作用可以提高腔内铁的溶解度，并适度影响植酸盐的抑制作用[20]。以下解释了几种评估铁的生物利用度的方法。

4.3.1.1 化学平衡法

了解铁的生物利用度的化学平衡方法是对食物摄入后保留在体内的铁的水平的指示性测量。铁摄入量和粪便铁含量之间的差异是通过表观铁吸收来计算的。尽管这种方法提供了一个关于矿物质代谢特征的想法，但它在研究铁的生物利用度方面的作用有限。由于粪便收集的不完整性等挑战，这种方法耗时、不敏感且缺乏精确度。这是因为它只能用于评估整个饮食中的生物利用度，而不是从个别膳食中获取的。此外，在计算摄入的铁量和排泄的铁量之间的平衡关系时，也可能出现错误[21]。

4.3.1.2 溶解度和可透析性

一般来说，在体外溶解度研究中，食品样品用盐酸处理，将 pH 值调节至2.0；之后，用胃蛋白酶消化样品，接着将 pH 值改变为 6.0，并用胰蛋白酶消化。通过这些反应，可溶性铁被释放出来，可以从收集的上清液中进行测量[26]。在比较加工和未加工婴儿食品的铁的生物利用度时，溶解度结果表明，加工食品的生物利用度更高，但这与通过喂养试验监测的血红蛋白含量相矛盾。因此，就天然铁的生物利用度而言，溶解度并不是一个适当的指标。铁的可透析性被认为是溶解度法的改进方法，其中可透析铁的水平被测量。碳酸氢钠 $NaHCO_3$ 或 2,2′-哌嗪-1,4-二乙基乙磺酸（2,2′-piperazine-1,4-diylbisethanesulfonic acid，PIPES）缓冲溶液通常用于这项体外研究。有研究人员对不同的铁强化牛奶制品进行了可透析性和溶解性方法的评估，这些研究人员得出结论：铁化合物和食物的相互作用影响可透析铁的形成，而不是其可溶性的形式。因此，与溶解度相比，可透析性可以更好地解释铁的生物利用度[27]。

4.3.1.3 Caco-2 细胞模型

Caco-2 细胞是人类腺癌细胞，广泛用于铁吸收的测定。Caco-2 细胞系表现出与小肠微绒毛类似的特征。对于铁吸收的研究，首先，样品在体外条件下被消化，类似于溶解度研究。然后将消化后的食物暴露于培养的 Caco-2 细胞中，并在那里放置透析膜，形成一个上腔室，该腔室可以保护消化酶，作用类似于肠道中的黏膜层。食物样品中的铁通过透析膜进行透析，并可被Caco-2 细胞吸收。尽管饮食因素对铁吸收的影响存在细微的分歧，但 Caco-2细胞模型显示出与人体吸收模式的良好相关性。有研究人员评估了不同增强剂和抑制剂对含有蛋清的半纯化蛋白质富集膳食中铁的生物利用度的影响[28]。同样，使用 Caco-2 细胞法分析了不同蛋白质，如酪蛋白、牛肉、牛血清白蛋白和大豆等对铁的生物利用度的影响。相对而言，在蛋清中加入增强剂和抑制剂后，可溶性蛋白质浓度的变化比不同蛋白质来源的变化要小。数据显示，在含有植酸盐、茶、麸皮、酪蛋白和大豆的膳食中，铁的溶解度和吸收率都有明显的降低，这与人体的吸收研究相一致。

4.3.1.4　血红蛋白补充法

大鼠血红蛋白补充法是官方分析化学家协会使用的一项标准技术。该方法用于确定铁的相对生物利用度。雄性大鼠在一个已知的时期内被喂食缺铁的食物，然后在另一段已知时间内被喂以富含铁的食物（含有待测的铁化合物）。在相关研究中，个体大鼠通常被安置在 12 小时明暗循环的金属丝底不锈钢笼子中。从抽取的血液样本中，分析了补给期间血红蛋白含量的变化[29]。血红蛋白和膳食铁浓度之间的曲线斜率解释了铁的生物利用度的定量测量。因此，所研究的铁源的相对生物学价值（relative biological value，RBV）可以对照参考的硫酸亚铁来表示[21]。该方法可用于研究不同食物和非食物来源的铁在治疗铁缺乏症方面的效率。

除了这些方法之外，铁的生物利用度还可以通过体外细胞培养生物测定、体外胃肠道研究、同位素标记和体内方法进行研究。

4.3.2　研究铁的生物利用度的内外标记法

4.3.2.1　利用外标记法研究铁的生物利用度

三价铁和二价铁都可以用作体外标记。在食物中添加铁盐可能会产生不同的结果，这取决于食物的成分以及添加铁的形式，包括 Fe^{3+} - 柠檬酸盐、Fe^{3+} - EDTA、Fe^{3+}（Cl^-）$_3$ 或 Fe^{2+} - 硫酸盐/葡萄糖酸盐等。可以用作标记的铁有 Fe^{3+}（Cl^-）$_3$ 和 Fe^{3+}（柠檬酸盐）$^{3-}$（一种市售的 1:1 盐，它可以在溶液或胃中溶解），在铁蛋白的六个 Fe^{3+} 结合位点中，有一部分位点可以在食品中与螯合剂作用形成新的复合物，或在肠道 pH 值的诱导下形成"铁锈"。

食物中的一些物质，如植酸盐或草酸盐，会影响铁的吸收。当植酸铁的比例在消化过程中较高时，会产生单体植酸盐复合物。因此，这些植物生长条件的变化会影响食物的成分，进而会影响外标记膳食研究的结果。铁的生物利用度同样会受到不同数量、具有不同形态的植酸盐和铁的混合食物的影响。Fe（Ⅲ）- EDTA 和 Fe（Ⅲ）- 柠檬酸盐都是非血红素铁的混合物，它们所含有的 Fe^{3+} 离子结合位点均被络合剂稳定填充。尽管铁 - EDTA 复合物是一种非天然的复合物，但它作为补充剂的有效性已得到充分的证实[30-32]，并已被证明与铁复合物的稳定性有关。相比之下，尽管细菌对 Fe（Ⅲ）－柠檬酸铁有特定的受体识别系统和吸收系统，且在进化过程中，Fe（Ⅲ）－柠檬酸铁的吸收机制可能已经得到保护，但作为膳食铁的来源，对 Fe（Ⅲ）－柠檬酸铁这种更稳定的铁复合物的研究较少。

Fe^{2+} 盐在肠外细胞 pH 值的溶液中会与氧反应并引发自由基链反应。除了通过 DMT1 和/或稳定的复合物使 Fe^{2+} 迅速融入细胞外[33-34]，游离 Fe^{2+} 离子和氧化剂的反应产物可能具有一定的毒性。然而，由于 Fe^{2+} 一直为人们所用，硫酸 Fe^{2+} 仍然是一个合理的（但可能不是最佳的）吸收标准，直到有其他更具有选择性的标准开发出来。

4.3.2.2 利用内标记法研究铁的生物利用度

使用内标记法研究铁的吸收的结果饱受人们的争议。在一些谷类种子中，铁的含量非常低，因此铁蛋白的含量也较低，大部分铁会以植酸盐或多酚的形式络合。另一方面，在一些大豆种子中，其铁的主要成分是铁蛋白中的固体矿物质[35]，铁蛋白能将铁从植酸盐中分离出来。此外，植物铁蛋白存在于质粒体内[36]，可进一步将铁蛋白和铁从植酸盐中分离出来。谷物外壳中铁的高分布可能会成为铁蛋白和植酸之间转化的障碍。在吸收铁蛋白时，与病毒一样大的复合物都能透过细胞膜，但其机制尚不清楚。同样的，铁蛋白在肠道中进入细胞的机制目前也不清楚，有待进一步探索。种子发育过程的变化和成分的变化也会影响铁蛋白和植酸盐在种子中的分布。

已知许多因素都会影响膳食中铁的生物利用度，添加的铁蛋白可以进行内标记法。用纯动物铁蛋白喂养动物可以产生一种与铁锁定的铁蛋白。在大豆中，被标记的铁蛋白的分布会受到植物发育期间被标记的时间以及植物是否形成富铁结节的影响，这些结节可以向种子输送铁。大豆种子中植酸盐的含量不会改变大豆铁蛋白中内源性铁的有效性[37]，但会影响大豆铁蛋白添加到食品中作为外源铁的有效性。此外，种子的发育变化会影响种子中内标记铁的形成。其可能的原因是随着种子的成熟，铁继续在大豆中积累。在植物大豆发育早期，单次添加标记铁和使用结节状植物似乎可以产生铁蛋白中标记铁含量最高的大豆（70%～90%）[38]。

4.3.3 提高铁的生物利用度

在分析铁的生物利用度与一些膳食因素时，摄入的铁量是获得生物可利用铁的前提条件。这似乎是一个显而易见的说法，但必须强调的是，无论铁的增强剂或抑制剂多么强大，如果在没有铁的情况下进食，它们对铁吸收的影响将是无效的。在这方面，同样重要的是，消化道中的相互作用将在摄入后的几个小时内发生。因此，生物利用度的概念是指摄入的铁在身体功能中被利用或储存的"比例"，必须考虑到摄入的铁量、膳食成分和两餐之间的时间。

另一个重要的因素是铁的形式。如上所述，肠道吸收血红素的途径独立于非血红素的吸收，血红素铁几乎不受与其他食物成分相互作用的影响。从肠腔中吸收可用形式的铁进入黏膜细胞是铁吸收过程中的第一步。血红素铁主要由动物食品中的血红蛋白和肌红蛋白组成，仅占饮食中铁的一小部分，但吸收效果良好。而主要来自于植物性食物中的非血红素铁，其吸收率极低。除了许多其他因素外，植物性食物中较低的铁吸收率是导致素食者缺铁的一个主要原因。各种因素都可能是造成植物性食物中铁吸收率低的原因。例如，许多主食作物，如谷物（玉米和大米）和豆类，通常含有植酸盐（植酸，phytic acid）和多酚（polyphenols，PP）。植酸盐被认为是一种潜在的抑制剂，它螯合微量营养素（如铁和钙），阻止单胃动物（包括人类）的铁吸收，因为这些动物的消化道中缺乏植酸酶[39]。多酚还在肠道中与铁形成不溶性的铁（Ⅲ）－酚络合物，因此可能会抑制铁的吸收。这些不可吸收的复合物的形成取决于多酚的化学结构。具有邻二羟基苯基（儿茶酚）或三羟基苯基（没食子酰基）的多酚，如原花青素（带有儿茶酚和没食子酰基）以及可水解单宁（没食子酰基）是最有效的铁螯合剂。在含有儿茶酚和没食子酰基的酚类化合物中，铁的螯合能力按以下顺序排列：原儿茶酸（儿茶酚）＜羟基酪醇（儿茶酚）＜没食子酸（没食子酰基）＜咖啡酸（儿茶酚）＜绿原酸（儿茶酚）[40]。在完全分化的肠道 Caco－2 细胞中研究发现，表没食子儿茶素－3－没食子酸酯（Epigallocatechin－3－gallate，EGCG）通过减少基底外侧铁的外流而潜在地抑制血红素铁（^{55}Fe）的吸收[41]。同样，大鼠十二指肠黏膜急性暴露于槲皮素，显示出可减少基底外侧铁流出到循环中，同时十二指肠铁输出膜铁转运蛋白的表达也随之减少[42]。

因此，为了降低作物植物中的植酸盐含量，以提高其营养价值，几种方法已被开发出来。这些方法包括通过基因工程降低作物中植酸盐的含量，以及一些预处理方法，如发酵、浸泡、发芽和用植酸酶对食品进行酶解处理[43]。除此之外，添加糖类、抗坏血酸、类胡萝卜素（维生素 A）和矿物质螯合肽也被认为有助于提高铁的生物利用度。合成氨基酸螯合剂，如双甘氨

铁蛋白的结构、 性质及载体化应用

酸亚铁，已经被商业化开发出来，并被报道可以保护铁免受饮食抑制剂的影响，铁的吸收率比硫酸亚铁的吸收率高出 4 倍[44]。然而，从一般的健康考虑和饮食偏好来看，食物来源的营养补充剂更容易被人们接受。近年来，这一领域的研究也取得了很大进展。从牛奶蛋白中提取的酪蛋白磷酸肽（casein phosphopeptides，CPP）被研究为铁和钙的吸收增强剂。CPP 这种铁吸收增强特性被认为是由于 Caco-2 细胞中铁蛋白合成的增加。各种 CPP 对铁蛋白合成的效率取决于它们的结构特性以及与铁结合后的构象变化。然而，需要进一步的研究来了解 CPP 提高铁的生物利用度的方式，以便将它们作为功能性成分。有人研究了通过级联膜过滤产生的乳清蛋白分离物（whey protein isolate，WPI）水解物馏分的亚铁（Fe^{2+}）螯合能力。与对照的 $FeSO_4$ 溶液相比，在模拟胃肠消化后，1 kDa 水解组分的存在使总铁的溶解度提高了 72%[45]。肝脏在铁代谢中起着至关重要的作用，并且它几乎表达了所有与铁运输、代谢和体内平衡有关的基因。铁调素抗菌肽（hepcidin antimicrobial peptide，HAMP）、转铁蛋白受体 2（transferrin receptor-2，TFR-2）、2 型血色素沉着病（hemochromatosis type 2，HFE-2）、铁转运蛋白 1（ferroportin 1，FPN-1）和铜蓝蛋白（ceruloplasmin，CP）基因主要在肝脏中表达[46]。铁调素在肠道上皮细胞（肠细胞）的铁吸收中起着核心作用。铁调素 mRNA 的表达随着铁过载而增加，并通过溶酶体降解肠细胞中的 FPN 来阻止铁的进一步吸收。因此，铁调素 mRNA 的表达与十二指肠铁转运蛋白（FPN-1）的活性和铁吸收呈负相关[47]。图 4-4 显示了肠道黏膜细胞腔内的铁吸收概况。如图所示，素食中的铁在吸收前必须被还原（Fe^{3+} 到 Fe^{2+}）。尽管 Fe^{2+} 是被转运的物质，但由于 Fe^{3+} 的反应性比其还原的对应物 Fe^{2+} 的反应性还要低，所以胃肠道中的 Fe^{3+} 可能有利于铁的吸收[48]。因此，发现促进三价铁（Fe^{3+}）形成的与食物相关的因素，可以提高铁的生物利用度。益生元和益生菌对铁的生物利用度也具有协同作用。益生元和益生菌已被证明是维持肠道环境的一种很有前途的疗法。益生菌通常包括健康的活的微生物（乳酸菌），而益生元是可发酵的膳食纤维（菊粉、低聚半乳糖和低聚果糖），可以与肠道中的矿物质相互作用。高性能菊粉和低聚果糖益生元被发现有益于增加缺铁大鼠的肠道铁吸收[49]。Scheers 等观察到乳酸发酵的蔬菜增加了铁的生物利用度，并认为这可能是促进三价铁（Fe^{3+}）形成的效果[48]。但也有报告显示，食用益生元和益生菌后，铁的吸收没有显著差异[50]。益生元和益生菌对改善肠道整体健康的作用已得到公认，但是，其对铁吸收的影响尚无定论。因此，需要进行大规

· 118 ·

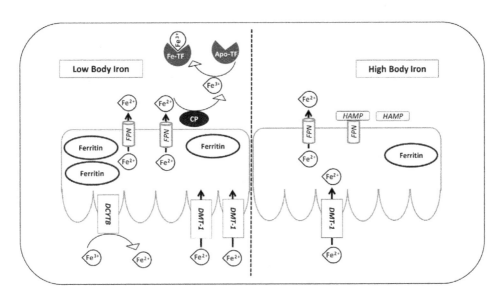

在缺铁条件下，HIF – 2α（缺氧诱导因子）与 ARNT（芳烃受体核转运蛋白）和 HRE（缺氧反应元件）结合，促进 DMT – 1（二价金属转运蛋白 – 1）、十二指肠细胞色素 B（DCYTB）和铁转运蛋白（FPN）的转录。在肠道内，DCYTB 将 Fe^{3+} 还原为 Fe^{2+}，由 DMT – 1 运输至肠腔内上皮细胞，并进一步由 FPN 运输至门静脉血。在血液中，Fe^{3+} 再次被铜蓝蛋白氧化为 Fe^{2+}，并被载脂蛋白转铁蛋白（Apo – TF）隔离，形成 Fe – TF[51]。

图 4 – 4　动物在缺铁和补铁条件下对铁的吸收和运输的调节

模的严格对照研究才能得出结论。迄今为止，很少有人关注金属螯合肽对提高素食膳食中铁的生物利用度的影响。需要从天然来源中发现更多潜在的金属螯合肽并加以表征。众所周知，钙是人体非血红素铁吸收的潜在抑制剂。Gaitán 等使用基于 Caco – 2 细胞系的体外模型研究了钙对非血红素铁吸收的影响。在他们的观察中，以（500 ~ 1000）:1 的摩尔比添加钙和铁，增加了非血红素铁的净吸收，也减少了铁的外流。令人惊讶的是，在这些剂量下，钙并没有发现抑制非血红素铁的净吸收[52]。此外，在一项体内研究中发现，在非怀孕女性中，钙在低于 800 mg 的剂量下不会抑制 5 mg 血红素或非血红素铁的吸收[53]。然而，这项研究结果遭到了 Hoppe 和 Hulthén 的反对，他们认为方法的选择对于钙和铁之间的相互作用的结果和结论非常关键[54]。Gaitán 等使用放射性同位素标记的铁（5 mg）和不断增加剂量的钙一起评估了单份食物中铁的吸收。然而，从单份食物中评估铁的吸收并不准确，因为在同一受试者中，铁的吸收存在着相当大的日常变化，这影响了从单份食物中评估铁的吸收[53]。为了对铁和钙之间的相互作用得出准确的结论，有必要使用具有必要精度和准确度的方法。除了提高生物利用度外，最大限度地减少铁的损失对防止铁的缺乏同样重要。感染某些细菌（如幽门螺杆菌）时大量失血也是发展中国家贫困人口缺铁的一个主要原因。除此之外，某些肠道疾病（如炎症性肠病和乳糜泻）也会损害铁的吸收。因此，需要考虑采取健康措施来改善人体的铁状况。

4.4   一种新型的补铁剂——铁蛋白

4.4.1   膳食中的铁营养源

缺铁性贫血（Iron deficiency anemia，IDA）是全世界最常见和最普遍的营养障碍，影响超过 20 亿的人群[55]。铁补充剂，如亚铁盐（硫酸亚铁和葡萄糖酸亚铁），被认为是目前防治 IDA 的最常见的策略。然而，这种治疗与便秘、腹泻和生长减缓等不良反应有关。

来自植物资源的非血红素铁是一种不错的补铁选择。非血红素形式的铁，如植物中存在的羰基铁、葡聚糖铁和铁蛋白，可以在铁的补充中发挥重要作用。植物食品中的这些天然铁源因作物生长的条件、具体的食物类型和食用的植物部位而不同。其中，植物铁蛋白代表了一种新颖的、天然的补铁策略[56]，并且受到越来越多的关注。植物铁蛋白是植物中内在铁的主要存在形式，它能以可溶的、无毒的、生物可利用的形式存储大量的铁原子 [其中，每分子铁蛋白最多可容纳约 4500 个 Fe（Ⅲ）]，而且可以用于调节细胞内铁的动态平衡。研究表明，铁蛋白不仅具有良好的补铁效果，同时不会引起其他毒副作用，目前已经成为营养学家研究的热点。在一些植物物种中，特别是在豆科植物的种子中，90% 以上的铁储存在铁蛋白中[57]。有研究揭示了大豆种子铁的独特吸收途径，铁原子可以通过细胞内吞作用穿过细胞膜。因此，铁蛋白笼在保留铁和增强铁的吸收方面起着重要作用。通过蛋白质笼的包覆，铁蛋白铁代表了一种比单一铁原子（如血红素或亚铁离子）更有效的营养物质。

使用放射性同位素标记技术来研究铁蛋白中铁的吸收存在很大的争议，其原因可能是由于铁蛋白的来源以及标记方法的不同所造成的。早在 1984 年，Lynch 等采用外标法研究发现，豆科作物铁蛋白中铁的生物利用度很低。然而，后来人们以马脾铁蛋白、大豆种子以及硫酸亚铁为铁源喂食缺铁老鼠，21 天后发现这 3 种处理使老鼠体内血红蛋白含量均达到对照水平，由于大豆种子中的铁主要以铁蛋白的形式存在，该试验充分说明大豆铁蛋白中的铁具有很高的利用度。同时，大豆种子中的铁的生物利用度又采用内标法进行了评价。在一项早期的研究中，使用两种类型的大豆餐，即汤和松饼，对 18 名大多患有微量铁缺乏症的女性进行试验。在试验中，每个受试者都接受了标记 $FeSO_4$ 的参考剂量，以评估吸收铁的固有能力。结果表明，从汤和松饼中能吸收的 ^{55}Fe 的平均比例为 27%，证实大豆是轻度铁缺乏个体的良好营养铁源[58]。动物试验的结果同样证明，大豆铁蛋白粗提物和硫酸亚铁一样，对于提升红细胞数、血红蛋白水平、血清铁蛋白水平以及血清铁水平都很有效。因此植物铁蛋白代表了一种新型的、可利用的植物源性的补铁制剂。

大豆是食物中铁蛋白的良好来源，已被研究为补铁的主要样本。越来越多的研究已经直接证明了铁蛋白的高生物利用度。Lönnerdal 和同事们研究了纯化的大豆铁蛋白的铁吸收情况：健康且未贫血的女性（$n = 16$）被给予一份标准化饮食（面包圈、奶油芝士和苹果汁），其中每餐含有 1 μg ^{59}Fe（以硫酸亚铁的形式或含有外源性标记的高磷酸盐重组大豆铁蛋白）。研究发现，从大豆铁蛋白和硫酸亚铁中吸收的全身铁几乎相同，两组之间没有显著差异。大豆铁蛋白中的铁被很好地吸收，这可能为缺铁人群提供一种新型、可用的植物基补铁形式[59]。他们的另一项研究证实了上述结论，即铁蛋白中的铁或盐（硫酸亚铁）在非贫血女性中同样具有生物利用度[60]。简而言之，非贫血女性使用通过体外矿化统一标记的纯铁蛋白中的铁，与正常早餐一起食用，结果直接表明，无论铁蛋白矿物质是含有高磷酸盐的植物类型［（22.2 ± 19.2）%］还是含有低磷酸盐的动物类型［（21.4 ± 14.7)%］，平均（和标准偏差）铁的吸收程度都与硫酸亚铁相同［（21.9 ± 14.6)%］。他们还通过比较两项铁吸收研究强调了大豆铁蛋白吸收的普遍性，在这两项研究中，两组受试者都患有边缘性铁缺乏症，但她们来自不同的环境和不同的种族[60]。

如前所述，铁蛋白是豆类食品（如大豆）中的一种内源性铁，它既是这类食品中铁的主要形式，也是一种新型、天然的补铁替代品，但其有效性受到自身可利用性、成本和不良副反应的限制。作为膳食铁源中非血红素铁家族的成员，铁蛋白可以与 Fe^{3+} 在矿物（蛋白质笼内有数千个铁原子）中形成复合物，以防止发生络合作用。铁蛋白的作用说明了非血红素铁源具有广泛的化学和生物学特性。通过与微生物中发现的铁络合物的结构相匹配，推理出可能有许多非血红素铁受体存在于人体中。为了设计出能够在 21 世纪根除全球铁缺乏问题的饮食，需要了解每种膳食铁源（铁蛋白、血红素、Fe^{2+} 离子等）的化学和生物学特性，并了解由于食物来源、基因和性别差异而产生的相互作用。

关于铁蛋白受体研究的报道受到了国内外学者的广泛关注。Tim - 2 受体对 H 型铁蛋白具有特异性。目前，又发现了两种新型的铁蛋白受体：AP - 2 受体和转铁蛋白受体 1 （transferrin receptor - 1，TfR - 1）。TfR - 1 对 H 型铁蛋白的结合是特异性的。转铁蛋白只部分抑制 H 型铁蛋白结合到受体上，表明铁蛋白与转铁蛋白的结合位点是不重叠的。植物铁蛋白只含有 H 型亚基，且和动物铁蛋白的 H 型亚基具有 40% 的序列相似性，因此，TfR - 1 是否可能也是植物铁蛋白的受体，需要我们进一步探讨。动力学研究显示，抑制 Caco - 2 细胞上特异性的铁蛋白受体及其内吞作用能够降低细胞的铁吸收，这些结果表明，大豆铁蛋白是通过表面细胞膜铁蛋白受体的内吞作用而进入细胞的，后将蛋白质外壳降解，以将铁释放进入细胞。目前，关于铁蛋白在小肠中的吸收提出了 3 条可能的吸收机制：第一，铁蛋白的蛋白质外壳在肠道中被胃蛋白酶降解，释放出铁核，然后铁核被还原剂（如维生素 C）还原成 Fe^{2+}，Fe^{2+} 被受体 DMT1 转运到小肠上皮细胞中，此途径是一条已经被广泛认可的 Fe^{2+} 吸收机制（图 4 - 5）；第二，铁蛋白的蛋白质外壳在肠道中被胃蛋白酶降解，释放出铁核，铁核通过胞饮作用直接被吸收，此途径只是一种假设，尚需进一步验证；第三，虽然铁蛋白会被胃蛋白酶降解，但也有少数的蛋白可以逃脱蛋白酶的降解，从而与位于小肠上的受体结合，并完整地转运到小肠上皮细胞中。目前，已经发现了铁蛋白的受体 AP - 2，在这个过程中 EP 会不会起到作用尚不清楚。由于铁蛋白中铁含量较高，并且其吸收不受膳食因子的影响，那么如果以完整的铁蛋白分子形式被吸收，吸收效率会大大提高，所以近年来越来越多的工作开始着眼于铁蛋白的受体研究。

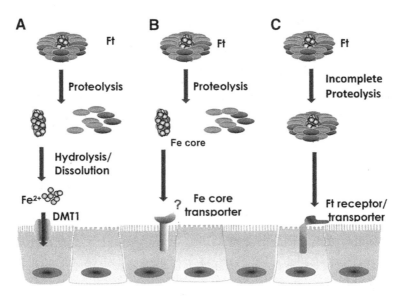

图 4 - 5　铁蛋白在小肠中可能的吸收机制[61]

4.4.2　铁蛋白作为铁补充剂发挥的功能

4.4.2.1　植物铁蛋白的抗消化能力

　　铁蛋白的壳状结构具有将内部铁核和外部组分（如多酚等）隔开的功能，因此铁蛋白中的铁的吸收可能受铁蛋白的保护而不受环境中复杂条件和因素的影响。在溶液中的稳定性研究表明，铁蛋白或铁簇在消化时可以完全或大部分完整地保存下来。植物铁蛋白对于蛋白水解消化具有相对的抵抗力，如果蛋白外壳被破坏，会产生不溶的细微小铁锈颗粒。在低 pH 下，这些颗粒最终会被完全转变为铁离子。另外，即使都溶于胃中，肠道的高 pH 会促使未被还原或未螯合的铁离子转化为铁锈或多核颗粒。食物中的铁蛋白铁不受任何化学限制，即使在肌醇六磷酸含量相对高的大豆中，饮食中的铁蛋白铁仍被吸收，并被转化为血红细胞能使用的形式[58]。

4.4.2.2　以缺铁性小鼠为模型研究植物铁蛋白的补铁功能

　　有学者报道将缺铁的小鼠分为 3 组，每组连续喂食分别含有硫酸亚铁、马脾铁蛋白或大豆种子（80% 的铁在铁蛋白中）的 3 种富含铁的食物，实验中各组投食的铁的含量是一致的，14 d 后检测到小鼠红细胞中的铁含量恢复到正常水平。结果表明，在铁缺乏时，饮食中添加大豆铁蛋白与添加硫酸亚铁、纯铁蛋白一样，都能向红细胞系提供铁[62]。

Goto 等将大豆铁蛋白的基因转到水稻上加以表达，使水稻种子中铁含量平均提高了 3 倍，并通过实验表明对缺铁的小鼠有补铁效果[63]。Murray – Kolb 等也调查了转铁蛋白基因水稻的供铁能力。他们利用患有贫血的小鼠进行标准血色素生物试验，分别用转铁蛋白水稻品种和含有硫酸亚铁的完整饮食喂食这些小鼠。结果表明，水稻饮食与硫酸亚铁饮食在补充血细胞比容、血色素和肝脏铁浓度等方面具有相同的效果[64]。

4.4.2.3　植物铁蛋白补铁功能的人体实验

Lönnerdal 认为素食主义者每天从膳食中摄入的铁量达不到人体的需求，因此这类人群的缺铁现象很严重。豆类中铁蛋白的含量较少，但可以通过转基因等方法进行提高。因为每个铁蛋白分子可以结合上千个铁原子，从而使铁在植物中的含量也相应提高。在这项工作进行之前，最重要的是研究铁蛋白中的铁是否是生物可利用的。这需要通过体外的人肠道细胞（aco – 2）和体内标记的铁蛋白进行实验得到。结果表明，大豆中铁的吸收率为（29.9 ± 19.8）%，硫酸亚铁中铁的吸收率为（34.3 ± 23.6）%，证实了人类对纯化的大豆铁蛋白中的铁与对 $FeSO_4$ 中的铁具有一样的吸收率。膳食中影响铁吸收的因素如抗坏血酸、植酸、钙等，对铁蛋白中的铁吸收影响很小。在体内实验中，铁蛋白显示出抗蛋白酶降解的特性。总之，铁蛋白中铁的吸收良好，是非常有效的铁营养源[65]。

Murray – Kolb 等以 18 位铁缺乏妇女作为实验对象，在食物（汤或松饼）中添加含有内标铁（^{55}Fe）的大豆，同时以含有一定参考剂量的$^{59}FeSO_4$的抗坏血酸盐溶液作为对照，分别检测红细胞的放射性。结果表明，汤和松饼中^{55}Fe的吸收率为 27%，而对照中^{59}Fe的吸收率为 61%。存在差别的原因在于汤和松饼中^{55}Fe平均分布于铁蛋白和肌醇六磷酸中，而与后者结合的铁不易被机体利用。此实验证明了大豆是缺铁个体很好的饮食铁来源[58]。这个结果验证了 40 多年前 Sayers 等以缺铁的印度和非洲妇女为对象的实验结果：即在饼干中添加含有内标铁（^{55}Fe）的大豆，同时向饮用水中添加柠檬酸铁铵（^{59}Fe）为对照，吸收率分别为 19.8% 和 21.2%[66]。Davila – Hicks 等也将马脾铁蛋白中的铁在体外进行^{59}Fe标记，早餐时按随机顺序供给无贫血症的健康妇女，并以硫酸亚铁做实验对照。结果表明，机体对铁蛋白和硫酸亚铁中铁的吸收率是一样的[60]。大量的实验表明，人体对大豆铁蛋白铁的吸收能够有效地防止缺铁性贫血，可见大豆铁蛋白是非常有效的铁营养源。

4.4.3　铁蛋白作为铁补充剂的局限性与挑战

目前世界上约有30%的人群具有铁缺乏症状，缺铁性贫血问题可以通过摄入铁补充剂得到缓解。想要根除铁缺乏的问题需要关注以下3个方面：①提高对已知铁补充剂的接受度；②对比分析一些潜在的铁补充剂在进行类似实验时得到的不同结果；③研究对人体吸收利用的铁分子的复杂机理（其落后于其他生物体）。要解决膳食缺铁的问题，我们需要更多地了解铁在机体中的吸收机制、基因以及性别对铁吸收的影响。另外，对食物中不同的非血红素铁的化学和生物化学研究也是重点，如：不同的铁配合物、铁的含量、植物性食物中铁的存在形式以及铁的消化吸收率等。

植物铁蛋白，尤其是豆科类植物的铁蛋白是人们补充铁的重要途径。根据统计资料报道，全球铁缺乏人群总人口超过30亿，因此，提高植物组织中的铁含量，例如通过转基因技术提高豆类植物种子中的铁含量，对于解决铁缺乏问题提供了一条比较有效的途径。通过转基因技术将外源铁蛋白基因转入水稻、小麦等经济作物内，提高植物，特别是粮食作物中的铁含量，不仅可以满足人类对铁的需求，防御由铁缺乏引起的疾病，而且具有重大的经济价值。通过水稻胚乳特异性表达启动子 GluB-1 将大豆铁蛋白基因转入水稻，测量出转基因植物种子干重中铁含量为 13.3~38.1 μg/g，与对照植物相比，平均铁含量提高 3 倍左右，而在其他部位中的铁含量则与正常植株无明显差异。用同样的办法，将菜豆的铁蛋白基因导入到水稻的胚乳中，结果发现水稻种子的铁成分提高了 64%。学者们将菜豆铁蛋白基因转入到水稻中，同时将曲霉菌抗热植酸酶引入水稻胚乳，使富含半胱氨酸的内源金属硫蛋白类似蛋白过量表达，发现水稻种子中铁的含量提高了 2 倍，铁吸收的抑制剂植酸也很容易被降解，并且过的半胱氨酸还能迅速结合铁离子，提高铁的吸收率。将从大豆中分离的铁蛋白的 cDNA 序列导入水稻和小麦后，再用玉米组成型启动子泛素-1 表达。ICAP 光谱法分析表明，仅在转基因植物的营养组织中观察到铁的水平的提高。同时发现，水稻叶中铁的水平比小麦中的略高一些，其中转基因小麦叶中铁蛋白的含量提高了 50%，而转基因水稻叶中的铁含量可以增加 2 倍。但是两种植物的种子都和野生型植株中的铁含量相差不大。尽管如此，铁蛋白转基因研究已经取得了一定的进展。蔬菜也是人类必不可缺的食品之一，提高蔬菜中铁的含量也对防御铁营养缺乏症具有十分重要的意义。通过 CaMV35S 启动子将大豆铁蛋白基因转入莴苣中，观察到叶片的铁含量增加了 1.7 倍，且转基因植物的生长速度要比野生型的快很多。但是，重组铁蛋白和植物体内源铁蛋白是否可以形成异源多聚体，这种异源多聚体是否具有功能，尚需进一步研究。

目前，对于缺铁性人群，可以通过摄入铁补充剂得到缓解。作为饮食铁来源中非血红素铁家族的成员，铁蛋白是含有三价铁离子的复合物。大量的实验表明，人体对植物铁蛋白铁的吸收能够有效地防止缺铁性贫血，植物铁蛋白作为新型补铁制剂的应用有着很广阔的前景。在未来，如何提高铁蛋白中铁的吸收利用也将是一研究的热点。我们相信铁蛋白将成为 21 世纪根除全球性缺铁问题的补铁功能因子。

4.5 铁蛋白作为补铁剂的应用前景

根据前述内容可知，铁蛋白可以作为一种人类饮食的新型补铁制剂。在大豆等食品中，主要的铁是铁蛋白，并在外壳中有大量的铁蛋白可为消化提供额外的保护。结合大豆分离蛋白变性和水解消化的稳定性，我们猜测大豆铁蛋白作为一种蛋白质包裹着的矿物质，很可能消化后在肠绒毛中完好无损地保留下来。已知的铁在消化过程中的吸收机制已经落后于体内细胞吸收铁的机制。尽管已经对人体内的细胞进行了很深入的研究，但近年来还是发现了许多铁吸收的新机制，如第 2 个转铁蛋白受体和肝细胞中的肠上皮细胞 DMT1 蛋白。内源性铁蛋白对于人体来说是一种天然的可替代的膳食铁来源，在铁补充研究中还有很多的应用前景。未来的问题应主要包括：非大豆食品豆类中含有多少铁蛋白？非大豆类食品中铁蛋白的铁应该如何获取？富含铁蛋白的食物的摄入量是否足以将饮食中的缺铁情况降至最低？可接受度较高的富含铁蛋白的食物之间是否存在足够的差异，从而可以对全球铁缺乏的现状产生重大影响，这些问题都需要进一步探索。

参考文献

[1] 朱王飞，钱胜峰. 铁与人体健康 [J]. 中国食物与营养，2004 (3)：47 - 49.

[2] CASANUEVA E, VITERI F E. Iron and oxidative stress in pregnancy [J]. Journal of Nutrition, 2003, 133: 1700 - 1708S.

[3] MAKRIDES M, CROWTHER C A, GIBSON R A, et al. Efficacy and tolerability of low -

dose iron supplements during pregnancy: a randomized controlled trial [J]. The American Journal of Clinical Nutrition, 2003, 78: 145 – 153.

[4] DOETS E L, CAVELAARS A E, DHONUKSHE – RUTTEN R A, et al. Explaining the variability in recommended intakes of folate, vitamin B12, iron and zinc for adults and elderly people [J]. Public Health Nutrition, 2012, 15 (5): 906 – 915.

[5] BERGLUND S, DOMELLÖF M. Meeting iron needs for infants and children [J]. Current Opinion in Clinical Nutrition and Metabolic Care, 2014, 17 (3): 267 – 272.

[6] DOMELLÖF M, BRAEGGER C, CAMPOY C, et al. Iron requirements of infants and toddlers [J]. Journal of Pediatric Gastroenterology and Nutrition, 2014, 58 (1): 119 – 129.

[7] VRICELLA L K. Emerging understanding and measurement of plasma volume expansion in pregnancy [J]. American Journal of Clinical Nutrition, 2017, 106 (Suppl. 6): 1620S – 1625S.

[8] BLANCO – ROJO R, TOXQUI L, LÓPEZ – PARRA A M, et al. Influence of diet, menstruation and genetic factors on iron status: A cross – sectional study in Spanish women of childbearing age [J]. International Journal of Molecular Sciences, 2014, 15 (3): 4077 – 4087.

[9] FISHER A L, NEMETH E. Iron homeostasis during pregnancy [J]. The American Journal of Clinical Nutrition, 2017, 106 (Suppl. 6): 1567S – 1574S.

[10] BLANCO – ROJOA R, VAQUERO M P. Iron bioavailability from food fortification to precision nutrition: A review [J]. Innovative Food Science & Emerging Technologies, 2019, 51: 126 – 138.

[11] VAQUERO M P, GARCÍA – QUISMONDO Á, CAÑIZO F J D, et al. Iron status biomarkers and cardiovascular risk [M]. Recent trends in cardiovascular risks, 2017.

[12] RYBINSKA I, CAIRO G. Mutual cross talk between Iron homeostasis and erythropoiesis [J]. Vitamins and Hormones, 2017, 105: 143 – 160.

[13] BERGAMASCHI G, DI SABATINO A, PASINI A, et al. Intestinal expression of genes implicated in iron absorption and their regulation by hepcidin [J]. Clinical Nutrition, 2017, 36 (5): 1427 – 1433.

[14] KORDAS K, STOLTZFUS R J. New evidence of iron and zinc interplay at the enterocyte and neural tissues [J]. Journal of Nutrition, 2004, 134 (6): 1295 – 1298.

[15] SHARP P A. Intestinal iron absorption: regulation by dietary & systemic factors [J]. International Journal for Vitamin and Nutrition Research, 2010, 80 (4 – 5): 231 – 242.

[16] LATUNDE – DADA G O, PEREIRA D I, TEMPEST B, et al. A nanoparticulate ferritin – core mimetic is well taken up by HuTu 80 duodenal cells and its absorption in mice is regulated by body iron [J]. Journal of Nutrition, 2014, 144 (12): 1896 – 1902.

[17] UMBREIT J N, CONRAD M E, MOORE E G, et al. Paraferritin: A Protein Complex with Ferrireductase Activity Is Associated with Iron Absorption in Rats [J]. Biochemistry, 1996 (35): 6460 – 6469.

[18] SKIKNE B S. Serum transferrin receptor [J]. American Journal of Hematology, 2008, 83 (11): 872 – 875.

[19] LANE D J R, MERLOT A M, HUANG M L H, et al. Cellular iron uptake, trafficking and metabolism: Key molecules and mechanisms and their roles in disease [J]. Biochimica et Biophysica Acta, 2015, 1853 (5): 1130 – 1144.

[20] HUNT J. Dietary and physiological factors that affect the absorption and bioavailability of iron [J]. International Journal for Vitamin and Nutrition Research, 2005, 75 (6): 375 – 384.

[21] MA Q, KIM E Y, LINDSAY E A, et al. Bioactive Dietary Polyphenols Inhibit Heme Iron Absorption in a Dose – Dependent Manner in Human Intestinal Caco – 2 Cells [J]. Journal of Food Science, 2011, 76 (5): H143 – H150.

[22] SHAROUROU A S A, HASSAN M A, TECLEBRHAN M B, et al. Anemia: Its prevalence, causes, and management [J]. Journal of Hospital Medicine, 2018, 70 (10): 1877 – 1879.

[23] AGGETT P J. Population reference intakes and micronutrient bioavailability: A European perspective [J]. The American Journal of Clinical Nutrition, 2010, 91 (5): 1433S – 1437S.

[24] STEWART R J C, MORTON H, COAD J, et al. In vitro digestion for assessing micronutrient bioavailability: The importance of digestion duration [J]. International Journal of Food Sciences and Nutrition, 2019, 70 (1): 71 – 77.

[25] TURNER N D, LLOYD S K. Association between red meat consumption and colon cancer: A systematic review of experimental results [J]. Experimental Biology and Medicine, 2017, 242 (8): 813 – 839.

[26] STEWART R J C, MORTON H, COAD J, et al. In vitro digestion for assessing micronutrient bioavailability: The importance of digestion duration [J]. International Journal of Food Sciences and Nutrition, 2019, 70 (1): 71 – 77.

[27] FAIRWEATHER – TAIT S J, PHILLIPS I, WORTLEY G, et al. The use of solubility, dialyzability, and Caco – 2 cell methods to predict iron bioavailability [J]. International Journal for Vitamin and Nutrition Research, 2007, 77 (3): 158 – 165.

[28] AU A P, REDDY M B. Caco – 2 cells can Be used to assess human iron bioavailability from a semipurified meal [J]. Journal of Nutrition, 2018, 130 (5): 1329 – 1334.

[29] SWAIN J H, NEWMAN S M, HUNT J R. Bioavailability of elemental iron powders to rats is less than bakery – grade ferrous sulfate and predicted by iron solubility and particle sur-

face area [J]. Journal of Nutrition, 2003, 133 (11): 3546 – 3552.

[30] BOTHWELL T H. Iron fortification with special reference to the role of iron EDTA [J]. Archivos Latinoamericanos de Nutrición, 1999, 49: 23 – 33S.

[31] FIDLER M C, DAVIDSSON L, WALCZYK T, et al. Iron absorption from fish sauce and soy sauce fortified with sodium iron EDTA [J]. The American Journal of Clinical Nutrition, 2003, 78: 274 – 278.

[32] World Health Organization. Evaluation of certain food additives and contaminants [J]. Technical Report Series, 2000, 896: 1 – 128.

[33] MCKIE A T, MARCIANI P, ROLFS A, et al. A novel duodenal iron – regulated transporter, IREG1, implicated in the basolateral transfer of iron to the circulation [J]. Molecular Cell, 2000, 5: 299 – 309.

[34] MIRET S, SIMPSON R J, MCKIE A T. Physiology and molecular biology of dietary iron absorption [J]. Annual Review of Nutrition, 2003, 23: 283 – 301.

[35] BURTON J W, HARLOW C, THEIL E C. Evidence for reutilization of nodule iron in soybean seed development [J]. Journal of Plant Nutrition, 1998, 21: 913 – 927.

[36] SECKBACK J. Ferreting out the secrets of plant ferritin—a review [J]. Journal of Plant Nutrition, 1982, 5 (4 – 7): 369 – 394.

[37] WELCH R M, VAN CAMPEN R. Iron availability to rats from soybeans [J]. Journal of Nutrition, 1975, 105: 253 – 256.

[38] THEIL E C. Iron, Ferritin, and Nutrition [J]. Annual Review of Nutrition, 2004, 24: 327 – 343.

[39] RAES K, KNOCKAERT D, STRUIJS K, et al. Role of processing on bioaccessibility of minerals: influence of localization of minerals and antinutritional factors in the plant [J]. Trends in Food Science & Technology, 2014, 37 (1): 32 – 41.

[40] ANDJELKOVIC M, VAN CAMP J, DE MEULENAER B, et al. Iron – chelation properties of phenolic acids bearing catechol and galloyl groups [J]. Food Chemistry, 2006, 98 (1): 23 – 31.

[41] MA Q, KIM E Y, HAN O. Bioactive dietary polyphenols decrease heme iron absorption by decreasing basolateral iron release in human intestinal Caco – 2 cells [J]. Journal of Nutrition, 2010, 140 (6): 1117 – 1121.

[42] LESJAK M, HOQUE R, BALESARIA S, et al. Quercetin inhibits intestinal iron absorption and ferroportin transporter expression in vivo and in vitro [J]. Plos One, 2014, 9 (7): e102900.

[43] GUPTA R K, GANGOLIYA S S, SINGH N K. Reduction of phytic acid and enhancement of bioavailable micronutrients in food grains [J]. Journal of Food Science and Technology,

2015, 52 (2): 676 - 684.

[44] LIAO Z C, GUAN W T, CHEN F, et al. Ferrous bisglycinate increased iron transportation through DMT1 and PepT1 in pig intestinal epithelial cells compared with ferrous sulphate [J]. Animal Feed Science and Technology, 2014, 575: 54.

[45] O'LOUGHLIN I B, KELLY P M, MURRAY B A, et al. Molecular characterization of whey protein hydrolysate fractions with ferrous chelating and enhanced iron solubility capabilities [J]. Journal of Agricultural and Food Chemistry, 2015, 63 (10): 2708 - 2714.

[46] ZHANG A S, XIONG S, TSUKAMOTO H, et al. Localization of iron metabolismerelated mRNAs in rat liver indicate that HFE is expressed predominantly in hepatocytes [J]. Blood, 2004, 103 (4): 1509 - 1514.

[47] SAINI R K, MANOJ P, SHETTY N P, et al. Dietary iron supplements and Moringa oleifera leaves influence the liver hepcidin messenger RNA expression and biochemical indices of iron status in rats [J]. Nutrition Research Reviews, 2014, 34 (7): 630 - 638.

[48] SCHEERS N, ROSSANDER - HULTHEN L, TORSDOTTIR I, et al. Increased iron bio-availability from lactic - fermented vegetables is likely an effect of promoting the formation of ferric iron (Fe^{3+}) [J]. European Journal of Nutrition, 2016, 55 (1): 373 - 382.

[49] FREITAS K, DE C, AMANCIO O M S, et al. High - performance inulin and oligofructose prebiotics increase the intestinal absorption of iron in rats with iron deficiency anaemia during the growth phase [J]. British Journal of Nutrition, 2012, 108 (6): 1008 - 1016.

[50] VAZ - TOSTES M, VIANA M L, GRANCIERI M, et al. Yacon effects in immune response and nutritional status of iron and zinc in preschool children [J]. Nutrition, 2014, 30 (6): 666 - 672.

[51] SAINI R K, NILE S H, KEUM Y. Food science and technology for management of iron deficiency in humans: A review [J]. Trends in Food Science & Technology, 2016, 53: 13 - 22.

[52] GAITAN D A, FLORES S, PIZARRO F, et al. The effect of calcium on non - heme iron uptake, efflux, and transport in intestinal - like epithelial cells (Caco - 2 Cells) [J]. Biological Trace Element Research, 2011, 145 (3): 300 - 303.

[53] GAITAN D, FLORES S, SAAVEDRA P, et al. Calcium does not inhibit the absorption of 5 milligrams of nonheme or heme iron at doses less than 800 milligrams in nonpregnant women [J]. Journal of Nutrition, 2011, 141 (9): 1652 - 1656.

[54] HOPPE M, HULTHEN L. The interaction between calcium and iron: choice of methodology is crucial for outcome and conclusions [J]. Journal of Nutrition, 2012, 142 (3): 581.

[55] YUN S, ZHANG T, LI M, CHEN B, et al. Proanthocyanidins inhibit iron absorption from soybean (Glycine max) seed ferritin in rats with iron deficiency anemia [J]. Plant Foods for Human Nutrition, 2011, 66 (3): 212 - 217.

［56］ ZHAO G. Phytoferritin and its implications for human health and nutrition ［J］. Biochimica et Biophysica Acta, 2010, 1800 (8): 815 – 823.

［57］ LIAO X, YUN S, ZHAO G. Structure, function, and nutrition of phytoferritin: a newly functional factor for iron supplement ［J］. Critical Reviews in Food Science and Nutrition, 2014, 54 (10): 1342 – 1352.

［58］ MURRAY – KOLB L E, WELCH R, THEIL E C, et al. Women with low iron stores absorb iron from soybeans ［J］. American Journal of Clinical Nutrition, 2003, 77 (1): 180 – 184.

［59］ LONNERDAL B, BRYANT A, LIU X, et al. Iron absorption from soybean ferritin in nonanemic women ［J］. American Journal of Clinical Nutrition, 2006, 83 (1): 103 – 107.

［60］ DAVILA – HICKS P, THEIL E C, LONNERDAL B. Iron in ferritin or in salts (ferrous sulfate) is equally bioavailable in nonanemic women ［J］ The American Journal of Clinical Nutrition, 2004, 80 (4): 936 – 940.

［61］ LONNERDAL B. Soybean ferritin: implications for iron status of vegetarians. American Journal of Clinical Nutrition, 2009, 89 (5): 1680S – 1685S.

［62］ BEARD J L, BURTON J W, THEIL E C. Purified ferritin and soybean meal can be source of iron for treating iron deficiency in rats ［J］. Journal of Nutrition, 1996, 126: 154 – 160.

［63］ GOTO F, YOSHIHARA T, SHIGEMOTO N, et al. Iron fortification of rice seed by the soybean ferritin gene ［J］. Nature Biotechnology, 1999, 17: 282 – 286.

［64］ MURRAY – KOLB L E, TAKAIWA F, GOTO F, et al. Transgenic Rice Is a Source of Iron for Iron – Depicted Rats ［J］. The Journal of Nutrition, 2002, 132 (5): 957 – 960.

［65］ LŎNNERDAL B. Soybean ferritin: implications for iron status of vegetarians ［J］. The American Journal of Clinical Nutrition, 2009, 89: 1680 – 1685.

［66］ SAYERS M, LYNCH S, JACOBS P, et al. The effects of ascorbic acid supplementation on the absorption of iron in maize, wheat and soya ［J］. British Journal of Haematology, 1973, 24: 209 – 218.

第五章　铁蛋白作为纳米载体的应用

5.1　铁蛋白纳米空腔的应用

　　通过前几章的介绍，我们知道铁蛋白是一种普遍存在的铁储存和解毒蛋白，其特征是典型的壳层结构[1-3]（图 5 - 1）。它由 24 个亚基组成，自组装成 4 - 3 - 2 对称结构，内、外直径分别为 8 nm 和 12 nm。一个铁蛋白分子可以在其内腔中存储多达 4500 个铁原子，这使得铁蛋白是一种安全有效的铁补充功能性产品。此外，铁蛋白可以隔离细胞内多余的铁离子，并释放它们，以满足细胞在缺铁时的代谢需要。因此，铁蛋白在维持可溶性和无毒形式的铁稳态中起着关键性的作用[4]。值得注意的是，当铁在内腔被剥夺时，铁蛋白可以制备为脱铁铁蛋白。直径为 8 nm 的空腔赋予铁蛋白笼一个天然的空间来封装生物活性化合物[5]。成功地将生物活性成分封装到铁蛋白笼中，可凭借其可逆的解离/重组特性（取决于 pH 条件）：酸性或碱性条件促进铁蛋白解离，中性条件促进铁蛋白重组[6]。在此过程中，生物活性化合物或药物可被捕获并因此被封装到铁蛋白笼中。迄今为止，铁蛋白正是利用这一独特的性质，在生物和医学领域受到了广泛的关注。例如，铁蛋白笼成功地利用一

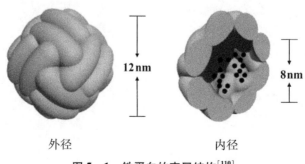

外径　　　　　　　　　　内径

图 5 - 1　铁蛋白的壳层结构[110]

些药物和造影剂来实现靶向传递[7]、肿瘤成像[8]和癌细胞检测[9]。在食品应用中，铁蛋白笼作为纳米载体广泛应用于封装食品生物活性分子，如花青素[10]、β-胡萝卜素[11]、芦丁[12]、姜黄素[13-14]、表没食子儿茶素没食子酸盐[15]和原花青素等[16]。

5.2 食品功能成分的包埋

食品生物活性化合物，如多酚类和黄酮类化合物，由于其生理功能，包括抗氧化功能、抗癌、抗糖尿病和抗炎活性等，在食品和营养学领域得到了广泛的研究[17-19]。然而，这些化合物具有脆弱的结构特征，并且对环境条件极其敏感，包括酸性和碱性环境、光、热和氧[20]。此外，它们易于发生氧化、聚合和缩合反应，这很容易导致稳定性和生物利用度的降低[21-22]。因此，克服上述局限性是促进生物活性成分在食品和营养领域应用的关键。

5.2.1 经典解离/重组方法对生物活性物质的包封

（1）花青素

花青素是一种水溶性植物色素，它负责水果、蔬菜和花卉的着色[23]，具有多种生物学特性，包括抗癌、抗炎和抗氧化活性[24]。由于花青素的高活性，温度、pH、光照、氧等环境因素可能对花青素的稳定性产生显著影响。此外，食品中的金属离子、酶、抗坏血酸、氨基酸和碳水化合物也会影响花青素的生物活性[25]。通过利用铁蛋白的可逆解离和重组，Zhang 等[26]成功地将花青素-3-O-葡萄糖苷（C3G）封装到大豆种子的重组 H-2 铁蛋白（RH-2）中，以防止其降解。解离/重组机制受 pH 值变化的调节，如 pH 值为 2.0 时可变性铁蛋白，pH 值为 7.5 时则重组铁蛋白。C3G 在 RH-2 中的包封率为 37.5%。有趣的是，由于铁蛋白笼的保护作用，包裹的 C3G 分子表现出热稳定性和光稳定性的提高。此外，对 Caco-2 细胞单层模型的吸附和黏附分析表明，相对于游离的 C3G，铁蛋白能够促进包裹的 C3G 跨单层细胞运输。

（2）原花青素

天然原花青素（PCs）是类黄酮的主要亚类，是多羟基黄烷-3-醇单元的低聚物和聚合物[27]。其分子分布取决于通过 C4-C8 或 C4-C6B 型键相互连接或通过 C4-C8 键和 C2-O7A 型键双重连接的单体单元的数量[28]。多项研究证实，PCs 具有多种生物学特性，例如抗氧化活性，这些能力与清除超氧自由基和羟自由基的能力有关[29]。此外，由于其有益的药理作用，例如抗炎、抗过敏、抗病毒、抗肿瘤活性，近年来受到了极大关注[30]。但是，PCs 在食品和制药行业的应用受到限制，主要是因为其酚羟基的基本结构很容易受到食品加工和存储过程中的温度、氧气和光线照射的影响。此外，PCs 在胃和肠道运输过程中可能会降解为单体和二聚体形式，生物利用度较低[31]。在这项工作中，利用铁蛋白的可逆装配特性，设计了脱辅基红豆铁蛋白（apoRBF）– PCs 复合材料（FPs），结果显示 PCs 以 1/10 的比例（PCs / apoRBF，W/W）封装在铁蛋白笼中，封装率为 23.8%。FPs 显示均匀的形式，并保持球形状态。此外，与自由 PCs 相比，FPs 中 PCs 的热稳定性和光稳定性显著提高（$p < 0.05$）。体外消化表明，apoRBF 可以延长模拟胃肠道中 PCs 的释放。此外，与游离 PCs 相比，FPs 的抗氧化活性得以部分保留（56.6%）。

（3）姜黄素

姜黄素［(E, E) –1,7 – 双（4 – 羟基 –3 – 甲氧基苯基）–1,6 – 庚二烯 – 3,5 – 二酮］是一种疏水性多酚，来源于姜黄（东印度植物姜黄属植物）的根茎[32]。它是一种黄色颜料，在食品和化学工业中广泛用作色素、调味品和防腐剂[33]。近年来，由于其抗氧化、抗炎（治疗骨关节炎）、抗癌、抗菌、创面愈合、抗痉挛、抗凝活性[34]等大量有益药理作用，对该物质的研究兴趣大大提高。此外，即使在相对高的剂量下，姜黄素也是无毒的[35]。尽管该分子具有多种药用价值和极高的安全性，但其水溶性差（估计为 11 ng/mL）、生物半衰期短和口服后生物利用度低[36]。因此，提高姜黄素的水溶性和稳定性具有重要意义。

水不溶性生物活性化合物，如类胡萝卜素、植物甾醇和天然抗氧化剂，它们以纳米尺寸的纳米分散体的形式可以变成具有较高溶解速度和饱和溶解度的水溶性化合物。同样，为了克服姜黄素溶解度差和生物利用度低的问题，采用制造纳米颗粒的流行技术——溶剂法，包括乳化 – 溶剂蒸发、乳化 – 溶剂扩散和沉淀法[37]。这些方法的缺点是需要添加大量的表面活性剂，以防止颗粒在形成过程中的聚结。此外，这些方法中使用的有机溶剂会导致样品污染和环境污染。最近报道了基于纳米颗粒的药物递送方法[38]，其中姜黄素可被封装在脂质体或者蛋白质纳半颗粒中，如牛血清白蛋白、壳聚糖、磷脂和环糊精[38-39]。此外，最近还报道了利用 N – 异丙基丙烯酰胺与 N – 乙烯基 –2 – 吡咯烷酮和聚（乙二醇）丙烯酸单酯合成的聚合物纳米颗粒包埋姜黄素。即姜黄素的溶出速率是通过增大其表面积来实现的。这可以通过铣削或研磨以减小粒度来实现。尽管取得了一些重要进展，但要利用公认的安全（GRAS）成分制备用于透明功能饮料的单分散纳米颗粒还需要做大量的工作。幸运的是，自然界中广泛存在的具有特定纳米笼的铁蛋白为实现这一目的提供了一个很好的机会。铁蛋白是一类广泛存在于动物、植物和细菌中的除酵母外的铁储存蛋白，在所有生物体中都具有重要的铁储存和解毒功能，在控制细胞内的铁稳态中起着重要的作用[40]。铁蛋白通常由 24 个相同/不同的亚基组成，这些亚基以八面体对称排列，形成一个中空的蛋白质外壳（外径为 12 ~ 13 nm，内径为 7 ~ 8 nm），能够以铁 - 无机络合物的形式存储多达 4500 个铁原子。每个铁蛋白分子有 8 个三重轴通道和 6 个四重轴通道，铁蛋白内腔和外溶液通过这些通道连接[41]。通过还原 Fe（Ⅲ）和随后的 Fe（Ⅱ）螯合，可以容易地从蛋白质笼中除去天然铁氧化物颗粒，从而形成具有中空结构的脱铁铁蛋白。在极端酸性条件下（pH≤2），脱铁铁蛋白可分解成亚单位，但不变性，然后在 pH 调整到 7.0 时重组。在此过程中，溶液中的小分子可能被困在其内部[42]。这种有趣的性质已被用于制备各种无机纳米粒子。所有含铁蛋白的纳米颗粒均具有相同的尺寸分布[43]。与其他方法相比，铁蛋白包封具有许多优点。首先，铁蛋白包裹的纳米粒子是均匀的，其大小几乎均为 12 nm。第二，利用铁蛋白在不同 pH 值下的可逆解离和重组特性，无需任何有机溶剂，可以方便有效地将小分子包裹在铁蛋白内腔中。第三，铁蛋白是一种天然存在的蛋白质，具有食用性和环境友好性。这项工作的目的是将亲脂成分姜黄素封装在载脂蛋白外壳内。更重要的是，与这种封装相关联的是姜黄素的光稳定性和热稳定性以及其溶解度的增加。铁蛋白纳米笼中姜黄素分子的这些新特性可能有利于其在水基食品和药物制剂中的应用。

综上所述，利用铁蛋白在不同 pH 值下的可逆解离和重组特性，成功地将姜黄素包埋在铁蛋白纳米笼中。封装后，所得的姜黄素和铁蛋白复合物变得具有水溶性，这与游离姜黄素不同。该方法为亲脂性生物活性分子由水不溶性转变为水溶性提供了一种新的方法。这种水溶性的增加可能有助于它们在食品和制药工业中的应用。更重要的是，这种包封大大提高了姜黄素分子的热稳定性和光稳定性，这可能有利于保持其生物活性。本研究所提出的策略也可用于改善其他高生物活性亲脂及不稳定分子的水溶性及稳定性。透射电子显微镜（TEM）（图 5 - 2a 至图 5 - 2c）和动态光散射（DLS）（图 5 - 2d）的结果表明，铁蛋白 - 叶黄素复合物和壳聚糖稳定化叶黄素复合物（FCL）

大多是单分散分布的，直径为 12 nm，流体动力学半径超过 8.0 nm。

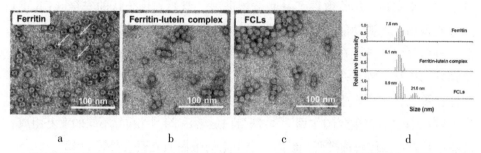

a. 脱铁铁蛋白 TEM；b. 铁蛋白 - 叶黄素复合物 TEM；c. FCL 的 TEM；d. 脱铁铁蛋白、铁蛋白 - 叶黄素复合物和 FCL 的 DLS[110]。

图 5 - 2　脱铁铁蛋白、铁蛋白 - 叶黄素复合物和 FCL 的 TEM 与 DLS 分析

（4）类胡萝卜素

类胡萝卜素是一类天然色素，主要存在于水果和蔬菜中，通常含有 40 个碳分子和多个共轭双键[44]，最重要的营养素是 β - 胡萝卜素，它是一种脂溶性类胡萝卜素。β - 胡萝卜素由具有 11 个共轭双键的多烯系统和链两端的 β - 环组成[45]。人们对 β - 胡萝卜素相当感兴趣，因为它不仅是最有效的维生素 A 前体之一，而且还具有许多其他潜在的健康益处，例如，它被提议用作癌症预防剂、溃疡抑制剂、生命延长剂和心脏病发作抑制剂等。然而，由于其水溶性差和化学稳定性差，目前其应用受到限制。β - 胡萝卜素具有亲脂性，因此必须将其溶解在油中或分散在其他合适的基质中，才能用于食品中[46]。β - 胡萝卜素在食品加工和储存过程中，由于各种环境影响，如常见的热应激，也极易发生化学降解[47]。因此，提高 β - 胡萝卜素的热稳定性是一个重要的挑战。在过去的几十年中，纳米技术已经成为最有前途和最有趣的研究领域之一。然而，在食品科学领域，这项技术还相对较新，尚未得到充分开发[48]。据报道，水不溶性生物活性化合物，如类胡萝卜素、植物甾醇和天然抗氧化剂，如果它们是纳米分散体的形式，可以成为具有较高溶解速度和饱和溶解度的水溶性化合物。某些技术，如溶剂置换、乳化 - 蒸发、乳化 - 扩散和沉淀等，已被开发用于制备此类纳米分散体。然而，这些方法会导致不同的颗粒大小。此外，在上述制备过程中需要有机溶剂，这会导致样品污染，以及溶剂废物对环境的污染。幸运的是，自然界中广泛存在具有特定纳米笼的铁蛋白，利用纳米技术可将这些水不溶性类胡萝卜素和其他生物功能性化合物转化为相应的水溶性纳米复合材料。

β-胡萝卜素具有多种保健功能，是一种重要的食品添加剂。但由于其水溶性和热稳定性差，在食品工业中的应用受到一定的限制。利用铁蛋白在不同 pH 值下的可逆解离和重组特性，成功地将 β-胡萝卜素包埋在铁蛋白纳米笼中。每个铁蛋白纳米笼的内腔平均含有 12.4 个 β-胡萝卜素分子。与脂溶性 β-胡萝卜素相比，这些含 β-胡萝卜素的铁蛋白纳米复合物是水溶性的。更重要的是，包裹在蛋白笼中的 β-胡萝卜素的热稳定性相对于游离的 β-胡萝卜素明显提高。所有这些新特性都有助于其在食品工业中的应用。这是首次报道用铁蛋白包裹脂溶性化合物，所提出的方法也适用于其他脂溶性化合物在蛋白质壳内的包封[48]。

（5）芦丁

天然芦丁分子是一种常见的饮食类䓞酮，被称为维生素 P，被广泛食用[49-50]。据报道，芦丁具有显著的抗炎、抗菌、抗肿瘤、抗衰老和抗氧化活性，是草药的一种普遍成分[51-52]。芦丁含有一种天然的黄色颜料，在食品工业中也被广泛用作着色剂、抗氧化剂和调味添加剂。但是，由于其水溶性差，其在食品和制药工业中的应用受到限制，这通常与较低的可变生物利用度和较短的生物半衰期有关[53]。纳米级铁蛋白笼为疏水性芦丁分子的微囊化提供了理想的空间。Yang 等[54]通过铁蛋白的可逆解离和重组方式制备了一种新型、稳定的大豆铁蛋白-芦丁纳米分散体（FRNs）。研究了 FRNs 的水溶性、形态、渗漏动力学和稳定性等特性。结果表明，芦丁分子可以成功地被包封在蛋白质笼中，其芦丁/蛋白质摩尔比为 30.1∶1，包封率和负载效率分别为 25.1%（W/W）和 3.29%（W/W）。芦丁释放的体外实验表明，芦丁的包封是有效的，在储存 15 天后仍有超过 75%（W/W）的在铁蛋白笼中包封。此外，与游离芦丁相比，由于包封，被铁蛋白捕获的芦丁的热稳定性和紫外线辐射稳定性均大大提高。同时，与游离芦丁分子相比，FRNs 的抗氧化活性得以部分保留。

5.2.2　铁蛋白生物活性分子复合材料的外表面修饰

在铁蛋白纳米笼的情况下，固有的内腔为活性分子封装提供了天然的储藏室。此外，包括铁蛋白表面在内的铁蛋白多个界面（内表面、外表面、通道等）可以进行广泛的修饰。铁蛋白的这两个优点使其可以作为多功能纳米颗粒进行探索，并广泛应用于分子递送。据报道，铁蛋白内腔及其外表面的组合可以实现不同生物活性化合物或药物的同时封装。更具体地说，一种类型的小分子化合物通过被动扩散或 pH 依赖性解离/重组方法装载在其内腔内，另一种类型小分子化合物结合在铁蛋白表面上。双壳核分子复合材料的制备机理如图 5-3 所示。

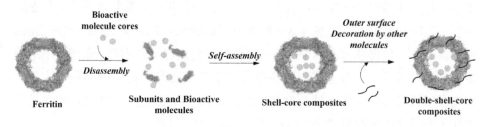

图 5-3　基于铁蛋白的可逆组装和其他分子如多酚和壳聚糖的修饰，双壳核分子复合材料的制备机理[110]

（1）铁蛋白-壳聚糖制备芦丁纳米复合物

芦丁，化学名为 3′，4′，5，7-四羟基黄酮-3-芸香糖苷，又名维生素 P、芸香苷、紫槲皮苷，存在于槐花、芸香叶、荞麦等多种植物中，是一种来源广泛的黄酮类生物活性物质。芦丁具有抗自由基活性、抗菌、抗脂质过氧化、抗病毒、拮抗血小板活化因子等药理作用[55]，在临床上主要用于杀菌消炎，改善毛细血管的脆性和渗透性出血，降低人体血脂和胆固醇，预防血栓的形成和动脉粥样硬化等。此外，芦丁是一种天然的黄色素，常被用作食品着色剂。但其水溶性差且不稳定，使其在食品应用及医药行业上的生物利用率低[56]。

近年来铁蛋白的可逆组装特性受到广泛关注[57-59]。具体来说，脱铁或重组铁蛋白在变性条件下（如低 pH 值或高 pH 值）可以解离为单亚基，当 pH 值恢复至中性时，铁蛋白会恢复其球形结构。利用这一性质，将铁蛋白外壳作为纳米材料，在铁蛋白的变性复性过程中添加小分子营养物质，将小分子物质包埋于铁蛋白的空腔内，可使小分子物质免受外界干扰，从而提高其水溶性和稳定性，将具有很大的潜力。另外，蛋白质作为两性物质，其易与带不同电荷的多糖作用，发生复合凝集反应[60]。产物的溶解性及稳定性还受离子强度、多糖种类及结构、多糖电荷密度、多糖-蛋白比例等因素的影响[61-64]。壳聚糖作为自然界唯一带阳离子（游离—NH_3^+）的天然氨基多糖，具有良好的生物相容性、安全性和低成本等特点，已经成为药物或食品功能组分包埋的理想材料。

杨瑞等[65]以大豆铁蛋白及壳聚糖作为原料，利用铁蛋白的可逆组装性质和蛋白–多糖的相互作用，制备均匀分散的纳米级别的铁蛋白–壳聚糖–芦丁包埋物，以期提高芦丁的水溶性及光/热稳定性。以分离纯化后的重组RH–2铁蛋白和壳聚糖为原料，利用铁蛋白的可逆组装性质以及铁蛋白–壳聚糖相互作用，将脂溶性的活性分子芦丁装载于铁蛋白的内部空腔，制备出均匀分散的RH–2–壳聚糖–芦丁包埋物。研究表明一分子的RH–2铁蛋白外壳可包埋约23.8个芦丁分子，芦丁的包埋率和装载率分别为15.8%和2.59%。并且，相比游离的芦丁，RH–2–壳聚糖–芦丁包理物中芦丁分子的紫外辐射和热处理稳定性显著提高。因此，铁蛋白和壳聚糖作为一种双壁材纳米载体，可用于包埋食品活性组分，这将对提高脂溶性营养小分子在食品加工与药物传输过程中的稳定性和生物利用率具有重要意义。

（2）壳聚糖修饰铁蛋白–叶黄素复合材料

叶黄素是一种黄色色素，广泛分布于蔬菜、蛋黄、高等植物和藻类等光自养生物体中[66]。叶黄素具有许多生理功能，但由于其对温度、氧、光、水活度、金属、过氧化物和脂氧合酶的敏感性，它不能广泛应用在食品和营养品中。为了充分利用铁蛋白的内、外表面特性，采用脱铁铁蛋白与铁蛋白壳聚糖复合物的可逆组装作用，成功制备了铁蛋白–叶黄素复合物和壳聚糖稳定叶黄素复合物（FCL）。TEM和DLS结果表明，铁蛋白–叶黄素复合物和FCL主要呈单分散分布，直径为12 nm，流体动力学半径大于8.0 nm。关键的制备工艺要求阳离子壳聚糖通过蛋白质–多糖相互作用，通过壳聚糖中—NH_3^+和铁蛋白阴离子基中—COO^-的相互作用，与铁蛋白外壳外层结合。将平均摩尔比为25.2∶1（叶黄素/铁蛋白）的壳聚糖包埋在铁蛋白笼中，约10个壳聚糖分子与单个铁蛋白结合，结合常数为$6.3 \times 10^5 M^{-1}$，表明静电作用在铁蛋白–壳聚糖的相互作用中起着重要作用。在相同条件下，与游离叶黄素和铁蛋白–叶黄素复合物相比，经紫外辐射和热处理后的FCL中的叶黄素降解率显著降低。此外，与游离叶黄素和大豆脱铁铁蛋白（apoSSF）叶黄素复合物相比，FCL在模拟胃肠道中表现出更为延迟的叶黄素释放。壳聚糖可以作为一种良好的第二层外壳与铁蛋白表面结合，这可能会减少消化酶对蛋白质的消化，并维持胃肠道中封装的生物活性分子的释放[67]。

（3）表没食子儿茶素没食子酸酯在铁蛋白–壳聚糖–美拉德反应产物中的包封

利用共价相互作用通过多糖化学接枝蛋白质是改善目标蛋白质理化和功能特性的有利技术[67]。Yang等[15]在最近的一项研究中利用壳聚糖对植物铁蛋白进行糖基化,在55℃下处理铁蛋白和壳聚糖24 h,制备出铁蛋白-壳聚糖-美拉德反应产物(FCMP),接枝率达到26.17%。壳聚糖接枝改变了铁蛋白的酰胺Ⅰ带和Ⅱ带,保留了铁蛋白的球形结构,主要尺寸为12 nm,部分与铁蛋白相关的尺寸为109.1 nm。模拟消化分析表明,FCMP对胃蛋白酶和胰蛋白酶的消化比单独的铁蛋白更具抗性。以FCMP为载体包封表没食子儿茶素没食子酸酯(EGCG)分子,包封率为12.87%(W/W),制备的FCMP-EGCG复合物在模拟胃肠道中释放缓慢。这些发现主要突出了两个以前没有认识到的重要方面。首先,铁蛋白表面可以被其他分子共价结合,如壳聚糖。其次,FCMP保留了球形结构,从而保护了在模拟胃肠道中被包裹的分子。因而提供了一种新的载体-铁蛋白-壳聚糖结合物,将有助于生物活性分子的包封和传递。

(4)表没食子儿茶素没食子酸酯修饰芦丁纳米载体

酚类化合物是植物的次生代谢产物,由于其对人体健康的潜在积极作用而受到广泛研究。为了从酚类化合物中获得营养益处,它们应在消化过程中释放出来,然后以有效浓度被吸收到肠道中[68]。芦丁是存在于植物性饮料和食品中的一种生物活性分子,具有显著的抗炎、抗细菌、抗肿瘤、抗衰老和抗氧化活性[69-70]。然而,不良的水溶性、稳定性和胃肠道(GI)的低生物利用度会限制芦丁分子的应用[71]。Yang等[72]研究显示,表没食子儿茶素没食子酸酯(EGCG)和大豆脱铁铁蛋白(apoSSF)被设计为组合的双壳材料,以封装芦丁类黄酮分子。首先,由于植物铁蛋白的可逆组装特性,芦丁被成功包囊在apoSSF中,形成平均摩尔比为28.2:1(芦丁/铁蛋白)的铁蛋白-芦丁复合物(FR)。芦丁的包封率和负载量分别为18.80%和2.98%。然后,EGCG与FR结合形成FR-EGCG复合材料(FRE),EGCG的结合数为27.30 ± 0.68,结合常数K为(2.65 ± 0.11)$\times 10^4 M^{-1}$。此外,FRE表现出改善芦丁稳定性的特点,并在模拟胃肠道液中显示出芦丁的延长释放,这可能归因于EGCG与铁蛋白笼的外部连接,可能会降低GI液中的酶解。

(5)壳聚糖修饰铁蛋白-表没食子儿茶素纳米载体(增强跨Caco-2运输)

研究了壳聚糖修饰对表没食子儿茶素(EGC)封装的铁蛋白笼跨Caco-2细胞转运的影响。将EGC包被在脱铁红豆铁蛋白(apoRBF)中后,制成载有EGC的apoRBF纳米颗粒(ER),包封率为11.6%(W/W)。结果表明,不同的壳聚糖分子(分子量分别为980 Da、4600 Da、46 000 Da和210 000 Da)可以通过静电相互作用附着在 apoRBF 上，形成 ER - 壳聚糖复合物（ERCs 980、ERCs 4600、ERCs 46 000 和 ERCs 210 000）。ERCs 980 和 ERCs 4600 保留了典型的壳状铁蛋白形态，尺寸分布为 12 nm，在 pH 6.7 时显示出弱的负电动势，而 ERCs 46 000 和 ERCs 210 000 则明显聚集。此外，转铁蛋白受体 1（TfR - 1）介导的吸收途径增强了 EGC 在 ERCs 980 和 ERCs 4600 中跨 Caco - 2 细胞的转运，表明低分子量 980 Da 和 4600 Da 的壳聚糖分子有利于基于铁蛋白笼的 EGC 的吸收。这项研究将促进铁蛋白 - 壳聚糖在制备核 - 壳材料上的应用，用以封装生物活性分子和增强生物活性分子的生物利用度。

（6）壳聚糖重组铁蛋白封装 EGCG 分子

近年来，铁蛋白的壳状结构和可逆特性在食品生物活性化合物的包封、稳定化和增溶领域已引起越来越多的关注。应当注意，铁蛋白在胃肠道（GI）中的稳定性是实现口服给药后生物活性化合物的递送、持续释放和吸收的先决条件。然而，铁蛋白笼可轻易地被胃肠蛋白酶如胃蛋白酶和胰蛋白酶降解，从而导致包封化合物的降解和生物利用度低。关于这个问题，蛋白质和多糖之间的相互作用提供了稳定蛋白质的可能性，从而提高了包封化合物的生物利用度。壳聚糖（CS）是无毒的具有良好的生物降解性、抗菌活性和高电荷密度的天然阳离子多糖[73]。这些特性及其良好的机械性使其成为生物活性化合物（如维生素和矿物质）的理想封装剂。更重要的是，在酸性介质中，CS 上的阳离子—NH_3^+ 基团倾向于与阴离子基团（如—COO^-）反应，从而导致复合凝聚。至于铁蛋白，由于内表面或外表面上的酸性基团（如 Glu 和 Asp）的富集，它表现出相对较低的等电点（5.0~6.0）。因此，在某些 pH 条件下，CS 可能与铁蛋白表面相互作用形成铁蛋白 - CS 双壳复合材料，该复合物可能在铁蛋白稳定性和生物活性化合物方面表现出新的特性。

基于此，双壳材料壳聚糖（CS）重组大豆铁蛋白 H - 2（rH - 2）被用来制备封装表没食子儿茶素没食子酸酯（EGCG）分子。首先利用铁蛋白的可逆自组装优势制备负载 EGCG 的 rH - 2 复合物（EHF），然后通过静电作用以结合数 n 为 4.1 ± 0.11 的方式制备 EHF - CS 复合物（EHFC）。结合常数 K 为（5.3 ± 0.2）×10^5 M^{-1}。据计算，大约 12.6 个 EGCG 分子可以被封装在一个 rH - 2 铁蛋白笼中，其封装效率为 9.69%（W/W）。SDS - PAGE 分析表明 CS 与 rH - 2 的结合可以抑制胃蛋白酶和胰蛋白酶降解铁蛋白。EGCG 分子在 EHFC 中的稳定性在模拟胃肠道环境中也得到了显著改善。另外，基于铁蛋白的细胞吸收途径，壳聚糖铁蛋白双壳有利于 EGCG 跨 Caco - 2 单层模型的转运。

（7）脉冲电场修饰的铁蛋白－芦丁纳米载体

铁蛋白具有保守的 24 亚基球形结构和独特的可逆自组装特征。近年来，通过利用铁蛋白蛋白质的优势，成功地包埋了花青素、芦丁和 β －胡萝卜素等生物活性分子。然而，在解离过程中，极端苛刻的 pH 条件会破坏铁蛋白的结构，从而破坏铁蛋白的一些必需氨基酸，并不可逆地破坏蛋白质的部分构象。在极端的酸性或碱性处理过程中，封装的生物活性化合物的药理活性可能会受损。这些生物活性分子的结构变化和活性丧失是不可忽视的重要问题。脉冲电场（PEF）是一种非热技术，在食品加工中具有巨大潜力，可使微生物灭活和酶活性失活，PEF 可以通过短暂（微秒至几毫秒）破坏某些微生物的细胞膜来影响某些液体食品。PEF 可被用于改变蛋白质的结构和特性，例如凝结、乳化和起泡。Meng 等[74]用脉冲电场（PEF）技术处理脱铁红豆铁蛋白（apoRBF），以制造 PEF 修饰的 apoRBF（PEFF）。结果表明，PEF 在 20 kV/cm 下处理 7.05 ms 虽保留了球形结构，但降低了铁蛋白的 α －螺旋/β －片层含量。差示扫描量热法（DSC）和 UV－vis 分析证明，PEFF 的热稳定性下降。因此，PEFF 在 pH 3.6 时会分解，并在 pH 恢复到 7.0 时重新组装，表现出与传统方法相关的更为温和的条件。使用 pH 3.6／7.0 过渡程序，将芦丁分子成功加载到 PEFF 纳米颗粒中。负载芦丁的 PEFF 的直径为 12 nm，包封率为 13.7%（W/W）。此外，PEFF 在热处理（20～70 ℃）时起着保护封装的芦丁分子的作用。这项工作将有利于扩展 PEF 在蛋白质修饰中的应用，并将通过适度的 pH 转换方法提高铁蛋白作为食品生物活性分子的功能化。

5.3 铁蛋白纳米笼在物理化学改性和装载物质功能实现方面的应用

5.3.1 提高封装物质的物理化学性质

多种生物活性化合物和药物易受光、热和金属离子等环境因素的影响，可能导致结构损伤和生物活性降低。由于铁蛋白的特殊载体结构，外源性物质包封在铁蛋白内可以显著提高其光稳定性和热稳定性。通常，大多数铁蛋白纳米笼可以承受 80 ℃高温并持续 10 min[75]。来自大豆铁蛋白 H－2 的植物铁蛋白具有高度的热稳定性，熔点（T_m）约为 106 ℃，高于 H 型人铁蛋白（T_m，～82 ℃）。生物活性化合物（如芦丁）负载在大豆铁蛋白中，可以表现出改善的稳定性[3]。Tan 等[76]报道了日本对虾（*Penaeus japonicus*）的动物铁蛋白（MjFer）也具有很高的热稳定性，远高于 H 型人铁蛋白（HuHF）。对 MjFer 和 HuHF 中姜黄素包封的比较表明，MjFer 中姜黄素的降解率远低于 HuHF 中的姜黄素。此外，Zhang 等[77]证明，虾青素分子在表面"口袋"上的结合也可以提高装载活性分子的热稳定性。除了热稳定性的提高，铁蛋白纳米笼具有良好的溶解性。一旦疏水分子被截留在铁蛋白中，小分子的溶解度就可以提高。因此，使用铁蛋白纳米笼作为纳米载体可以有效地改善封装活性物质的物理化学性质。

5.3.2 封装物质的靶向递送

已经证实，H 型人铁蛋白纳米笼具有天然靶向肿瘤细胞的能力，因此可以靶向递送不同的生物活性化合物或药物。铁蛋白的靶向机制主要归因于铁蛋白与转铁蛋白受体 1（TfR-1）的特异性结合作用，该受体通常在几种类型的癌细胞中表达，表达水平远高于正常细胞[78-80]。人铁蛋白-TfR-1 复合物的结构在冷冻电镜中显示，铁蛋白的结合区域主要包含外部 BC 环、A 螺旋的 *N*-末端和 C 螺旋的 *C*-末端，这赋予了 TfR-1 的高结合亲和力[81]。由于对肿瘤细胞上 TfR-1 的特异性识别和结合亲和力，多种生物活性化合物或药物可以通过铁蛋白纳米笼靶向递送至癌细胞。

由于 TfR-1 的表达在不同的肿瘤细胞中不同，因此对肿瘤细胞的天然靶向能力对于某些肿瘤细胞的有效药物递送效果也是不同的。通过利用铁蛋白的特殊结构，铁蛋白纳米笼的外表面可以用特定分子进行基因或化学修饰，赋予其双重靶向特性，从而产生识别不同肿瘤细胞的能力。迄今为止，许多特定分子（如肽、抗体、功能配体）已成功修饰成铁蛋白纳米笼，以靶向不同类型的肿瘤细胞输送物质[82-84]。肽偶联是增强铁蛋白靶向能力最常用的修饰策略。例如，基于 RGD 肽对 $\alpha v \beta_3$ 整合素（一种在肿瘤内皮细胞和许多类型的肿瘤细胞上过表达的肿瘤血管生成生物标志物）的高亲和力，RGD 肽被修饰到铁蛋白纳米笼，所得 RGD 铁蛋白纳米颗粒对靶向肿瘤细胞表现出增强的递送效率[85]。类似地，$\alpha_2 \beta_1$ 整合素靶向肽被整合到铁蛋白的 *N* 末端，产生具有双重肿瘤标记物的新型铁蛋白纳米颗粒，用于特定药物传递[86]。Liu 等[87]报道了一个抗体-铁蛋白偶联物的案例，为靶向药物递送提供了一种有效的方法。具体而言，抗 EGFR 纳米体结合到铁蛋白的外表面，其可被 EGFR 阳性 A431 癌细胞有效地内化。值得注意的是，抗体缀合是在铁蛋白腔内药物包封后通过转谷氨酰胺酶催化的缀合实现的，这避免了 pH 诱导药物包封期间纳米体的失活。

5.3.3 促进不同类型物质的协同作用

据报道，一些不同的生物活性化合物或药物在抗炎、抗氧化、抗癌方面具有生物协同作用。然而，由于在溶解性、细胞吸收效率方面的显著差异，不同化合物或药物的协同作用受到高度阻碍。在铁蛋白纳米笼内共包封不同的生物活性化合物或药物促进了其协同效应。姜黄素和槲皮素的组合可以导致不同信号通路的阻断，这显示出更有效的抗肿瘤作用，Mansourizadeh 等[88]将这两种生物活性化合物共同封装在铁蛋白内腔中，并研究它们对人乳腺癌细胞系 MCF7 的凋亡作用。结果表明，通过使用铁蛋白纳米笼对姜黄素和槲皮素进行共包封，提高生物可用性和靶向癌细胞，显著提高了它们的协同细胞毒性效应。Fan 课题组将亲水/疏水（喜树碱和表阿霉素）药物立体加载到工程蛋白外壳的内腔和外表面。工程设计的铁蛋白纳米笼可以穿透各种肿瘤，甚至穿过脑血屏障。值得注意的是，这两种药物的负载不仅减少了副作用，而且显著增强了喜树碱和表阿霉素对脑肿瘤、转移性肝癌的协同作用[89]。

5.4 铁蛋白笼包埋食品生物活性物质的新方法

如前所述，生物活性化合物应通过 pH 诱导的自组装方法封装在铁蛋白笼中。然而，从极端酸/碱到中性条件下的 pH 值变化可能通过改变生物活性化合物的感官、物理化学和储存特性来影响生物利用度。此外，恶劣的 pH 条件会破坏铁蛋白结构，破坏铁蛋白中的一些必需氨基酸，不可逆转地破坏蛋白质的部分构象，对稳定性和载体性能产生不利影响[6]。因此，在不破坏铁蛋白笼的情况下，应采用温和的方法制备铁蛋白包裹的纳米颗粒。近年来，利用铁蛋白通道的离液剂变性和温敏特性，低浓度离液剂和热处理是实现生物活性化合物包封和稳定的两种新途径。

5.4.1 尿素对食品化合物的包封作用

利用铁蛋白通道对离液剂介质的敏感性，Yang 等[90]应用尿素参与制备蛋白质 – 多酚复合物。结果表明，低浓度尿素可使脱铁红豆铁蛋白（apoRBF）通道扩张，表现为初始铁释放量增加 $[(0.22 \pm 0.02)\ \mu m \cdot min^{-1}]$，$\alpha$ – 螺旋含量降低（5.6%）。首先，在 20 mM 的尿素存在下，铁蛋白通道可以扩张，EGCG 分子通过扩张的通道进入铁蛋白笼。随后，当尿素透析除去后，铁蛋白通道恢复正常大小，EGCG 即可被截留包封在铁蛋白的纳米笼中，实现载体化。EGCG 包封率为 17.6%（W/W），与传统的铁蛋白可逆自组装法 [19.7% （W/W）] 的包封率相当。经透射电子显微镜显示，载 EGCG 的 apoRBF 具有与铁蛋白相同的壳状结构，直径为 12 nm。此外，该方法还可以将绿原酸和花青素包埋在 apoRBF 笼中。因此，与传统的自组装方法相比，离液剂（如尿素）试剂介导的封装方法不需要经过酸碱环境条件变化，更环保。

5.4.2 食品生物活性物质在铁蛋白中的热诱导包埋

除了离液剂敏感性外，铁蛋白通道对温度变化等实验条件也很敏感。基于这一理论，Yang 等[90] 评估了 60 ℃ 高温条件下 apoSSF 的铁释放率（VO），发现铁蛋白通道的 α – 螺旋展开可提高 VO。将温度降低至 20 ℃ 后，芦丁可通过通道在 pH 7.0 的条件下被封装在 apoSSF 中，无须破坏蛋白质笼，也无须加任何添加剂。结果表明，一个 apoSSF 可包封约 12 个芦丁分子，包封率为 10.1%（W/W）。同时，所得芦丁负载的 apoSSF 配合物在水溶液中呈单分散分布。应注意的是，制备过程中的使用温度比传统方法要高，因此热处理可能会损坏一些热敏性分子。尽管如此，这项工作拓展了将食品生物活性分子封装到纳米腔体中的途径，特别是对 pH 敏感或添加剂敏感的食品分子的稳定化，对于活性分子的保护具有重要的指导意义。

5.4.3 盐酸胍对食品化合物的包封作用

盐酸胍（GuHCl）（2 mM）可以扩展 apoSSF 的通道，并促进芦丁分子在 pH 7.0 的情况下在 apoSSF 中的包封。从 apoSSF 中除去 GuHCl 后，芦丁的包封率为 10.1%。制备的芦丁负载铁蛋白纳米颗粒均匀分布，呈壳状形态，大小为 12 nm。通过这种有趣的方法，核心分子可以在良性条件下封装在铁蛋白笼中，而不会发生极端的 pH 改变，这有利于在食品包装和功能分子传递过程中保持 pH 敏感分子的稳定性和生物活性。

基于以上研究结果，尿素、盐酸胍等离液剂的应用和热处理可以作为一种新的小分子包封和稳定的方法。新提出的方法最大优点是铁蛋白不会经受极端的酸/碱条件。因此，这些方法适用于 pH 敏感分子的包封。与自组装方法相比，铁蛋白通道的空间位阻是一个重要的限制因素，尺寸的大小可能会显著影响包封效率。在离液剂或热处理过程中,铁蛋白结构尤其是通道/孔逐渐打开,通道/孔可以在一定程度上扩张,从而使生物活性小分子能够通过。当经过透析除去离液剂或温度降低时,通道/孔恢复到正常大小,从而将生物活性小分子包裹起来。当然,应进一步探究这一新方法的包埋机制,还有很多问题有待阐释。例如,通过铁蛋白通道周围的定点突变来阻断或扩展铁蛋白通道,并评估这种突变是否会影响包封过程。

5.4.4 热处理法制备植物铁蛋白-壳聚糖-表没食子儿茶素壳核纳米颗粒

铁蛋白笼的内表面和外表面提供用于食品营养物的封装和输送的界面。制备铁蛋白营养素壳纳米颗粒的传统方法通常采用酸/碱性 pH 转换,这可能会导致食品营养素的活性损失或形成不溶性聚集体。为了解决这些局限性,有报道采用了一种简单的一步方法,即通过在 55 ℃ 下进行热处理来制备脱铁红豆铁蛋白(apoRBF)-壳聚糖-表没食子儿茶素(EGC)壳核纳米颗粒(REC)。结果表明,apoRBF 被部分解开,通过 55 ℃ 处理诱导的螺旋减少 5.3%,EGC 分子可以自发渗透到铁蛋白的内腔中,包封率为 11.8%(W/W)。同时,热处理促进壳聚糖通过静电相互作用以 $4.7 \times 10^5 M^{-1}$ 的结合常数附着在铁蛋白的外表面上。透射电子显微镜和动态光散射结果表明,REC 是单分散分布的,直径为 12 nm,流体动力学半径(RH)为 7.3 nm。此外,通过减弱模拟胃肠道中消化酶对 apoRBF 的降解程度,壳聚糖修饰 apoRBF 改善了 EGC 稳定性。这项工作是一种新颖的尝试,目的是在较为温和的条件下修饰改性铁蛋白笼,在没有极端 pH 改变的情况下,用以制备包埋功能分子的壳核纳米颗粒。

5.4.5 化合物在铁蛋白中的共包埋

单一活性成分的有限功能与人们对于具有多种功能的复合营养素的需求相矛盾,将多种生物活性化合物强化到同一产品中已成为功能性食品开发的趋势。蛋白质是一种常见的生物大分子,可根据蛋白质表面的亲水/疏水和带电区域与特定成分(如多酚)结合。蛋白质载体和特定食品生物活性成分之间的相互作用可能在不同程度上影响其稳定性和功能活性。Meng 等[91]将亲水性表没食子儿茶素没食子酸酯(EGCG)和疏水性槲皮素同时富集在来自脱铁红豆铁蛋白(apoRBF)的空腔中。通过紫外/可见光吸收、荧光和圆二色光谱技术评估了 apoRBF 与 EGCG 和槲皮素的相互作用。通过结合可逆组装和尿素诱导方法，成功地将 EGCG 和槲皮素共包封在 apoRBF 中，制备了 4 种 apoRBF – EGCG – 槲皮素纳米复合物 FEQ（FEQ1、FEQ2、FEQ3 和 FEQ4）（图 5 – 4）且在水溶液中具有良好的溶解度。在 4 种 FEQ 样品中，通过 pH 2.0/6.7 转变方案制备的 FEQ1 在包封 EGCG 和槲皮素分子方面比尿素诱导法更有效。此外，所有 FEQ 都促进了 EGCG 和槲皮素分子相较于游离分子的稳定性，与游离的和槲皮素负载的铁蛋白相比，EGCG 与槲皮素同时共包埋可以显著提高槲皮素的稳定性（$p < 0.05$）。同时，Meng 等[92]通过两种不同生物活性化合物的共价和非共价结合来探索铁蛋白双界面的功能。橙皮素与铁蛋白的外表面共价偶联，在 pH 9.0 下制备橙皮素共价修饰的铁蛋白（HFRT）。这种偶联导致橙皮素对铁蛋白的结合当量为（12.33 ± 0.56）nmol/mg。共价

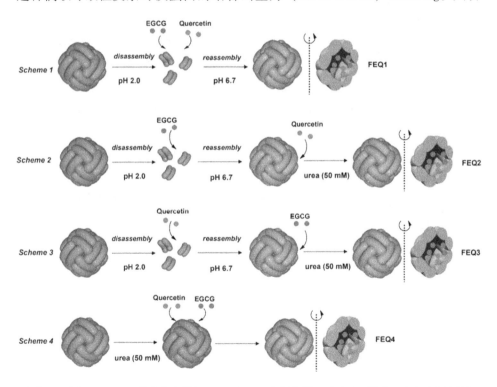

方案 1：通过 pH 2.0/6.7 转变方法制备 FEQ1（EGCG 和槲皮素）。方案 2：通过 pH 2.0/6.7 转变方法（EGCG）和尿素诱导方法（槲皮素）的组合制备 FEQ2。方案 3：通过 pH 2.0/6.7 转变方法（针对槲皮素）和尿素诱导方法（对于槲皮素）的组合制备 FEQ3。方案 4：通过尿素诱导包封方法制备 FEQ4（EGCG 和槲皮素）[91]。

图 5 – 4　4 种 FEQ 制造工艺的方案说明[91]

结合后，相对于对照铁蛋白的结构，HFRT 的游离氨基含量降低，二级和三级结构发生变化。HFRT 成功地保留了铁蛋白的笼状结构，并表现出由 pH 值变化调节的可逆自组装特性。利用这一特性，槲皮素以（14.0±1.36)%（W/W）的包封率包封在 HFRT 的内表面。与未改性的铁蛋白相比，橙皮素的改性提高了铁蛋白的消化稳定性，并增强了包封的槲皮素对热处理的稳定性。这将为设计和制造用于封装多种生物活性成分的铁蛋白基载体提供了一种新的方案，并且有利于增强特定食品的多功能性。

5.5　铁蛋白的酶处理

5.5.1　碱性蛋白酶改良铁蛋白包封 pH 条件

制备铁蛋白 - 营养物壳核纳米颗粒的经典方法通常会施加极强的酸/碱性pH 转换，这可能会导致营养物的活性丧失或形成不溶性聚集体。通过 Alcalase 3.0T 酶解法制备了缺失延伸肽（EP）的脱铁红豆铁蛋白（apoRBFΔEP）。这种酶解可以删除 EP 结构域，并保留铁蛋白的典型壳状结构。同时，apoRBFΔEP 的 α - 螺旋含量降低了 5.5%，转变温度（T_m）降低了 4.1 ℃。有趣的是，apoRBFΔEP 可以在 pH 4.0 的良性条件下分解为亚基，并在 pH 升高至 6.7 时组装成完整的笼状蛋白。通过使用这种新颖的途径，表没食子儿茶素没食子酸酯（EGCG）分子成功地以 11.6%（W/W）的包封率囊封在apoRBFΔEP 笼中，这与传统的 pH 2.0 过渡相当。与对照相比，新制备的负载EGCG 的 apoRBFΔEP 在模拟胃肠道和热处理中对 EGCG 表现出相似的保护作用。此外，负载 EGCG 的 apoRBFΔEP 可以显著缓解 pH 转变诱导的铁蛋白缔合，并优于传统方法。这项工作的思想将特别适合在良性条件下封装基于铁蛋白的 pH 敏感分子。

5.5.2　转谷氨酰胺酶诱导铁蛋白的壳聚糖糖基化

铁蛋白是一种笼状蛋白，具有可修饰的外表面。转谷氨酰胺酶被用于催化壳聚糖在脱铁红豆铁蛋白（apoRBF）上的糖基化反应，以制备壳聚糖修饰的 apoRBF 纳米颗粒（OFN）。结果表明壳聚糖糖基化保留了铁蛋白的壳状结构并改善其热稳定性。通过 pH 和尿素转化调节的 OFN 可逆组装得以成功保留。通过使用该组装程序，即通过 pH 2.0/7.0 转换或尿素（8.0 M／0 M）转换可将芦丁包封在 OFN 中，芦丁负载的 OFN 的尺寸分布主要为 12 nm。而且，与 apoRBF 相比，OFN 中芦丁的热稳定性得到显著改善。这一发现将有益于扩展壳聚糖和转谷氨酰胺酶在蛋白质修饰中的应用，并将扩大铁蛋白作为食品生物活性分子纳米载体的功能化应用。

5.6 加工技术对铁蛋白作为载体的影响

5.6.1 压热超声（MTS）技术对铁蛋白包埋的影响

压热超声（MTS）是一种新的超声处理方法，通常与热处理和静压处理相结合。由于 MTS 在产生气泡爆破和改善超声空化活性方面的作用，MTS 已被用于抑制内源酶和激活微生物，如枯草芽孢杆菌孢子、大肠杆菌 K12 和大肠杆菌 0157∶H7，它在减少液体食品巴氏杀菌时间方面表现出优势。最近，MTS 的应用已经扩展到改变大豆蛋白的结构和性质，并且其物理化学性质（包括溶解性、游离巯基、表面疏水性和抗氧化活性）得到了改善。关于 MTS 诱导的蛋白质生物大分子的结构和功能的研究少有报道[93]。

铁蛋白是豆类中的一种内源性铁储存蛋白，其特点是能够将矿化铁储存在其纳米壳中。从结构上看，每个铁蛋白都具有 24 个亚基的非球面结构，其外径和内径分别为 12 nm 和 8 nm。这些多个亚基主要折叠形成 4 个 α - 螺旋（A、B 和 C、D），围绕亚基对称分布四重、三重和二重轴通道。铁蛋白具有氧化铁离子并沉积铁氧化物到其内部空腔的作用，同时其还具有通过四重轴和三重轴通道还原和释放铁离子的能力。具体而言，铁蛋白的铁氧化和沉积表现出铁（Ⅱ）氧化为一种水合氢氧化铁（Ⅲ），而铁的释放代表了一个相反的过程，通过该过程，铁（Ⅲ）矿物被化学还原并从铁蛋白腔中去除。这种独特的功能保证了铁蛋白的铁平衡调节作用，而不会产生不良副作用。此外，在去除内部铁之后，铁蛋白可以被视为包埋物质（如生物活性分子）的理想载体，该过程依赖于铁蛋白的可逆解离和重组性质。酸性或碱性条件可诱导铁蛋白分解成亚基，通过将 pH 恢复到中性范围可实现重组。因此，通过将活性物质添加到变性的铁蛋白液体中，然后重新组装铁蛋白，可以将活性物质封装到铁蛋白中。最近，铁蛋白已被用作包埋和递送食品生物活性化合物（如叶黄素和姜黄素）的载体。铁蛋白表面可以被许多分子（即伯胺、羧酸盐、硫醇）修饰，并且铁蛋白结构也可以受到外部处理（如热处理和离液剂处理）的影响。MTS 技术是否会影响铁蛋白的物理化学性质以及能否赋予铁蛋白笼新的功能是一个有趣的问题。

MTS 技术用于处理铁蛋白以制备 MTSF 纳米颗粒。MTS 处理保留了铁蛋白（12 nm）的球形形态，但通过降低 α - 螺旋含量和增加无规则卷曲含量改变了其二级结构。考虑到铁蛋白具有多螺旋结构的特点，从 α - 螺旋到无规则卷曲结构的转变表明 MTS 处理是一种有效的超声方法，可能通过导致氢键等弱相互作用的破坏和重组，使铁蛋白的部分螺旋结构展开。这种结构效应可能反过来影响芳香族氨基酸铁蛋白的暴露和埋藏。受这些结构变化的影响，铁蛋白的铁储存和释放功能也受到显著影响，表明铁蛋白结构是柔性的，对环境变化敏感。重要的是，MTS 改性成功地保留了 MTSF 诱导的 pH 的可逆分解特性，并显示出与传统方法相关的更温和的 pH 转化程序。通过使用这种改进的可逆组装特性，可以将茶多酚分子成功地嵌入 MTS 处理的 apoRBF 中。此外，新铁蛋白变体的水溶性得到改善，从而提高了生物活性分子的包封效率。因此，该现象为受 MTS 处理影响的铁蛋白生物材料的结构和功能特性提供了参考，这将有助于将 MTS 应用于设计修饰蛋白，旨在为食品营养素、药物和纳米材料创建新的功能支架。

5.6.2　脉冲电场（PEF）技术对铁蛋白包埋的影响

脉冲电场（PEF）是一种在食品加工中具有巨大潜力的非热技术，可导致微生物失活和酶活性的钝化。PEF 可以通过瞬时（微秒至毫秒）和高压（10 ~ 50 kV/cm）脉冲，并激活内部酶如过氧化物酶和脂氧合酶。PEF 处理后，果汁和牛奶等食品品质受影响相对较小，与传统的热杀菌方法相比，可以保持更高的质量。近年来，除了微生物巴氏杀菌和酶灭活外，PEF 还被用于改变蛋白质结构和特性，如凝固、乳化和发泡。PEF 处理对蛋白质结构和性质的影响越来越受到关注[74]。

铁蛋白是普遍存在于生命体中的一种蛋白质，其含量在豆类种子中尤其高。铁蛋白可以在其纳米笼中沉积大约 4500 个铁。每个铁蛋白由 24 个亚基组成，它们分别组装成内径为 8 nm 和外径为 12 nm 的球形结构。铁蛋白的一个典型特征是铁氧化沉淀的能力，并通过其围绕三重轴和四重轴的通道释放。值得注意的是，当铁蛋白从内腔中被剥夺时，铁蛋白可以作为脱铁铁蛋白得以应用。铁蛋白的一个显著特征是其分解/重组特性：极酸性（pH≤2.0）或碱性（pH≥11.0）处理可将铁蛋白笼分解成亚基；当 pH 调节到 7.0 时，亚基重新组装成笼状结构。近年来,利用铁蛋白空腔和可逆分解/重组特性成功地装载了生物活性分子,如花青素、芦丁和 β - 胡萝卜素。然而,在解离过程中,极端苛刻的 pH 条件会破坏铁蛋白结构,这会破坏一些必需氨基酸,并不可逆地破坏蛋白质的部分结构。此外,在极酸性或极碱性处理条件下,封装的生物活性化合物的药理活性可能会受到损害。这些生物活性分子的结构变化和活性损失是不容忽视的重要问题。

Meng 等[74]考虑到传统的铁蛋白包封方法的局限性以及 PEF 对蛋白质结构和性能的潜在影响,将 PEF 技术应用于铁蛋白的改性。以脱铁红豆铁蛋白(apoRBF)为模型铁蛋白,制备了 PEF 修饰的 apoRBF(PEFF)。研究了 PEF 对铁蛋白结构变化的影响,并特别探讨了 PEFF 的解离和组装特征。使用 PEF 封装芦丁分子以制备负载芦丁的 PEFF,并研究了 PEFF 的作用对芦丁稳定性的影响。这项工作将扩大 PEF 在修饰球状蛋白质方面的应用,并将有助于改善铁蛋白作为 pH 敏感分子纳米载体的功能。在这项研究中,PEF 技术被用于修饰植物铁蛋白。PEF 修饰的铁蛋白成功地保持了铁蛋白的典型球形结构。此外,PEF 技术可以将铁蛋白的临界分解 pH 从 pH 2.0 提高到 3.6,并保持铁蛋白作为食品生物活性分子纳米载体的特性。这项研究为 PEF 技术引起的铁蛋白结构和性质变化提供了有用的信息。DSC、UV - vis、CD、TEM 和 DLS 是可进一步表征其他笼状蛋白(如乳铁蛋白和病毒衣壳蛋白)结构变化的代表性方法。通过适度的 pH 转换方法改善铁蛋白的功能以作为食品生物活性分子的载体,有利于 PEF 在蛋白质修饰中的进一步应用。然而,有一些不利因素不容忽视。首先是 PEF 系统设置将耗费电力以实现铁蛋白修饰,与天然铁蛋白相比,这是一种更昂贵的步骤。其次,PEF 处理在一定程度上破坏了铁蛋白的稳定性,α - 螺旋/β - 折叠结构的含量和稳定性降低,这将不利于铁蛋白作为活性成分包封和递送载体的功能。所以未来应开展更加详细的工作,以验证 PEF 应用于铁蛋白和其他蛋白质修饰的可行性。

5.6.3 高静压(HHP)技术对铁蛋白包埋的影响

高静压(HHP)技术是基于将目标物暴露在专门设计的压力容器中,该容器的压力一般超过 100 MPa[94-95]。该技术被用作热处理的替代保存方法[96]。与热加工相比,已知高压加工会影响食品成分(包括蛋白质、维生素、脂质、糖类和色素)结构的稳定性,从而改善其内在功能特性,以满足颜色、风味和质地保持方面的新需求。目前,HHP 技术已用于加工各种食品[97]。HHP 除了应用于商业食品保鲜，也可用于改变食品成分的功能特性。导致蛋白质结构和功能变化的压力高达 1000 MPa[98]。蛋白质分子结构的这种变化被认为是由于弱氢键和范德华力的断裂，而共价键不受影响[99]。因此，在用 HHP 处理时，通常会发生蛋白质变性、聚集或凝胶化，这取决于蛋白质种类、施加的压力、溶液条件以及持续时间[100]。在酶学领域，高压可以通过改变限速步骤或调节酶的选择性来调节酶的稳定性和活性[101]。然而，迄今为止，关于 HHP 对铁蛋白的影响的信息很少。

铁蛋白是铁储藏和解毒蛋白，在活体物种中普遍存在。它们在铁代谢中起着关键作用，它们既能隔离细胞摄取铁过量，又能释放储存的铁，以满足缺铁时细胞的代谢需求。在铁蛋白内腔中，多达 4500 个铁原子可以作为无机络合物储存[102]。从脊椎动物中分离出的铁蛋白由两种亚基组成，即 H 型亚基（重链）和 L 型亚基（轻链），它们在氨基酸序列中具有大约 55% 的同一性。位于哺乳动物蛋白质 H 亚基上的铁氧合酶二聚体中心负责快速 Fe^{2+} 氧化，其由保守氨基酸配体 His65、Glu27、Glu107 和 Glu62 的 A 和 B 铁结合位点组成。附近有 H 键残基 Gln141 和 Tyr34。相比之下，L 型亚基缺乏这种铁氧化酶中心，它含有一个由负性 Glu53、Glu56 和 Glu57 簇组成的成核位点，这对铁氧化和矿化很重要。

与动物铁蛋白不同，植物铁蛋白仅含有 H 型亚基，通常由两个不同的 H 型亚基组成，分别命名为 H-1 和 H-2（分别为 26.5 kDa 和 28.0 kDa），具有约 80% 的氨基酸序列同一性[103]。此外，在植物铁蛋白中，N 端序列有一个延伸肽（EP），位于蛋白质外壳的外表面。这种特异性肽通过与附近亚基的螺旋相互作用来稳定整个构象[104]。植物铁蛋白，尤其是来自豆类的铁蛋白，被认为是一种不可替代的膳食铁来源。这归因于它们相对于其他非血红素铁的两大优势：①植物铁蛋白内的铁受到蛋白质外壳的保护，不与其他饮食因素相互作用，如植酸盐；②铁蛋白铁可能比 $FeSO_4$ 更安全，因为 Fe^{2+} 可以通过已知的铁催化 Haber-Weiss 过程在氧气存在下引发自由基的形成。

与其他蛋白质分子相比，植物铁蛋白的稳定性要高得多，因为其具有高螺旋量的壳状结构。这引发了一个有趣的问题，即 HHP 处理是否对这种稳定蛋白质分子的结构有影响。为了回答这个问题，Zhang 等[95]对大豆中的铁蛋白进行了 HHP 处理，并对其结构和活性的变化进行了研究。研究表明，HHP处理对大豆铁蛋白（SSF）的一级和二级结构几乎没有影响，但显著改变了其三级和四级结构。这种处理显著改变了蛋白质聚集特性，尽管蛋白质的催化活性保持不变，但完整 SSF 释放铁的速度要比未处理样品慢得多。

高静压正成为一种常见的蛋白质改造技术，具有抑制聚集的能力。Wang 等[105]首次采用 HHP 技术将药物封装在人体铁蛋白（HFn）纳米笼中。通过可逆破坏局部疏水和静电相互作用，HHP 成功地将阿霉素（DOX）包封在 HFn 中，负载比为 32，蛋白质回收率为 100%。HHP 可以比传统方法获得更好的质量和更高的生产率，HHP 制备的 HFn – DOX NPs 在储存过程中药物的泄漏量远低于 pH 法。而且，形成的纳米颗粒具有明显的体外体内抗肿瘤活性。这些结果表明，HHP 在蛋白质纳米颗粒中包封药物是可行的，可用于药物 – HFn 治疗药物的大规模生产。

5.6.4　大气压低温等离子体（ACP）技术对铁蛋白包埋的影响

大气压低温等离子体（ACP）技术是非热技术，是指在近环境温度和压力下产生的非平衡等离子体[106]。它是活性氧的来源，包括单态氧和臭氧，并能激发分子氮[107]。ACP 利用其对微生物（包括腐败生物和食源性病原体）的灭活作用，在食品保鲜中得到了广泛应用[108]。ACP 在增强表面疏水性、表面调制和酶失活等方面均显示出应用潜力。目前，ACP 的应用已经扩展到包括生物大分子的处理，如乳清蛋白。然而，关于 ACP 处理对铁蛋白结构和性质影响的研究却很少。铁蛋白作为一种广泛分布于植物、动物和细菌中的铁存储蛋白，在 ACP 处理方面还鲜有报道[109]。

铁蛋白是一种壳状的蛋白质，可以在纳米腔中储存成千个铁离子。每个铁蛋白由 24 个相似或不同的蛋白质亚基组成。这些亚基组合成一个内径为 8 nm、外径为 12 nm 的壳状结构。铁蛋白的主要特征是铁氧化沉淀和铁通过三重轴或四重轴通道释放。另一个明显的特点是可逆自组装：铁蛋白笼可在极酸性条件下（pH≤2.0）首先解离；当溶液 pH 值调整到中性范围（如 pH 7.0）时，铁蛋白就会发生重组。得益于铁蛋白笼的纳米级内腔结构和可逆组装特性，食物营养分子，如 β – 胡萝卜素、表没食子儿茶素没食子酸酯（EGCG）和芦丁，可以被封装到铁蛋白中实现载体化。包封后，这些营养分子可以实现固定化、增溶和靶向传递。然而，铁蛋白解离过程中 pH 值 2.0 的极端酸性条件可能会导致形成不溶性团聚体。pH 转变（2.0～7.0）后，重组铁蛋白的结构完整性仍未确定，此外，极酸性条件可能会使某些 pH 敏感分子的感觉特性、稳定性和生物活性丧失。因此，在保持铁蛋白结构完整性的同时，将生物活性分子成功封装在铁蛋白笼中存在挑战。

Yang 等[109]首次应用 ACP 处理非铁蛋白。ACP 处理的脱铁红豆铁蛋白（apoRBF）保持了典型的笼状铁蛋白结构，而 α-螺旋/β-折叠二级结构的含量、转变温度和表面疏水性降低。此外，铁的氧化沉淀和铁的释放活性也发生了显著变化。值得注意的是，ACP 处理的 apoRBF 可以在 pH 4.0 较为温和的条件下分解成亚基，然后在 pH 增加到中性条件下重新组装形成完整的笼蛋白。利用这种新型的分解/重组特性，姜黄素分子被成功地封装在经 ACP 处理的 apoRBF 中，并具有均匀的纳米级分布。铁蛋白的结构、活性和可逆组装的特性可用于扩大 ACP 的应用范围和改善铁蛋白的功能化。这一发现尤其有利于将 pH 敏感的营养物质封装到修饰的铁蛋白中，以实现潜在的营养、化学和医疗应用。

5.7 铁蛋白笼中封装生物活性化合物的挑战

5.7.1 铁蛋白在胃肠道的稳定性

铁蛋白可被胃肠道中的蛋白酶水解，由此产生的肽和氨基酸部分在到达目标器官（如肠）时可被完全吸收[110-111]。同时，铁蛋白的肠道崩解速率显著影响包封的生物活性小分子的释放[112]。先前的研究试图通过非共价或共价相互作用，通过铁蛋白与 EGCG 和壳聚糖分子的结合来抑制铁蛋白的降解[113-114]。非共价和共价相互作用是修饰铁蛋白表面和提高铁蛋白稳定性的两种主要途径。非共价相互作用是一种弱力，不会显著影响铁蛋白折叠和笼状结构。这种类型的结合可以在一定程度上抑制铁蛋白水解。例如，由于 EGCG 分子中存在—OH 基团，EGCG 可以通过范德华力或氢键与铁蛋白笼结合。EGCG 修饰铁蛋白在促进胃肠道中芦丁释放方面表现出更显著的作用。EGCG 诱导的铁蛋白折叠变化可能是重要原因[115]。另一方面，共价相互作用会改变氨基酸的组成，这种强烈的相互作用会显著影响铁蛋白的壳结构。Yang 等[114]最近报道，重组大豆铁蛋白 H-2（rH-2）被壳聚糖成功糖基化，制备了接枝度为 26.17% 的 FCMP。虽然保留了铁蛋白的球形结构，但由于壳聚糖的附着，铁蛋白的酰胺 I 和 II 带发生了改变。模拟消化分析表明，与单独的铁蛋白相比，FCMP 对胃蛋白酶和胰蛋白酶消化更具抗性。然而，壳聚糖的共价接枝是否影响生物活性分子的包封还没有评估。此外，铁蛋白-壳聚糖共价复合物显著诱导了铁蛋白的聚合，但这种聚合效应是否会影响铁蛋白的溶解度和细胞吸收仍然是一个问题。提高胃肠道铁蛋白稳定性的更有效方法值得更多详尽的研究。

5.7.2 生物活性分子在细胞内的吸收

尽管多酚和类黄酮等食品生物活性分子具有多种药理作用，但它们在人体内的吸收率极低[116]。如何提高生物活性分子的肠道吸收和生物利用度是食品科学和营养学研究的热点。花青素包裹的 rH-2 纳米颗粒的初步吸收分析表明，与游离的花青素-3-O-糖苷（C3G）相比，铁蛋白可显著促进 Caco-2 单层模型对花青素的吸收[117]。据报道，铁蛋白跨 Caco-2 细胞的转运与 AP2 依赖性内吞作用有关[118]，而 Caco-2 细胞的花青素转运途径与 GLUT2 转运蛋白有关[119]。因此，与 C3G 相比，C3G 在铁蛋白笼中更有效的转运可能来源于受体参与的内吞途径。随后的工作进一步研究了铁蛋白笼外表面修饰对包封分子吸收的影响。铁蛋白-壳聚糖-美拉德反应产物（FCMPs）中 EGCG 的吸收效率高于游离 EGCG 和铁蛋白-EGCG 混合物，表明壳聚糖分子糖基化的铁蛋白可有效增强 EGCG 在 Caco-2 细胞中的转运。因此，铁蛋白与壳聚糖的结合不会影响铁蛋白的转运。然而，EGCG 负载的 FCMP 部分产生 66.2% 的聚合物集中在 89.2 nm。尽管如此，Caco-2 细胞单层中的吸收比 EGCG 负载的 rH-2 纳米颗粒的吸收高（79.3% 的单体集中在 7.6 nm 处）。另外，壳聚糖分子也可以通过跨细胞途径穿透小肠上皮[120]。壳聚糖分子也可能打开上皮细胞和细胞旁转运之间的紧密连接[121]。壳聚糖的特殊跨细胞和细胞旁途径可能有助于铁蛋白和 EGCG 的转运。FCMP 对细胞生长的影响尚不清楚，细胞毒性分析需要进一步研究。

5.7.3 食物基质对铁蛋白在胃肠道释放的影响

食物基质的蛋白质、脂质、碳水化合物、矿物质和维生素，可能与消化中的生物活性分子相互作用，从而影响其生物利用度。虽然铁蛋白可以作为屏障保护包裹的生物活性分子，但铁蛋白也可以被胃蛋白酶和胰蛋白酶等消化酶逐渐水解，这可能导致铁蛋白的分解和生物活性分子的释放[122]。被包裹的生物活性分子在胃和小肠中受食物成分影响的释放行为是衡量其生物利用度的重要指标。不同的食物基质对叶黄素的释放产生不同的影响，黄体素可以被包裹在大豆铁蛋白和壳聚糖的双层壳中。不同的食物基质，如 EGCG、葡萄籽原花青素和牛奶可以抑制叶黄素的释放，但果胶有助于叶黄素从双层壳中释放。以不同的构建方式进一步使铁蛋白与壳聚糖共价相互作用，并使用所得铁蛋白－壳聚糖－美拉德反应产物（FCMPs）包封 EGCG 分子。有趣的是，不同类型的食物基质对 EGCG 释放有不同的影响，其中原花青素、牛奶和大豆蛋白促进 EGCG 的释放。多酚如 EGCG 和葡萄籽原花青素可以减缓生物活性小分子的释放，这可能是由于多酚对铁蛋白的酶解有抑制作用。添加蛋白质（如牛奶和大豆蛋白）可能会与胃肠道中释放的多酚相互作用，并影响蛋白质的水解[123-124]。此外，牛奶和大豆蛋白中的乳糖、维生素、脂肪和离子可能与铁蛋白相互作用，降低蛋白质对酶的敏感性，导致 EGCG 的释放减少。这些发现为基于铁蛋白的生物分子纳米颗粒的潜在应用提供了有用的信息。

5.8 铁蛋白包埋方式总结

5.8.1 解离/重组介导的封装

铁蛋白通过 24 个亚基自组装成笼状结构，相邻亚基之间有多种非共价相互作用，包括氢键、盐桥、疏水力和其他弱相互作用力参与了铁蛋白纳米笼的稳定化[125]。大多数铁蛋白，包括动物铁蛋白、植物铁蛋白和细菌铁蛋白，具有 pH 响应性的分解和重组特性。具体地，当 pH 值达到 2.0 或 12.0 时，铁蛋白蛋白纳米笼可以分解成亚基，并且随后一旦 pH 值被调节回中性，则自组装成笼状结构。最近，分子动力学研究揭示，由二聚体内部的单体旋转引起的二聚体的轻微溶胀是铁蛋白分解的触发因素，并且铁蛋白在酸性环境中的分解主要归因于二聚体之间的盐桥和氢键的损失[126]。通过利用解离/重新组装过程，小的生物活性化合物或营养药物可以被截留在铁蛋白的内腔中。由于通道的尺寸约为 0.3 ~ 0.5 nm，其通常小于负载的生物活性化合物或营养药物，因此，化合物可以良好地密封在其内腔中。值得注意的是，当负载活性化合物的尺寸小于铁蛋白通道的尺寸时，活性化合物泄漏将不可避免地发生。目前，pH 响应性的分解/重组方法是用于活性化合物包封的最常用的策略，并且酸性 pH 诱导的策略比碱性对应策略更频繁地应用。通常，pH 响应性解离/重组方法适用于在一定 pH 范围内，特别是极端酸性或碱性 pH 条件下稳定的那些分子。利用这些独特的性质，多种食品生物活性化合物可以被包裹在铁蛋白纳米笼中。

铁蛋白纳米笼的亚基－亚基相互作用直接影响可逆的解离/重新组装的性质。合理地修改或重新设计子单元－子单元接口可以控制解离和重新组装过程。先前的工作证明，H 型人铁蛋白铁蛋白的 E－螺旋和 DE 转角的去除允许它们在 pH 4.0 下解离成亚基，并且解离的亚基可以在 pH 回到中性时自组装成壳笼。与野生型铁蛋白相比，修饰的铁蛋白可以在温和的酸性条件下实现姜黄素分子的成功包封。由于 E－螺旋的去除扩大了铁蛋白的四重轴通道，如果分子尺寸太小，这可能导致化合物从内腔泄漏。类似地，从 AB 环去除几个残基也可以产生具有改善分解和重组性质的铁蛋白。姜黄素可以成功地装载在修饰的铁蛋白的内腔内。与 E－螺旋去除策略相比，铁蛋白纳米笼避免了在其表面上形成大孔[127]。最近，通过将 His 基序引入到铁蛋白纳米笼的 C4 界面，工程化的铁蛋白不能保持其壳状结构，而是因引入的 His 残基之间的相互排斥作用导致在 pH 7.5 下以四聚体存在。有趣的是，金属离子作为外部开关，可以有效地触发组装成 24 聚体铁蛋白纳米笼的四聚体。此外，这种工程化的铁蛋白的优点是包封过程可以在没有苛刻条件的情况下完成[128]。重新设计铁蛋白的 C2 界面可以控制 Cu^{2+} 离子对铁蛋白的自组装。在植物铁蛋白的情况下，除了参与铁蛋白组装的 C2、C3、C4 和 C3－C4 界面之外，植物铁蛋白的延伸肽在笼状结构的稳定中也起重要作用。通过添加 Alcalase 3.0T 酶解去除红豆铁蛋白的延伸肽结构域。修饰的植物铁蛋白纳米笼可以在温和条件下分解成亚基，并且表没食子儿茶素没食子酸酯（EGCG）分子可以传统的可逆自组装的方法包埋在铁蛋白内部。

物理处理如脉冲电场、超高压、照射和超声处理可影响蛋白质的分子内结构并改变其性质。近年来，有研究表明，大气压低温等离子体处理可以减少红豆铁蛋白的 α－螺旋和 β－折叠，但不会破坏其整体的壳状结构。有趣的是，所得的铁蛋白可以在 pH 4.0 下分解，然后当 pH 调节回 7.0 时组装成完整的铁蛋白笼。此外，姜黄素分子可以在温和条件下包封在其空腔内。脉冲电场是一种非热技术，也被应用于改变铁蛋白的性质。在 20 kV/cm 下处理 7.05 ms 后，所得铁蛋白可以在 pH 3.6 的条件下解离，并且芦丁分子可以在较为温和条件下负载在铁蛋白内。压热超声处理可使红豆铁蛋白的 α－螺旋结构含量减少，无规卷曲结构含量增加，从而降低红豆铁蛋白的稳定性。所获得的铁蛋白可以通过相对良性的 pH 转换程序（pH 3.0/6.8）促进 EGCG 包封到其空腔中。总的来说，应用物理处理来改变可逆分解/重新组装性质通常会降低整体结构稳定性，这有利于在温和条件下解离铁蛋白，但缺点是由于改性铁蛋白的稳定性变差，保护负载化合物的能力将降低。

5.8.2　通道介导的包埋

铁蛋白是一个高度对称的纳米笼，它含有 8 个三重通道和 6 个四重通道，大小在 0.3 ~ 0.5 nm，连接着铁蛋白的内腔和溶液。通常，金属离子和相当小的配体可以自由地穿过内腔，但它不适合大多数小分子，因为大多数小分子的分子尺寸比通道的分子尺寸大得多。许多证据表明，铁蛋白的通道不是完全稳定的，相反，那些通道在某些条件下具有柔性特征。尿素分子可以干扰蛋白质的非共价相互作用，导致蛋白质变性。蛋白质变性的程度高度依赖于尿素的浓度。例如，20 mM 尿素可以扩大红豆铁蛋白四重轴的通道，而不破坏整体的壳状结构。扩张的通道可以促进 EGCG 分子在中性条件下渗透到铁蛋白腔中。类似地，2 mM 盐酸胍在扩大铁蛋白的通道尺寸方面同样有效，并且可以促进芦丁分子在中性条件下的包封，包封率为 10.1%。据报道，铁蛋白通道对温度敏感。温度对植物铁蛋白通道也有影响，结果表明 60 ℃ 可以使通道的尺寸扩大，并且小的生物活性分子可以被封装到铁蛋白腔中。值得注意的是，该策略可能不适用于对高温敏感的化合物。最近，Jiang 小组发现了一种新的 H 型人铁蛋白化合物进入通道。该通道由来自一个亚基的残基 43、92、91、90 和 89 以及来自相邻亚基的残基 81、79 组成。有趣的是，该化合物进入通道也对温度的变化敏感，并且提出了新的包封策略[129]。与可逆组装/重新组装方法相比，当包封分子时，这种基于通道的策略表现出更高的装载效率。类似地，ATP 分子也可以通过该通道装载在铁蛋白腔内。有趣的是，Fe^{2+} 的加入可以显著提高 ATP 的负载效率，但是高浓度的 Fe^{2+} 将导致铁蛋白纳米笼的聚集。缺失 E - 螺旋的亚基和未修饰的铁蛋白的共重组构建了缺口铁蛋白纳米笼。通过利用扩大的 C4 孔结构，杂合铁蛋白可以通过简单的孵育而无需解离/重新组装过程来捕获药物。

5.8.3　离液剂介导的包封

高浓度的离液剂如尿素和盐酸胍可以通过干扰分子内的相互作用使蛋白质的空间结构完全展开。对于某些蛋白质，部分解折叠的蛋白质可以在离液剂被去除后可逆地折叠成正确的空间结构。铁蛋白的结构是相当稳健的，并且可以经受一系列变性处理。据报道，铁蛋白的变性或解离通常需要高达 8 M 的尿素浓度[130]。通过透射电子显微镜（TEM）对 *P. furiosus* 铁蛋白的研究，直接表明在 8 M 尿素的存在下，大多数铁蛋白纳米笼解离成亚基。然而，在 TEM 图像中可以观察到笼状铁蛋白的小片段。值得注意的是，在逐渐透析后，铁蛋白亚基可以重新折叠并形成完整的纳米笼。如果在逐渐透析程序之前添加小分子化合物如阿霉素，则可以成功地实现包封。解折叠/折叠介导的包封策略也被应用于人 H 型铁蛋白的药物负载。这种包封策略提供了用于包封客体化合物的替代方法，所述客体化合物在极端酸性和碱性条件下不稳定，或者小到足以通过铁蛋白通道进入其内腔。然而，该种方法的实现，需要化合物能够耐受离液剂的影响并能保持较高的稳定性。

5.8.4　用于化合物包埋的盐介导的组装

与典型的铁蛋白纳米笼不同，据报道，在超嗜热古菌 *Archeoglobus fulgidus* 和细菌 *Thermotoga martima* 中发现了一类新的细菌铁蛋白，其具有盐依赖性组装特性[131-132]。那些细菌铁蛋白的 24 聚体纳米笼将在低离子强度下解离成二聚体。继而，解离的二聚体将在高盐浓度下经历重组过程成为天然 24 聚体组装体。这种独特的可逆组装性质提供了用于化合物包封的简单且相对温和策略的可能性。例如，通过利用 Mg^{2+} 诱导的海栖热袍菌铁蛋白（TmFtn）的组装，带正电荷的绿色荧光蛋白（GFP）可以在组装期间被截留在其内腔中。海栖热袍菌铁蛋白的结构类似于典型的铁蛋白。相反，*Archeoglobus fulgidus* 铁蛋白（AfFtn）是结构上不同于任何其他报道的铁蛋白，它具有四面体对称性与 4 个直径约 4.5 nm 的大通道。AfFtn 的大孔径可能使化合物易受离液剂的影响。到目前为止，关于这两种独特的铁蛋白用于化合物包埋的研究远少于典型的铁蛋白。其中一个重要原因是维持壳状结构需要相当高的离子强度。最近，有报道称盐的功能可以被带正电荷的分子取代。例如，碳酸酐酶 II（hCAII）被计算设计为具有带正电荷的残基，其给出 +21 的净电荷。与 AfFtn 混合后，重新设计的 hCAII 可以诱导形成 AfFtn 24 聚体，重新设计的 hCAII 分子同时包封在铁蛋白腔内。

参考文献

[1] AROSIO P, LEVI S. Ferritin, iron homeostasis, and oxidative damage [J]. Free Radical Biology and Medicine, 2002, 33 (4): 457-463.

[2] HARRISON P M, AROSIO P. The ferritins: Molecular properties, iron storage function and

cellular regulation [J]. Biochimica et biophysica acta – biomembranes, 1996, 1275 (3): 161 – 203.

[3] YANG R, LIU Y Q, BLANCHARD C, et al. Channel directed rutin nanoencapsulation in phytoferritin induced by guanidine hydrochloride [J]. Food Chemistryistry, 2018, 240: 935 – 939.

[4] LIAO X, YUN S, ZHAO G. Structure, function, and nutrition of phytoferritin: a newly functional factor for iron supplement [J]. Critical Reviews in Food Science and Nutrition, 2014, 54 (10): 1342 – 1352.

[5] LI M, JIA X, YANG J. Effect of tannic acid on properties of soybean (Glycine max) seed ferritin: A model for interaction between naturally – occurring components in foodstuffs [J]. Food Chemistry, 2012, 133 (2): 410 – 415.

[6] KIM M, RHO Y, JIN K S, et al. PH – dependent structures of ferritin and apoferritin in solution: Disassembly and reassembly [J]. Biomacromolecules, 2011, 12: 1629 – 1640.

[7] XING R, WANG X, ZHANG C, et al. Characterization and cellular uptake of platinum anticancer drugs encapsulated in apoferritin [J]. Journal of Inorganic Biochemistry, 2009, 103: 1039 – 1044.

[8] LIN X, XIE J, NIU G, et al. Chimeric ferritin nanocages for multiple function loading and multimodal imaging [J]. Nano Lettersers , 2011, 11: 814 – 819.

[9] LIN X, XIE J, ZHU L, et al. Hybrid ferritin nanoparticles as activatable probes for tumor imaging [J]. Angewandte chemie – international edition, 2011, 50: 1569 – 1572.

[10] DENG J, CHENG J, LIAO X, et al. Comparative study on iron release from soybean (Glycine max) seed ferritin induced by anthocyanins and ascorbate [J]. Journal of Agricultural and Food Chemistry, 2010, 58: 635 – 641.

[11] CHEN L L, BAI G L, YANG R, et al. Encapsulation of β – carotene within ferritin nanocages greatly increases its water – solubility and thermal stability [J]. Food Chemistryistry, 2014, 149: 307 – 312.

[12] MENG D, WANG B, ZHEN T, et al. Pulsed Electric Fields – Modified Ferritin Realizes Loading of Rutin by a Moderate pH Transition [J]. Journal of Agricultural and Food Chemistry, 2018, 66: 12404 – 12411.

[13] CHEN L L, BAI G L, YANG S P, et al. Encapsulation of curcumin in recombinant human H – chain ferritin increases its water – solubility and stability [J]. Food Research International, 2014, 62 (8): 1147 – 1153.

[14] PANDOLFI L, BELLINI M, VANNA R, et al. H – Ferritin enriches the curcumin uptake and improves the therapeutic efficacy in triple negative breast cancer cells [J]. Biomacromolecules, 2019, 18: 3318 – 3330.

[15] YANG R, MA J R, HU J N, et al. Formation of ferritin – agaro oligosaccharide – epigal-locatechin gallate nanoparticle induced by CHAPS and partitioned by the ferritin shell with enhanced delivery efficiency [J]. Food Hydrocolloids, 2023, 137: 108396.

[16] ZHOU Z K, SUN G Y, LIU Y Q, et al. A novel approach to prepare protein – proanthocyanidins nano – complexes by the Reversible Assembly of Ferritin Cage [J]. Food Sci Technol Res, 2017, 23 (2): 329 – 337.

[17] FANG Z, BHANDARI B. Encapsulation of polyphenols – a review [J]. Trends in Food Science & Technology, 2010, 21: 510 – 523.

[18] LIU C, YANG X, WU W, et al. Elaboration of curcumin – loaded rice bran albumin nanoparticles formulation with increased in vitro bioactivity and in vivo bioavailability [J]. Food Hydrocolloid, 2018, 77: 834 – 842.

[19] MANACH C, SCALBERT A, MORAND C, et al. Polyphenols: Food sources and bioavailability [J]. American Journal of Clinical Nutrition, 2014, 79 (5): 727 – 747.

[20] YANG R, GAO Y J, ZHOU Z K, et al. Fabrication and characterization of ferritin – chitosan – lutein shell – core nanocomposites and lutein stability and release evaluation in vitro [J]. RSC Advancesances, 2016, 6 (42): 35267 – 35279.

[21] ANANINGSIH V K, SHARMA A, ZHOU W. Green tea catechins during food processing and storage: A review on stability and detection [J]. Food Research International, 2013, 50: 469 – 479.

[22] CHEN H, TAN X, HU M, et al. Genipin – mediated subunit – subunit crosslinking of ferritin nanocages: Structure, properties, and its application for food bioactive compound sealing [J]. Food Chemistry, 2023, 411: 135437.

[23] GIUSTI M M, RODRÍGUEZSAONA L E, WROLSTAD R E. Molar absorptivity and color characteristics of acylated and nonacylated pelargonidin – based anthocyanins [J]. Journal of Agricultural and Food Chemistryistry, 1999, 47 (11): 4631 – 4637.

[24] KAMEI H, KOJIMA T, HASEGAWA M, et al. Suppression of tumor cell growth by anthocyanins in vitro [J]. Cancer Investigation, 1995, 13 (6): 590 – 594.

[25] MARKAKIS P. Anthocyanins as Food Colors [M]. New York: Academic Press, 1982: 163 – 180.

[26] ZHANG T, LV C Y, CHEN L L, et al. Encapsulation of anthocyanin molecules within a ferritin nanocage increases their stability and cell uptake efficiency [J]. Food Research International, 2014, 62 (8): 183 – 192.

[27] DENG J J, LI M L, ZHANG T, et al. Binding of proanthocyanidins to soybean (Glycine max) seed ferritin inhibiting protein degradation by protease in vitro [J]. Food Research International, 2011, 44: 33 – 38.

[28] OU K, GU L. Absorption and metabolism of proanthocyanidins [J]. Journal of Functional Foods, 2014, 7: 43 – 53.

[29] IOANNONE F, MATTIA C D D, GREGORIO M D, et al. Flavanols, proanthocyanidins and antioxidant activity changes during cocoa (theobroma cacao, l.) roasting as affected by temperature and time of processing [J]. Food Chemistryistry, 2015, 174: 256 – 262.

[30] LI WG, ZHANG X Y, WU Y J, et al. Anti – inflammatory effect and mechanism of proanthocyanidins from grape seeds [J]. Acta pharmacologica sinica, 2002, 22: 1117 – 1120.

[31] LI Q, CHEN J, LI T, et al. Impact of in vitro simulated digestion on the potential health benefits of proanthocyanidins from choerospondias axillaris, peels [J]. Food Research International, 2015, 8: 378 – 387.

[32] ANDERSON A M, MITCHELL M S, MOHAN R S. Isolation of curcumin from turmeric [J]. Journal of Chemical Education, 2000, 77: 359 – 360.

[33] BHAWANA, BASNIWAL R K, BUTTAR H S, et al. Curcumin nanoparticles: Preparation, characterization, and antimicrobial study [J]. Journal of Agricultural and Food Chemistry, 2011, 59: 2056 – 2061.

[34] AGGARWAL B B, KUMAR A, BHARTI A C. Anticancer potential of curcumin: Preclinical and clinical studies [J]. ANTICancer ResearchEARCH, 2003, 23: 363 – 398.

[35] STRIMPAKOS A S, SHARMA R A. Curcumin: Preventive and therapeutic properties in laboratory studies and clinical trials [J]. Antioxidants & Redox Signaling, 2008, 10: 511 – 545.

[36] ANAND P, KUNNUMAKKARA A B, NEWMAN R A, et al. Bioavailability of curcumin: Problems and promises [J]. Molecular Pharmaceutics, 2007, 4: 807 – 818.

[37] HORN D, RIEGER J. Organic nanoparticles in the aqueous phase—Theory, experiment and use [J]. Angewandte Chemie – international Edition, 2001, 40: 4330 – 4361.

[38] ANAND P, NAIR H B, SUNG B, et al. Design of curcumin – loaded PLGA nanoparticles formulation with enhanced cellular uptake, and increased bioactivity in vitro and superior bioavailability in vivo [J]. Biochemical Pharmacology, 2010, 79: 330 – 338.

[39] WANG D, VEENA M S, STEVENSON K, et al. Liposomeencapsulated curcumin suppresses growth of head and neck squamous cell carcinoma in vitro and in xenografts through the inhibition of nuclear factor κB by an AKTindependent pathway [J]. Clinical Cancer Research, 2008, 14: 6228 – 6236.

[40] AROSIO P, INGRASSIA R, CAVADINI P. Ferritins: A family of molecules for iron storage, antioxidation and more [J]. BIOCHIMICA ET BIOPHYSICA ACTA – BIOMEMBRANES, 2008, 1790: 589 – 599.

[41] ZHAO G H. Phytoferritin and its implications for human health and nutrition [J]. BIO-

CHIMICA ET BIOPHYSICA ACTA – BIOMEMBRANES, 2010, 1800: 815 – 823.

［42］ LIU G D, WANG J, LEA S A, et al. Bioassay labels based on apoferritin nanovehicles ［J］. ChemBioChem, 2006, 7: 1315 – 1319.

［43］ LI M, VIRAVAIDYA C, MANN S. Polymer – mediated synthesis of ferritin encapsulated inorganic nanoparticles ［J］. Small, 2007, 3: 1477 – 1481.

［44］ QIAN C, DECKER E C, XIAO H, et al. Physical and chemical stability of b – carotene – enriched nanoemulsions: Inflfluence of pH, ionic strength, temperature, and emulsifiier type ［J］. Food Chemistry, 2012, 132: 1221 – 1229.

［45］ KNOCKAERT G, PULISSERY S K, LEMMENS L, et al. Carrot β – carotene degradation and isomerization kinetics during thermal processing in the presence of oil ［J］. Journal of Agricultural and Food Chemistryistry, 2012, 60: 10312 – 10319.

［46］ SOARES J H, CRAFT N E. Relative solubility, stability, and absorptivity of lutein and β – carotene in organic solvents ［J］. Journal of Agricultural and Food Chemistry, 1992, 40: 431 – 434.

［47］ TAI C Y, CHEN B H. Analysis and stability of carotenoids in the flowers of daylily (Hemerocallis disticha) as affected by various treatments ［J］. Journal of Agricultural and Food Chemistry, 2000, 48: 5962 – 5968.

［48］ LAVELLI V, SEREIKAITE J. Kinetic study of encapsulated β – carotene degradation in dried systems: A review ［J］. FOODS, 2022, 1111 (3): 437.

［49］ SAVIC S, VOJINOVIC K, MILENKOVIC S, et al. Enzymatic oxidation of rutin by horseradish peroxidase: kinetic mechanism and identification of a dimeric product by LC – Orbitrap mass spectrometry ［J］. Food Chemistry, 2013, 141: 4194 – 4199.

［50］ BALDISSEROTTO A, VERTUANI S, BINO A. et al. Design, synthesis and biological activity of a novel Rutin analogue with improved lipid soluble properties ［J］. Bioorganic & Medicinal Chemistry Letters, 2015, 23: 264 – 271.

［51］ 黄汉昌, 姜招峰. 芦丁与人血清白蛋白相互作用的紫外可见光谱特性研究 ［J］. 天然产物研究与开发, 2011, 23 (3): 476 – 481.

［52］ 臧志和, 曹丽萍, 钟铃. 芦丁药理作用及制剂的研究进展 ［J］. 医药导报, 2008, 26 (7): 758 – 760.

［53］ 胡杰, 邓宇. 芦丁提取工艺的综述 ［J］. 中国实物与营养, 2006 (5): 45 – 47.

［54］ YANG R, ZHOU Z, SUN G, et al. Synthesis of homogeneous protein – stabilized rutin nanodispersions by reversible assembly of soybean (Glycine max) seed ferritin ［J］. RSC Advances, 2015, 5 (40): 31533 – 31540.

［55］ CHITAKAR B, HOU Y K, DEVAHASTIN S, et al. Protocols for extraction and purification of rutin from leafy by – products of asparagus (Asparagus officinalis) and characterization of the purified product [J]. Food Chemistry, 2023, 418: 136014.

[56] SHIMOI K, YOSHIZUMI K, KIDO T, et al. Absorption and urinary excretion of querce-
tin, rutin, and αG – rutin, a water soluble flavonoid, in rats [J]. Journal of Agricultur-
al and Food Chemistry, 2022, 51: 2785 – 2789.

[57] QIU H, DONG X, SANA B, et al. Ferritin – templated synthesis and self – assembly of
Pt nanoparticles on a monolithic porous graphene network for electrocatalysis in fuel cells
[J]. ACS Applied Materials & Interfaces, 2013, 5 (3): 782 – 787.

[58] CHASTEEN N D, HAEEISON P M. Mineralization in ferritin: an efficient means of iron
storage [J]. Journal of Structural Biology, 1999, 126 (3): 182 – 194.

[59] 张拓. 植物铁蛋白的可逆组装特性及其在装载与吸附小分子方面应用研究 [D]. 北
京: 中国农业大学, 2013.

[60] KRUIF F C G D, TUINIER R. Polysaccharide protein interactions [J]. Food Hydrocol-
loids, 2001, 15 (4/5/6): 555 – 563.

[61] 熊拯, 郭兴凤, 谈天. 蛋白质 – 阴离子多糖相互作用研究进展 [J]. 粮食与油脂,
2006 (10): 15 – 17.

[62] DUCEL V, SAULNIER P, RICHARD J, et al. Plant protein – polysaccharide interactions
in solutions: application of soft particle analysis and light scattering measurements [J].
Colloids and Surfaces B: Biointerfaces, 2005, 41 (2/3): 95 – 102.

[63] FOEGEDING E A, DAVIS J P. Food protein functionality: a comprehensive approach
[J]. Food Hydrocolloids, 2011, 25 (8): 1853 – 1864.

[64] SCHMITT C, TURGEON S L. Protein/polysaccharide complexes and coacervates in food
systems [J]. Advances in Colloid and Interface Science, 2011, 167 (1/2): 63 – 70.

[65] 杨瑞, 田婧, 刘玉茜, 等. 基于铁蛋白 – 壳聚糖制备芦丁纳米复合物及芦丁稳定性
研究 [J]. 中国食品学报, 2017, 17 (9): 58 – 65.

[66] BRUMA A A S, SANTOSA P P D, SILVA M M D, et al. Lutein – loaded lipid – core
nanocapsules: Physicochemical characterization and stability evaluation [J]. Colloids Sur-
faces A, 2017, 522: 477 – 484.

[67] YILDIZ G, DING J, ANDRADE J, et al. Effect of plant protein – polysaccharide comple-
xes produced by manothermo – sonication and pH – shifting on the structure and stability of
oil – in – water emulsions [J]. Innovative Food Science & Emerging Technologies, 2018,
47: 317 – 325.

[68] JAKOBEK L. Interactions of polyphenols with carbohydrates, lipids and proteins [J].
Food Chemistry, 2015, 175: 556 – 567.

[69] KODA T, KURODA Y, IMAI H. Protective effect of rutin against spatial memory impair-
ment induced by trimethyltin in rats [J]. Nutrition Research, 2008, 28: 629 – 634.

[70] GENÉ R M, CARTANA C, ADZET T, et al. Anti – inflammatory and analgesic activity of Baccharis trimera: identification of its active constituents [J]. Planta Medica, 1996, 62: 232 – 235.

[71] MAULUDIN R, MÜLLER R H, KECK C. Kinetic solubility and dissolution velocity of rutin nanocrystals [J]. European Journal of Pharmaceutical Sciences, 1999, 36: 502 – 510.

[72] YANG R, SUN G, ZHANG M, et al. Epigallocatechin gallate (EGCG) decorating soybean seed ferritin as a rutin nanocarrier with prolonged release property in the gastrointestinal tract [J]. Plant Foods for Human Nutrition, 2016, 71 (3): 277 – 285.

[73] PILLAI C K S, PAUL W, SHARMA C P. Chitin and chitosan polymers: chemistry, solubility and fiber formation [J]. Progress in Polymer Science, 2009, 34 (7): 641 – 678.

[74] MENG D, WANG B, ZHEN T, et al. Pulsed electric fields – modified ferritin realizes loading of rutin by a moderate pH transition [J]. Journal of Agricultural and Food Chemistry, 2018, 66: 12404 – 12411.

[75] LI H, TAN X, XIA X, et al. Improvement of thermal stability of oyster (Crassostrea gigas) ferritin by point mutation [J]. Food Chemistry, 2012, 346: 128879.

[76] TAN X, LIU Y, ZANG J, et al. Hyperthermostability of prawn ferritin nanocage facilitates its application as a robust nanovehicle for nutraceuticals [J]. International Journal of Biological Macromolecules, 2021, 191: 152 – 160.

[77] ZHANG J, CHEN X, HONG J, et al. Biochemistry of mammalian ferritins in the regulation of cellular iron homeostasis and oxidative responses [J]. Science China Life Sciences, 2021, 64 (3): 352 – 362.

[78] SUN J, JUNG H, SUNG H, et al. Protein expression of cyclin B1, transferrin receptor, and fibronectin is correlated with the prognosis of adrenal cortical carcinoma [J]. Endocrinology and Metabolism, 2020, 35 (1): 132 – 141.

[79] XU X, LIU T, WU J, et al. Transferrin receptor – involved HIF – 1 signaling pathway in cervical cancer [J]. Cancer Gene Therapy, 2019, 26: 356 – 365.

[80] YUKI S, HIRONOBU Y, KEI H, et al. Transferrin – based radiolabeled probe predicts the sensitivity of human renal cancer cell lines to ferroptosis inducer erastin [J]. Biochemistry and Biophysics Reports, 2021, 26: 100957.

[81] MONTEMIGLIO L C, TESTI C, CECI P, et al. Cryo – EM structure of the human ferritin – transferrin receptor 1 complex [J]. Nature Communications, 2019, 10 (1): 1 – 8.

[82] FALVO E, DAMIANI V, CONTI G, et al. High activity and low toxicity of a novel CD71 – targeting nanotherapeutic named The – 0504 on preclinical models of several human aggressive tumors [J]. Journal of Experimental & Clinical Cancer Researchearch, 2021, 40 (1): 1 – 14.

[83] CIOLOBOC D, KURTZ D M. Targeted cancer cell delivery of arsenate as a reductively acti-

vated prodrug [J]. J Biol Inorganic Chemistry, 2020, 25 (3): 441 – 449.

[84] WANG Z, ZHOU X, XU Y, et al. Development of a novel dual – order protein – based nanodelivery carrier that rapidly targets low – grade gliomas with microscopic metastasis in vivo [J]. ACS Omega, 2020, 5 (32): 20653 – 20663.

[85] ZHENG Q, CHENG W, ZHANG X, et al. A pH – induced reversible assembly system with resveratrol – controllable loading and release for enhanced tumortargeting chemotherapy [J]. Nanoscale Research Letters, 2019, 14 (1): 1 – 10.

[86] HUANG C, CHUANG C, CHEN Y, et al. Integrin $\alpha2\beta1$ – targeting ferritin nanocarrier traverses the blood – brain barrier for effective glioma chemotherapy [J]. Journal of Nanobiotechnology, 2021, 19 (1): 1 – 17.

[87] LIU M, ZHU Y, WU T, et al. Nanobody – ferritin conjugate for targeted photodynamic therapy [J]. Chemistry – A European Journal, 2020, 26 (33): 7442 – 7450.

[88] MANSOURIZADEH F, ALBERTI D, BITONTO V, et al. Efficient synergistic combination effect of quercetin with curcumin on breast cancer cell apoptosis through their loading into Apo ferritin cavity [J]. Colloids and Surfaces B: Biointerfaces, 2020, 191: 110982.

[89] WANG Z, ZHANG S, ZHANG R, et al. Bioengineered dual – targeting protein nanocage for stereoscopical loading of synergistic hydrophilic/hydrophobic drugs to enhance anticancer efficacy [J]. Advanced Functional Materials, 2021, 31 (29): 2102004.

[90] YANG R, LIU Y Q, MENG D M, et al. Urea – Driven epigallocatechin gallate (EGCG) permeation into the ferritin cage, an innovative method for fabrication of protein – polyphenol co – assemblies [J]. Journal of Agricultural and Food Chemistryistry, 2017, 65 (7): 1410 – 1419.

[91] MENG D, SHI L, ZHU L, et al. Co – encapsulation and stability evaluation of hydrophilic and hydrophobic bioactive compounds in a cage – like phytoferritin [J]. Journal of Agricultural and Food Chemistryistry, 2020.

[92] MENG D, CHEN S, LIU J, et al. Double interfaces binding of two bioactive compounds with a cage – like ferritin [J]. Journal of Agricultural and Food Chemistryistry, 2020.

[93] MENG D, ZUO P, SONG H, et al. Influence of manothermosonication on the physicochemical and functional properties of ferritin as a nano – carrier of iron or bioactive compounds [J]. Journal of Agricultural and Food Chemistry, 2019.

[94] WUYTACK E Y, DIELS A M J, MICHIELS C W. Bacterial inactivation by high – pressure homogenisation and high hydrostatic pressure [J]. International Journal of Food Microbiology, 2002, 77: 205 – 212.

[95] ZHANG T, LV C, YUN S, et al. Effect of high hydrostatic pressure (HHP) on structure and activity of phytoferritin [J]. Food Chemistry, 2012, 130: 273 – 278.

[96] KNORR D. Effects of high – hydrostatic – pressure processes on food safety and quality [J]. Food Technology, 1993, 47 (6): 156 – 161.

[97] RASTOGI N K, RAGHAVARAO K S M S, BALASUBRAMANIAM V M, et al. Opportunities and challenges in high pressure processing of foods [J]. Critical Reviews in Food Science and Nutrition, 2007, 47 (1): 69 – 112.

[98] BALNY C, MASSON P, TRAVERS F. Some recent aspects of the use of high – pressure for protein investigations in solution [J]. High Pressure Research, 1989, 2 (1): 1 – 28.

[99] HAYAKAWA I, LINKO Y Y, LINKO P. Mechanism of high pressure denaturation of proteins [J]. LWT – Food Science and Technology, 1996, 29 (8): 756 – 762.

[100] GALAZKA V B, DICKINSON E, LEDWARD D A. Influence of high pressure processing on protein solutions and emulsions [J]. Current Opinion in Colloid and Interface Science, 2000, 5 (3 – 4): 182 – 187.

[101] HEREMANS K, SMELLER L. Protein structure and dynamics at high pressure [J]. BIO-CHIMICA ET BIOPHYSICA ACTA – BIOMEMBRANES, 1998, 1386 (2): 353 – 370.

[102] CHASTEEN N D, HARRISON P M. Mineralization in ferritin: An efficient means of iron storage [J]. Journal of Structural Biology, 1999, 126 (3): 182 – 194.

[103] MASUDA T, GOTO F, YOSHIHARA T. A novel plant ferritin subunit from soybean that is related to a mechanism in iron release [J]. Journal of Biological Chemistry, 2001, 276 (22): 19575 – 19579.

[104] LOBREAUX S, YEWDALL S J, BRIAT J F, et al. Amino – acid sequence and predicted three – dimensional structure of pea seed (Pisum sativum) ferritin [J]. Biochemica Journal, 1992, 288 (3): 931 – 939.

[105] WANG Q, ZHANG C, LIUL P, et al. High hydrostatic pressure encapsulation of doxorubicin in ferritin nanocages with enhanced efficiency [J]. Biotechnology Journal, 2017, 254: 34 – 42.

[106] HAN L, BOEHM D, AMIAS E, et al. Atmospheric cold plasma interactions with modified atmosphere packaging inducer gases for safe food preservation [J]. Innovative Food Science & Emerging Technologies, 2016, 38: 384 – 392.

[107] MISRA N N, PANKAJ S K, SEGAT A, et al. Cold plasma interactions with enzymes in foods and model systems [J]. Trends in Food Science & Technology, 2016, 55: 39 – 47.

[108] CHENG X, SHERMAN J, MURPHY W, et al. The effect of tuning cold plasma composition on glioblastoma cell viability [J]. PLoS One, 2014, 9: e98652.

[109] YANGR, LIU Y Q, MENG D M, et al. Effect of atmospheric cold plasma on structure, activity, and reversible assembly of the phytoferritin [J]. Food Chemistry, 2018, 264: 41 – 48.

[110] LIU Y Q, YANG R, LIU J G, et al. Fabrication, structure, and function evaluation of the ferritin based nano – carrier for food bioactive compounds [J]. Food Chemistry, 2019, 299: 125097.

[111] YANG R, SUN G Y, ZHANG M, et al. Epigallocatechin Gallate (EGCG) decorating soybean seed ferritin as a rutin nanocarrier with prolonged release property in the gastrointestinal tract [J]. Plant Foods for Human Nutrition, 2016, 71: 277 – 285.

[112] LEE P S, YIM S G, CHOI Y, et al. Physiochemical properties and prolonged release behaviours of chitosan – denatured β – lactoglobulin microcapsules for potential food applications [J]. Food Chemistry, 2012, 134 (2): 992 – 998.

[113] WANG A, ZHOU K, QI X, et al. Phytoferritin association induced by EGCG inhibits protein degradation by proteases [J]. Plant Foods for Human Nutrition, 2014, 69: 386 – 391.

[114] YANG R, LIU Y Q, GAO Y J, et al. Ferritin glycosylated by chitosan as a novel EGCG nano – carrier: Structure, stability, and absorption analysis [J]. International Journal of Biological Macromolecules, 2017, 105: 252 – 261.

[115] YUKSEL Z, AVCI E, ERDEM Y K. Characterization of binding interactions between green tea flavonoids and milk proteins [J]. Food Chemistry, 2010, 121: 450 – 456.

[116] DUBE A, NICOLAZZO J A, LARSON I. Chitosan nanoparticles enhance the plasma exposure of (–) – epigallocatechin gallate in mice through an enhancement in intestinal stability [J]. European Journal of Pharmaceutical Sciences, 2011, 44 (3): 422 – 426.

[117] HUANG W Y, ZHAO X Y, CHAI Z, et al. Improving blueberry anthocyanins' stability using a ferritin nanocarrier [J]. MOLECULES, 2023, 28: 5844.

[118] SAN MARTIN C D, GARRI C, PIZARRO F, et al. Caco – 2 intestinal epithelial cells absorb soybean ferritin by mu2 (AP2) – dependent endocytosis [J]. Journal of Nutrition, 2008, 138: 659 – 666.

[119] FARIA A, PESTANA D, AZEVEDO J, et al. Absorption of anthocyanins through intestinal epithelialcells – putative involvement of GLUT2 [J]. Molecular Nutrition & Food Research, 2009, 53 (11): 1430 – 1437.

[120] LIANG J, YAN H, PULIGUNDLA P, et al. Applications of chitosan nanoparticles to enhance absorption and bioavailability of tea polyphenols: A review [J]. Food Hydrocolloid, 2017, 69: 286 – 292.

[121] HAMMAN J H, STANDER M, JUNGINGER H E, et al. Enhancement of paracellular drug transport across mucosal epithelia by N – trimethyl chitosan chloride [J]. STP Pharma Sciences, 2010, 10 (1): 35 – 38.

[122] CHEN H, TAN X Y, HAN X E, et al. Ferritin nanocage based delivery vehicles: From single – , co – to compartmentalized – encapsulation of bioactive or nutraceutical com-

pounds. BIOTECHNOL ADC, 2022, 61: 108307.

[123] HU B, TING Y, ZENG X, et al. Cellular uptake and cytotoxicity of chitosan – caseino-phosphopeptides nanocomplexes loaded with epigallocatechin gallate [J]. Carbohydrate Polymers, 2012, 89: 362 – 370.

[124] MULLEN W, EDWARDS C, SERAFIFINI M, et al. Bioavailability of pelargonidin – 3 – O – glucoside and its metabolites in humans following the ingestion of strawberries with and without cream [J]. Journal of Agricultural and Food Chemistry, 2008, 56: 713 – 719.

[125] WU Y, MING T, HUO C, et al. Crystallographic characterization of a marine invertebrate ferritin from the sea cucumber Apostichopus japonicus [J]. FEBS Open Bio, 2022, 12 (3): 664 – 674.

[126] LI Z, MAITY B, HISHIKAWA Y, et al Importance of the subunit – subunit interface in fer-ritin disassembly: A molecular dynamics study [J]. Langmuir, 2022, 38 (3): 1106 – 1113.

[127] WANG W, WANG L, LI G, et al. AB loop engineered ferritin nanocages for drug loading under benign experimental conditions [J]. Chemical Communications, 2019, 55 (82): 12344 – 12347.

[128] GU C, ZHANG T, LV C, et al. His – mediated reversible self – assembly of ferritin nano-cages through two different switches for encapsulation of cargomolecules [J]. ACS Nano, 2019, 14 (12): 17080 – 17090.

[129] JIANG B, CHEN X, SUN G, et al. A natural drug entry channel in the ferritin nanocage [J]. Nano Today, 2020, 35: 100948.

[130] LACH M, STRELOW C, MEYER A, et al. Encapsulation of gold nanoparticles into rede-signed ferritin nanocages for the assembly of binary superlattices composed of fluorophores and gold nanoparticles [J]. ACS Applied Materials & Interfaces, 2022, 14 (8): 10656 – 10668.

[131] KUMAR M, MARKIEWICZ – MIZERAJ, OLMOS J D J, et al. A single residue can mod-ulate nanocage assembly in salt dependent ferritin [J]. Nanoscale, 2021, 13 (27): 11932 – 11942.

[132] CHAKRABORTI S, LIN T Y, GLATT S, etal. Enzyme encapsulation by protein cages [J]. RSC Advances, 2020, 10 (22): 13293 – 13301.

第六章　铁蛋白在其他领域中的应用

铁蛋白脱铁后，外壳结构中存在 3 个独特的界面，即内表面和外表面以及亚基之间的界面。这 3 个界面可以通过利用脱铁铁蛋白的解离和重组特性用来进行载体化方面的应用。铁蛋白是生物相容的，水溶性良好，易于解离、重构和表面改性，铁蛋白的界面结构还可通过生物或者化学法等进行修饰，以获得新的性能。另外，每个铁蛋白分子形成 12 个二重轴通道、8 个三重轴通道和 6 个四重轴通道，这些通道被认为是铁蛋白内部与外部离子出入铁蛋白的必经之路，起着联系铁蛋白内部空腔与外部环境的作用。除了前述铁蛋白作为补铁剂以及作为食品活性组分载体的应用之外，铁蛋白因其空间结构稳定、自组装过程可逆可控、非免疫原性及肿瘤细胞的靶向性等，在其他领域也获得了众多关注和发展，这些领域主要集中于生物矿化、纳米载体、自由基防护、催化、造影剂、细胞特异性靶向、电磁应用、自身免疫性疾病、肿瘤治疗、新材料等方面，这些方面的成果也推动着铁蛋白作为一种纳米载体的快速发展。铁蛋白的其他重要应用如图 6 - 1 所示。

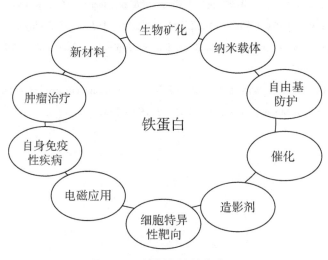

图 6 - 1　铁蛋白的其他应用

6.1 铁蛋白用作钙元素载体

钙是人体不可或缺的一种元素，是构成人体骨架的基本成分之一，对人体的生长与发育、疾病与健康、衰老与死亡起着重要作用。人体内约99%的钙分布于骨和牙组织中，成为人体的钙库，其余1%则主要存在于人体细胞周围的细胞间液中。被吸收的钙可以通过消化道、肾脏、皮肤代谢出体外，也可以通过骨形成机制形成骨骼。其生理功能主要体现在以下几个方面：钙含量能调节细胞表面的膜电位变化，导致兴奋性传递的改变；钙在血小板凝集和止血中起着重要作用；钙－钙调素结合体能够参与细胞内钙调蛋白的调控功能；钙在细胞内通过第二信使和偶联作用调节细胞内的多种反应。另外，钙还参与人体其他生理过程，如降低毛细血管和细胞膜的通透性；维持体内酸碱平衡；与肠道内胆汁酸和脂肪酸结合生成钙皂，以缓和肠道的刺激作用，防止结肠癌的发生；控制新陈代谢、细胞黏附和分裂等。

目前，国内外学者对人体钙营养进行了广泛研究，一致指出钙营养缺乏属于全球性健康问题。其中，发展中国家的平均钙摄入量较低，尤其是亚洲国家摄入水平最低。我国许多人群，如老人、小孩，都处于缺钙状态，少数人则严重缺钙，佝偻病仍为常见。钙缺乏的原因，除了天然的遗传因素外，更直接的原因主要有两个方面：一是钙的日常摄入量不足，二是钙的吸收利用率低。因此，如何改善钙营养状况，是世界也是我国迫切需要解决的问题。目前市场上的补钙剂主要有无机钙、有机钙和天然生物钙3类，其消化吸收均依赖于胃酸解离出 Ca^{2+}，但是，Ca^{2+} 容易在碱性的小肠液中生成胶稠状的 $Ca(OH)_2$ 沉淀，使 Ca^{2+} 的表观吸收率仅为25%～40%，且 $Ca(OH)_2$ 胶稠状物可粘附在肠壁表面，也影响其他营养元素的吸收。因此，寻找新的钙源和探索新的钙吸收利用途径，对开发新型的钙螯合营养强化剂具有重要意义。

铁蛋白作为一种自然界广泛存在的天然蛋白，具有开发新型矿物元素营养强化剂的潜力。取自天然豆科植物中的铁蛋白，可在无氧条件下通过还原反应使 Fe（Ⅲ）还原为 Fe（Ⅱ）而被去除，最后得到中空的脱铁铁蛋白，由于其具有特殊的球形、中空结构，而被人们更多地利用来装载钙离子从而制备新型生物纳米运载体系。从人体所需的矿物元素营养角度来讲，钙元素在体内吸收过程中极易与磷酸根或其他食物中的干扰成分，如单宁酸、草酸等形成低溶解度的络合物，从而影响矿物元素的人体吸收利用率。而通过铁蛋白作为钙元素载体的纳米运载体系，由于铁蛋白本身具有较好的水溶性，且将矿质元素包裹在内部空腔，因此它可以克服金属离子溶解度低、易受体系外环境条件或物质干扰的缺点。

除此之外，酪蛋白磷酸肽（CPP）作为一种促进矿物元素吸收剂，既可以提高营养元素的生物利用度又可以保证风味和口感，是用于生产制造具有补钙等功能性营养食品的重要来源。目前也有相关报道通过构建铁蛋白－多肽 CPP－钙模型，可为活性钙源的制备提供新的载体，而且，模拟铁蛋白－多肽 CPP－钙多组分体系的相互作用，也对铁蛋白作为新型食源性补铁制剂在食品、营养领域中的应用具有指导意义。同时，研究递送体系对矿物元素的影响，也能够为改善矿物元素的生物利用度提供新思路。

6.2 铁蛋白在生物纳米体系中的应用

越来越多的研究表明，铁蛋白除了具有上述的生物学功能外，其特殊的中空结构和笼形的蛋白质外壳具备开发为天然、形态均一的其他多种矿质元素载体的条件。通过铁蛋白作为载体的生物纳米运载体系，可以克服金属离子溶解度低、易受胃肠道环境影响的缺点，从而大大提高矿质元素的生物利用率。到目前为止，应用脱铁铁蛋白作为生物纳米载体的研究主要集中在运载金属离子和有机小分子方面，其应用主要有如下几种。

6.2.1 铁蛋白作为生物纳米材料载体

由于铁蛋白具有特殊的结构，铁蛋白不仅可以在蛋白质内部空腔装载铁核，而且可以利用脱铁铁蛋白的蛋白质外壳作为载体装载其他可供利用的多种金属离子以制备纳米材料，最后形成新型的功能性生物纳米颗粒。这些纳米颗粒可以克服金属离子溶解度低、易受环境物质干扰的缺点，进而大大提高包被材料的生物利用率。铁蛋白的金属离子结合位点、铁蛋白的通道及空腔内部有着许多带负电的酸性氨基酸残基（Glu 和 Asp），在正常生理 pH 条件下，这些残基都可以结合金属离子，如 H 型人铁蛋白中组成通道亲水区域的 Glu27、Glu61、Glu62、Glu107 和 Gln141；马脾铁蛋白的 L 链中指向内部空腔的 Glu60、Glu61；豌豆铁蛋白中构成空腔内表面的保守氨基酸 Glu61、Glu64、Glu67 以及 Glu57 和 Glu60 等。据报道铁蛋白空腔表面高浓度的羧基基团可更有助于金属离子在铁蛋白内部成核[1-2]。除此之外，Asp 也可以和金属离子通过静电作用的方式结合。铁蛋白通道中负电氨基酸残基可构成电势梯度，金属离子可顺着电势到达铁蛋白内部空腔[3]。

6.2.2 铁蛋白装载矿物元素研究进展

铁蛋白的铁核可利用脱铁铁蛋白（ApoFt）在体外合成，且大小分布均一，与天然铁核相似。除了铁元素之外，目前研究者已经利用 ApoFt 为载体，合成了多种金属纳米颗粒体系，如 ZnSe[4]、Mn(O)OH、Mn_3O_4[5]、Co(O)OH、Co_3O_4[6]、$Cr(OH)_3$、$Ni(OH)_3$[7]、Eu(O)OH、In_2O_3、TiO_2[8]、FeS、CdS[9]、CdSe[10]等。铁蛋白矿化成核的方式作用不具有专一性，这可能是因为金属阳离子进入蛋白空腔内部主要依靠的是静电相互作用。

铁蛋白的三重轴和四重轴是负责蛋白空腔与外部物质交换的通道，直径为 0.3～0.4 nm，金属离子可通过通道扩散进入到 ApoFt 内部，并与空腔内部的酸性氨基酸的羧基结合，然后通过一些物理化学手段，使金属离子形成大小直径约 8nm 的晶核，沉淀在 ApoFt 空腔内部。这些铁蛋白金属纳米颗粒的矿物核心的形成机理主要有两种。一是金属离子在 ApoFt 内部沉淀成核，即在无氧条件下，在 ApoFt 溶液中加入金属阳离子，充分反应后金属阳离子会结合在蛋白质内部的羧基上，随后加入可以和金属离子形成沉淀的阴离子，经充分反应，使结合在蛋白空腔内部的金属形成沉淀并留在空腔，重复此过程，金属沉淀在空腔中逐渐变大从而形成金属纳米颗粒。另外一种成核方法同样在无氧条件下进行，首先向 ApoFt 溶液中加入金属阳离子，充分反应后通过分子筛层析方法将游离的金属阳离子和蛋白复合物分开，然后向蛋白溶液中加入还原剂 $NaBH_4$，可以将结合在蛋白内表面的金属离子还原为金属单质从而保留在蛋白的空腔内部。装载过程中实验条件的控制，如温度、pH、金属离子与蛋白之间的比例以及反应时间等，都对装载量有着不同程度的影响[11]。铁蛋白装载矿物元素的研究方法目前主要有分子排阻层析、紫外分光光度法与原子吸收分光光度法联用。透射电子显微镜（TEM）是利用铁蛋白合成纳米颗粒最主要的表征手段，将装载有金属离子的铁蛋白溶液滴于镀有碳膜的铜网或金网上，用醋酸铀酰染色，即可观察矿化核及负染色后的蛋白外壳。对于粒径分布均匀的类球形铁蛋白，使用 TEM 可直接测量颗粒的真实粒径[12]。

利用各种突变铁蛋白笼进行的各种体外研究表明，如果突变导致铁蛋白缺乏成核位点或铁氧化酶活性，或两者都缺乏，则直接影响包封或矿化过程。

这表明成核位置在高负电荷蛋白质界面可以促进铁的氧化矿化，以及利用铁中心将可溶性 Fe^{2+} 转化为不溶性 Fe^{3+} 方面的作用，缺乏该中心将导致不可控的生长和沉淀，该发现表明铁蛋白生物矿化对铁离子具有高度特异性。体外从铁蛋白中去除铁主要包含两步过程，分别为还原 Fe^{3+} 矿物，然后从矿物中心螯合 Fe^{2+}，该过程一般较为费时，可能长达数天。

还有许多金属离子可以与蛋白质笼的内表面结合。如前所述，一些二价金属离子，如 Cu^{2+}、Co^{2+}、Zn^{2+}、Mn^{2+}、Mg^{2+} 已被用作氧化铁酶活性的抑制剂。这些二价金属离子具有亲和力，可与 X 射线晶体结构分析确定的氧化铁中心羧酸基团结合，并抑制铁结合，从而间接降低催化活性。在 Cu^{2+} 和 Co^{2+} 之后，Zn^{2+} 在氧化铁酶位点具有最高的结合亲和力。这些金属离子被认为可以调节体内铁的生理吸收。最近，通过单粒子冷冻 TEM 研究了铁蛋白笼中的铁和锌结合。每个铁氧化酶位点都包含一个高亲和力和一个低亲和力的锌结合位点。然而，铁和锌的分布不同，铁氧化酶和矿物成核点之间存在铁密度。Tb（Ⅲ）离子被纳入工程铁蛋白笼中，用于增强蛋白的特定功能。在铁蛋白笼的 C 端融合一个镧结合标记（LBT），以增强 Tb（Ⅲ）结合。Tb（Ⅲ）离子与三重轴通道和铁氧化酶位点结合。虽然没有从晶体结构观察到 LBT，但低温 TEM 结构显示 L 形 LBT 标记的长度为 14°。这种 Tb（Ⅲ）结合的铁蛋白能有效地在细胞内显示发光特性，并能传递到肿瘤细胞中。在另一种方法中，特定的金属结合亲和力被用于重金属解毒。日本刺参铁蛋白笼对 Cd^{2+} 的结合亲和力最强，其次是 As^{3+} 和 Hg^{2+}。

另外，铁蛋白除了可以储存铁和其他金属离子，还可以储存一些有机小分子物质[13]，通过生物和化学方法等可以将铁蛋白进行改造，利用它作为合成生物来源的纳米材料。若能在它的蛋白壳空腔内组装药物，并使它的外蛋白壳与生物素或特定的抗体相结合，就可以实现药物的定向传递，并且可以避免产生免疫原性的问题。

6.2.3　铁蛋白用于生物纳米技术

有报道在水处理中使用 *Pyrococcusfuriosus*（嗜热古细菌）铁蛋白[14]，用于去除水中的磷酸盐，但铁蛋白的量需要较为充足才能满足。在实验室中可以毫克至克的规模生产出重组的铁蛋白，但制备过程较为繁琐，因此铁蛋白价格昂贵。通过重组的方法也可以生产出哺乳动物铁蛋白变体，但其亚基组成与天然铁蛋白不同，因为后者含有可变比例的 L 型和 H 型亚基，而前者通常仅制备只有 H 型亚基的铁蛋白[15-16]。

天然铁蛋白和重组铁蛋白的纯化过程较为繁琐，但优势是这些蛋白质通常是热稳定的。已建立的主要方案是通过将大肠杆菌细胞裂解物加热至约 70 ℃，以使天然大肠杆菌蛋白质变性，并使热稳定铁蛋白留在溶液中，通过离心除去变性的蛋白质，此时铁蛋白保留在上清液中，通过这种方式可以有效分离出重组铁蛋白。还可以进行进一步的纯化步骤，例如色谱分离，以生产高纯度的铁蛋白。天然和重组铁蛋白通常在其笼状结构中含有大量的铁，但是由于最终的应用过程是不需要这些铁的，因此还需要进行脱铁的步骤。可以通过用合适的还原剂和螯合剂（如连二亚硫酸钠和 EDTA 钠或 BIPY[17]）还原铁来除去铁核。

（1）铁蛋白作为生物矿化支架

铁蛋白可能是目前研究中最好的生物矿化支架，能够在中心腔内容纳多达 4500 个铁原子[18]。在铁蛋白的催化循环中，铁（Ⅱ）在铁氧化酶中心内被氧化，得到的铁（Ⅲ）离子转移到中心腔并作为铁（Ⅲ）氢化物被矿化，形成铁核微晶[19]。铁蛋白壳在亚基之间形成带负电的通道，允许阳离子在矿化和脱矿化期间进入和离开[20]。这些通道的选择性相对较广，在体外可以诱导多种金属离子的矿化，铁蛋白可以耐受一些单价和三价金属离子[21]，但二价阳离子还是表现出较为不同的性质[22-23]。在实践中，铁蛋白已被用作模板，利用其自组装性质，通过化学介导的氧化还原反应或光化学反应来矿化一系列不同的金属络合物[24-26]。

关于硫化铁、氧化锰（Ⅲ）和磁铁矿核（Fe_3O_4）的生产研究表明铁蛋白矿化的可行性。"磁铁蛋白"具有作为磁性造影剂的潜在用途，可用于细胞成像和标记细胞与颗粒的磁性分离。最近对使用磁铁蛋白的兴趣集中在将其用作靶向和可视化肿瘤细胞的标记。铁蛋白的内部和外部表面带负电荷，容易与金属离子配位，但是金属离子与铁蛋白表面的相互作用降低了矿化的效率。为了克服这个限制，重构铁蛋白已被用于优化金属纳米颗粒的生产，通过诱变进行表面修饰，可以使铁蛋白内部包埋金属纳米颗粒形成复合产物，同时还能促进金属和半导体化合物的共结晶。

很多金属可以在铁蛋白笼内产生纳米颗粒，精细的实验设计是铁蛋白纳米笼内离子沉积成功的关键。通过化学或热方法去除铁蛋白笼，可以释放铁蛋白包封的金属纳米颗粒，留下高度均匀的金属纳米颗粒，其用途包括有序半导体阵列、量子点的生产等。前期研究已充分证明铁蛋白与铁可以一起螯合磷酸盐[27-28]。这种反应已被用于从水中去除磷酸盐,其中嗜热古细菌铁蛋白的制备工艺较为成熟,可以用来防止由于含有高含量磷酸盐的工业废物造成的水污染和生物污染问题。目前的磷酸盐去除系统依赖于使用钙和硫酸铝的沉淀反应,或利用细菌隔离和吸附钙等生物手段[29],这些化学和生物学方法维护成本都较高。因为从嗜热微生物中分离出来的铁蛋白高度稳定,并且具有较高的磷酸盐结合能力,因此可以较为容易地再循环利用。该系统的潜在用途范围很广,但是它是否被广泛采用且作为磷酸盐去除和水处理的经济解决方案还有待观察。

(2)铁蛋白纳米器件

铁蛋白和 Dps 都已被用作制造纳米器件的支架,如量子点和纳米线。在这些应用中,载有矿物核心的铁蛋白笼沉积在硅基底上,硅基底可被硅烷化并用小分子或肽官能化。蛋白质笼可以原位保留或通过加热消融以使矿物核心保持在适当位置。以这种方式沉积在硅晶片上的半导体芯可被用作存储器材料[30-31]。孤立的金属芯也被用作催化剂,以促进碳纳米管和纳米线的生长[32]。这些在生产纳米器件中使用铁蛋白的例子都是证明铁蛋白功能的有力证据,但是是否有可能扩大其生产并应用在相关工业中还有待进一步探索。

(3)铁蛋白用于医学成像

铁蛋白体外矿化的可塑性使其成为细胞成像的理想工具,因为标记的造影剂复合物可以容易地隔离在其铁蛋白核心内。此外,通过蛋白质工程和化学方法修饰铁蛋白,使其能够在细胞超微结构和医学成像的基础科学研究中用作造影剂。铁蛋白也被用作电子显微镜[33]和 MRI[34-35]的造影剂。

电子冷冻断层扫描(Cryo - ET)已经成为研究细胞和组织超微结构的重要手段,它们以纳米分辨率成像,通过该方法产生的图像对比度较低,意味着对结构的识别通常具有难度,因此铁蛋白已经被建议用作低温断层摄影的电子密集标记物。铁蛋白完全满足细胞标记的关键要求,由于铁核的电子散射特性,以及铁蛋白笼有序且均匀的特性,它具有比细胞背景明显更高的对比度。此外,表面改性可提供相关的荧光显微镜/ Cryo - ET 的荧光特征。但是当研究蛋白质-蛋白质相互作用时,使用铁蛋白可能产生亚细胞假象,特别是在细胞表面观察时的场景。由于其独特且高度均一的结构,脱铁铁蛋白也被用作评估冷冻电子显微镜中显微照片放大倍数的标准[36]。

磁共振成像(MRI)是临床应用的强大诊断工具,具有非侵入性和高灵敏度性,分辨率高达 50 mm[37]。最常见的 MRI 模式是 ^1H 的检测,^1H 在组织中非常丰富并且提供高质量信号，能够受到原子化学环境的正面影响。多种造影剂通常与^1H结合使用，以提供额外信息并标记特定组织跟踪代谢过程。由于铁蛋白中的铁氧化物和氢氧化物具有超顺磁性，可在MRI图像中给出暗对比度，因此可作为高效的造影剂。使用编码了铁蛋白的慢病毒和腺病毒载体在小鼠中转染神经细胞来研究铁蛋白作为MRI造影剂的效果。转染的载体在靶细胞内产生铁蛋白，由于体内过的铁蛋白而累积过量的铁，病毒载体本身在注射部位针对铁蛋白的免疫应答而提供增强的MRI对比度。

目前已经提出病毒载体诱导的铁蛋白表达的替代策略，使用靶向肽标记的重组铁蛋白负载具有比铁更高的MRI对比度的元素，例如钆。使用钆负载的铁蛋白可将内皮肿瘤细胞可视化，利用神经细胞黏附分子的肽表位标记[38]，实现铁蛋白在肿瘤细胞上表达的特异性。MRI对比局部特异性增强了，这种方法对肿瘤细胞具有统计学意义。这些研究结果展现出将铁蛋白用作MRI造影剂的良好前景。通过应用蛋白质工程的生物学合成技术生产标记的铁蛋白纳米笼将拓宽这种多功能支架的潜在应用。

（4）通过铁蛋白递送药物

除了使用铁蛋白作为MRI造影剂之外，铁蛋白作为高度稳定的球形蛋白还有其他方面的临床应用。铁蛋白是生物相容的，易于解离、重构和表面改性。这些特性已被用于开发铁蛋白在药物输送平台方面的应用。在生理pH下，铁蛋白以稳定的24聚体存在，而在高酸性或碱性溶液中，它会发生解离反应，当溶液pH恢复到中性时，复合物自发地重新组装。在药物溶液存在下组装铁蛋白，可以将分子捕获在其腔内。这种性质已被用于加载含有金属的药物，如癌症药物顺铂和铁螯合剂去铁胺B[39-40]，由于铁蛋白天然倾向于与金属结合，这些药物很容易被铁蛋白包裹。

在铁蛋白中掺入特定药物具有一定挑战性，因为它们与铁蛋白壳之间的相互作用有限，并且这些分子通过表面孔扩散。克服这些问题的策略主要集中在过量金属［例如Cu（Ⅱ）］与其内化之前的复合药物，或者添加带电的辅助分子（如聚－L－天冬氨酸）以优化铁蛋白对药物的负载[41]。通过将铁蛋白与药物的负载和表面修饰与肽表位和标记相结合，铁蛋白可以特异性地靶向特定细胞类型和肿瘤，以有效递送治疗剂。可以添加到铁蛋白中的肽标记和药物的性质存在限制，这限制了铁蛋白可以使用的靶向分子的范围[42]。产生这种递送载体所涉及的化学过程可能使这种系统在经济上不可行，但是，铁蛋白和其他蛋白质纳米笼仍然具有应用到临床环境的广阔前景。

（5） 铁蛋白纳米颗粒疫苗

纳米技术在疫苗开发中的作用已得到很好的证实[43]，类似于病毒嵌合异源蛋白颗粒应用于疫苗[44]。高度对称和可以自组装的铁蛋白纳米笼为疫苗开发提供了有效途径。在使用铁蛋白进行疫苗开发的研究中，Kanekiyo 及其同事将流感病毒血凝素（HA）融合到幽门螺杆菌铁蛋白的表面[45]，由于要求将其表面上展示的蛋白质的亚基组织与铁蛋白笼本身的固有对称性相匹配，使得整个蛋白质结构与铁蛋白表面的融合变得复杂。在铁蛋白的 3 倍对称轴处发现，HA 在每个亚基的中心轴之间形成具有 30 个埃（长度单位）的三聚体，这与幽门螺杆菌铁蛋白 N - 末端残基之间的距离匹配。由于使用幽门螺杆菌铁蛋白没有自身免疫反应，用融合蛋白纳米颗粒（HA - Ftn）疫苗免疫小鼠引发产生了针对不同 HA 变体的广泛中和抗体，该作用与市售的流感疫苗相比显示出更强的效力。使用此类疫苗将不再需要在细胞培养中产生活病毒，并且当与合成生物学方法结合使用时，可以使具有广泛活性的多组分疫苗完全重组[46-47]。

6.2.4　铁蛋白矿化成核储存金属元素

铁蛋白内部空腔表面因具有大量酸性氨基酸残基而带负电，所以利用这一特点，铁蛋白壳内部形成金属氧化物或氢氧化物的矿化核。已报道的金属盐离子矿化核主要有： $Co(O)OH$ 、 Co_3O_4 、 CdS 、 $CdSe$ 、 $Cr(OH)_3$ 、 $Ni(OH)_3$ 、 $Mn(O)OH$ 、 Mn_3O_4 、 In_2O_3 、 FeS 、 $ZnSe$ 、 CuS 等。这些金属纳米颗粒可以用于单电子晶体管。金属核的形成过程分为两种，一种是 Zn 、 Fe 、 Ca 等金属离子，采用脱铁铁蛋白与金属盐溶液在一定的 pH 值和温度条件下发生反应，因为铁蛋白上有这些金属离子的结合位点或者氧化还原位点，可在铁蛋白内部形成对应的金属氧化物的矿化核，透射电子显微镜显示在铁蛋白内部形成的金属矿化核大小约为 8 nm。另一种如 CdS 、 $ZnSe$ 等，由于铁蛋白上没有这些金属离子的结合位点，要在其内部形成矿化核需要采用一些其他方法。比如利用一种缓慢释放体系，使得在外界环境中结合铁蛋白形成复合物组分，在马脾铁蛋白内腔中形成复合物从而形成金属核。

6.2.5　肽段序列修饰或基因改造铁蛋白储存金属元素

通过肽段序列修饰或基因改造铁蛋白使铁蛋白的蛋白壳具备结合金属离子的能力，从而在铁蛋白内部成核。以 Ag 为例，铁蛋白自身的氨基酸序列及其三维结构中没有 Ag 的结合位点，利用常规方法难以制备含 Ag 的铁蛋白纳米颗粒。但是通过在铁蛋白亚基 C 末端的氨基酸序列上添加可以结合 Ag⁺ 的小肽，不但不影响铁蛋白的自身组装，而且还能增加修饰后的铁蛋白对 Ag⁺ 的亲和力。使得 Ag⁺ 更容易结合在铁蛋白的内表面，此时再通过氧化还原手段将 Ag⁺ 还原成 Ag，使其在铁蛋白内部形成 Ag 金属，达到制备含 Ag 的蛋白纳米颗粒的目的。

6.2.6 铁蛋白的通道及空腔氨基酸影响储存金属元素

由于铁蛋白的特殊结构，目前人们更多地利用脱铁铁蛋白的蛋白质外壳作为载体，装载其他可供利用的金属离子来制备新型生物纳米运载体系（图6 – 2）。铁蛋白的通道及空腔内部有着许多带负电的酸性氨基酸残基（Glu 和 Asp），在正常生理 pH 条件下，这些残基都可以结合金属离子，如 H 型人铁蛋白中组成通道亲水区域的 Glu 27、Glu 61、Glu 62、Glu 107 和 Gln 141；马脾铁蛋白的 L 链中指向内部空腔的 Glu 60、Glu 61；豌豆铁蛋白中构成空腔内表面的保守氨基酸 Glu 61、Glu 64、Glu 67、Glu 57 和 Glu 60 等。据报道铁蛋白空腔表面高浓度的羧基基团可更有助于金属离子在铁蛋白内部成核。除此之外，Asp 也可以和金属离子通过静电作用的方式结合。铁蛋白通道中负电氨基酸残基可构成电势梯度，金属离子可顺着电势到达铁蛋白内部空腔。

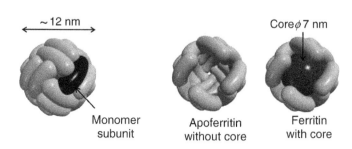

图 6 – 2　ApoFt 和含有金属核的铁蛋白示意[48]

6.3　植物铁蛋白在非生物胁迫、生物胁迫、抗氧化方面的功能

植物铁蛋白储存铁的能力高于其他蛋白，铁蛋白在细胞内具有调控铁生物功能的作用，主要在种子形成、叶片衰老或环境铁过量时积累铁，在种子

萌发或质体绿化等过程中释放铁，从而调节植物对铁的吸收和释放，维持铁的动态平衡，具有铁储存和避免铁毒害的双重功能。在植物体中作为一种胁迫反应蛋白，当植物受到寒冷、干旱、强光照、重金属离子等外界环境的胁迫时，植物受到损伤，体内都发现有铁蛋白的存在；在铁供应过量的情况下，植物体内其含量是铁正常供应的 40 ~ 50 倍。近年来，铁蛋白作为生物体内富含铁离子的重要组分，以抵抗外界环境胁迫、预防生物体缺铁性病症的发生而备受关注。植物铁蛋白在许多植物中存在，如豌豆、大豆、玉米、紫花苜蓿等。植物体内有多种铁蛋白基因，一些是组成性表达，而另一些则受多种因素诱导，如脱落酸、铁离子等。随着生物技术的发展，转基因技术已经成为生物遗传改良的有效途径，利用转基因技术将外源铁蛋白基因转入植物体内，提高植物特别是粮食作物、果树等中的铁含量及抗重金属胁迫能力等的研究也取得了突破性的进展，不仅可以满足人类对铁的需求，缓解或防御由于铁缺乏而引起的一系列疾病，而且能提高植物对环境的耐受性，在生物治疗中具有重要意义。

在寒冷、干旱、机械损伤、衰老、强光照等各种胁迫和重金属、铁过量、烟碱、H_2O_2、脱落酸、乙烯等化学物质处理的条件下都发现植物中铁蛋白基因的转录增加数倍，并有大量的铁蛋白存在，另外，抗坏血酸也影响或参与植物铁蛋白的合成。当植物处于不利的环境时，氧化胁迫即占主要地位，抗氧化作用的防御能力减弱，由铁介导的自由基的产生增强，导致代谢失调、脂肪过氧化、蛋白质分解和 DNA 损伤。由于铁蛋白可容纳大量铁，并以稳定的形式储存，所以对植物抵抗氧化胁迫以及提高植物自身的耐受性等方面有重要作用。

植物中的铁蛋白，还可以对一些真菌的感染、病毒引起的坏死等表现出抗性，保护细胞免受因各种环境胁迫而导致的细胞氧化性损伤。在有病害的植物组织如病毒感染和肿瘤等中，都发现有铁蛋白的积累。如当孢囊线虫浸染使根瘤的发育和功能受损后，大豆根部即有铁蛋白的积累。此外，病毒感染和肿瘤也促使铁蛋白积累。铁蛋白通过螯合被感染组织和裂解的组织中过量的铁，可以避免铁毒害，同时也能阻止病原体扩散到其他组织，而大豆根部被线虫感染而引起的铁蛋白合成，也可能是大豆结瘤过程被抑制所致。

植物铁蛋白都可以在有氧条件下与溶液中的二价铁离子反应，铁离子螯合在内部的空心结构中，抑制铁氧化反应，从而保护细胞不受铁过量引起的氧化损害；而且亚铁氧化中心能利用 Fenton 反应的反应物阻止自由基的产生，所以认为铁蛋白具有抗氧化功能。在正常的生长条件下，植物铁蛋白天然积累在一些低光合活性的组织中，它们主要在植物的发育过程和植物对环境胁迫的适应性中起作用。在逆境胁迫条件下，植物光合作用中产生的氧自由基及金属离子（主要是铁离子）催化的 Fenton 反应是氧自由基的主要来源，植物铁蛋白通过储藏过量的铁，降低植物体细胞内游离铁离子浓度，从而减少氧自由基的产生，降低氧自由基带来的损害。

6.4　铁蛋白的生物工程应用

6.4.1　多功能高精度的载体构架

　　铁蛋白具有 3 个可进行修饰的界面：内表面、外表面、蛋白亚基之间的接触面。外表面可用于连接某些具有特殊功能的配体；内表面以及中心空腔可作为纳米反应器，用于合成纳米复合材料；而亚基之间的接触面则可用于决定铁蛋白的解离与重新组装。对铁蛋白进行化学修饰是将功能性分子与铁蛋白亚基的特定氨基酸侧链以化学键相连，能与各种功能性分子进行反应的氨基酸侧链主要包括：氨基、羧基、巯基。最早开发的化学修饰方法是利用戊二醛能非特异性地与氨基酸形成共价键的特点，将铁蛋白与抗体连接，铁蛋白标记的抗体能与相应的抗原相互作用形成稳定的结构，该结构可用于疾病治疗，或者以铁蛋白四氧化三铁核心作为电镜标记对抗原抗体结合部位进行成像。利用这种方法合成的铁蛋白 – 抗体共轭物，其免疫反应性高达 92%。利用铁蛋白表面的赖氨酸氨基在铁蛋白表面修饰生物素，被修饰的铁蛋白能与亲和素修饰的人血浆铜蓝蛋白抗体相互作用形成二抗，以含有四氧化三铁的铁蛋白作为过氧化物酶，通过酶联免疫法可以实现对微量的人血浆铜蓝蛋白的检测。虽然可以通过化学修饰使铁蛋白复合各种功能性分子，但是化学修饰所需要的条件都比较苛刻，比如利用 PEG 对铁蛋白进行修饰时，不同的反应温度、pH、反应时间的变化，都会引起修饰部位的变化。近年来随着人们对于铁蛋白结构和生化功能的深入了解以及分子生物技术的发展，基因工程技术对铁蛋白的修饰表现出更大的应用优势。

6.4.2　天然磁性纳米颗粒

　　由于铁蛋白的独特生化特性，磁性四氧化三铁结晶完全包裹在自然形成的蛋白壳内，铁蛋白成为一种具有极高生物兼容性的磁性纳米颗粒。铁蛋白核心形成的磁性四氧化三铁颗粒能够在核磁共振成像中增强细胞成像的弛豫系数，从而增加核磁共振成像的检测极限。此外还可以通过基因工程改造融合蛋白，拓展铁蛋白的生化及物理活性。因此，与化学合成的无机纳米材料相比，磁性铁蛋白在细胞成像的应用中具有极大的优势。另外，铁蛋白还被成功地用作一种磁性介导开关，调控特定蛋白的表达。例如将温度敏感型离子通道蛋白与 Ferritin 结合，能够构建一种能够通过外加能量场控制胰岛素合成与释放的模型。当施加射频电场时，铁蛋白将来自于射频电场波的能量转化为热量，迫使通道蛋白的通道打开放入钙离子，钙离子敏感型启动子启动胰岛素的合成。但是铁蛋白与通道蛋白的相对位置对胰岛素表达有很大的影响，细胞质中游离铁蛋白或固定在细胞内膜上的铁蛋白均不能高效地诱导胰岛素蛋白表达，只有直接连接在通道蛋白上的铁蛋白可以在外加能量场下显著地调控胰岛素的表达。这是由于铁蛋白与通道蛋白的直接连接能够更加高效的传递热量，或更高效地将外加磁场的能量转化为操控通道蛋白通道打开的扭转力，从而促使胰岛素表达量升高。

6.4.3 铁蛋白在医药新材料中的应用

（1）铁蛋白用于临床

铁蛋白的蛋白壳空腔不仅能够包裹铁核，还能够装载特定的药物成分，有学者将马脾铁蛋白中的铁核通过特殊的还原释放机制从蛋白质空腔中释放到外界环境中，最后可以得到一个仍具有活性的蛋白壳空腔，然后设法将其他的物质装载到蛋白质空腔内，可应用于医疗诊断领域。目前已有人将一些金属核如 FeS 核、CdS 核、Fe_3O_4 磁性铁核及放射性材料的铀核等成功地组装到铁蛋白壳的空腔内，这些组装后的铁蛋白可应用于临床诊断。实验证明，铁蛋白空腔不仅可以储存铁和其他重金属离子，还可以储存钙、锌、维生素等对人体有利的营养物质和一些有机小分子物质。因此全有可能将铁蛋白进行改造，将它作为合成生物来源的纳米新材料。如果在铁蛋白空腔内装载药物，并使其外蛋白壳与生物素或特定的抗体相结合，可以实现药物的靶向给药，其应用前景良好，铁蛋白靶向药物还可以避免产生免疫反应的问题，这对人类的健康将产生巨大的积极影响。

（2）铁蛋白在免疫电子显微镜分析技术中的应用

铁蛋白免疫电子显微镜分析技术在检测抗原位置中应用广泛，铁蛋白的核心是高电子密度氢氧化铁胶态分子团，在电子显微镜下，铁很容易和其他粒子区别，显像清晰。故可用交联剂使铁蛋白与抗体共价结合，再进行免疫反应，与抗原结合，即可找出抗原的位置。具体而言，首先是利用铁蛋白标记抗体，再以铁蛋白抗体与待测抗原作用，通过电子显微镜检查，观察到铁蛋白抗体所在的位置，即抗原。铁蛋白免疫电子显微镜检测的优点是铁标记物呈颗粒状，分辨率高，易于观察；缺点是铁的分子量太大，难以透过细胞膜和组织，只适用于细胞表面抗原定位。铁蛋白电镜检测操作时先将同铁蛋白结合的抗体作用于已固定的细胞后，制成超薄切片，再用电子显微镜观察，而且铁染色标本只适合电子显微镜检测，不能用普通光学显微镜观察，这也限制了铁蛋白免疫电镜检测技术的应用。

（3）铁蛋白在疾病检查中的应用

铁蛋白分为血清铁蛋白和组织铁蛋白两大类，人体内长期储存铁元素的组织是组织铁蛋白。组织铁蛋白广泛存在于哺乳动物的肝脾和骨髓中，其中脾脏中的组织铁蛋白可占其干重的20%左右，主要起着保护细胞免受铁诱导伤害的作用，人体出现疾病时铁蛋白功能会改变，机体内铁元素的含量会发生变化，可以通过检测机体内铁蛋白的含量进行疾病诊断。血清铁蛋白是由部分糖基化的L亚基组成，其功能与组织铁蛋白不同，虽然其生理功能尚未完全清楚，但是它的浓度与组织铁蛋白浓度相关联，故可以通过检测血清铁蛋白的含量诊断各种疾病的形成并预测其发展。

血液检查是临床上疾病诊断的重要手段，血液中的各项指标与疾病有一定的相关性，随着对铁蛋白研究的深入，血液中的铁蛋白检测作为一些疾病诊断的指标越来越受到重视。过多输血、营养不良、炎症、肝脏病变等均会造成血液中铁蛋白升高，这可能是由于铁蛋白来源增加或清除障碍造成的。恶性肿瘤如肝癌、肺癌、胰癌、白血病等由于癌细胞合成的铁蛋白增加，也会使血清铁蛋白含量升高，故血清中铁蛋白的检测可作为恶性肿瘤的早期检测方法，对于恶性肿瘤的早期诊断具有重要的意义。缺铁性贫血、营养性贫血、失血、长期腹泻等会造成铁蛋白降低，常见于铁吸收障碍、感染、肝硬化等疾病，血液中铁蛋白的含量降低预示着可能有此类疾病。血液中铁蛋白的检测作为临床诊断的常规方法将在疾病早期诊断方面具有广阔的发展前景。

磁共振成像技术是目前临床诊断中首选的、无创伤性的检测手段，在恶性肿瘤、脑神经退化性疾病检测中应用广泛。近年研究发现铁蛋白与多种神经退化性疾病和癌症相关，阿尔茨海默症、帕金森症、亨廷顿症等病人的脑组织中都曾发现有固态化铁异常沉淀，这些异常的铁主要是亚铁磁性矿物沉淀，而这些异常的铁沉淀有可能主要是来自功能异常的铁蛋白。研究发现多种肿瘤细胞中的铁蛋白表达也出现异常，故可以将铁蛋白作为神经母细胞瘤和其他癌症的标志物和免疫治疗的目标，用核磁共振定量地检测组织内铁的含量以及病变组织损伤程度，该方法在脑神经退化性疾病和肿瘤的检测中应用前景良好。

6.5 铁蛋白装载药物分子

6.5.1 铁蛋白在药物靶向运输中的应用

铁蛋白的壳状结构在医学领域也具有广泛的应用。例如，在癌细胞治疗方面，铁蛋白可以作为基于铂金属化合物的运输载体，能够克服单纯铂类药物的毒性，并且能促进此类抗癌药物的细胞吸收[49]。Zhen 等[50]利用铁蛋白包埋脂溶性光敏剂 ZnF16Pc（1 mg 铁蛋白可以包埋 1.5 mg ZnF16Pc），使包埋后的铁蛋白大小约为 18.6 nm，并且具有良好的水溶性。研究发现该包埋物对 U87MG 皮下肿瘤细胞具有抑制活性，然而对其他正常细胞却几乎没有毒性，显示出良好的肿瘤细胞治疗活性。在癌细胞检测方面，通过在铁蛋白表面分别连接了荧光染料 Cy5.5 和淬灭剂 BHQ-3，达到检测癌细胞的目的[51]。其基本原理是荧光剂 Cy5.5 通过一个特殊的肽段 PLGVR 与铁蛋白连接，该肽段能够被细胞癌变时大量分泌的 MMP（基质金属蛋白酶）所识别并水解，从而释放荧光信号。具体过程为，首先当将两种不同标记的铁蛋白在 pH 2.0 时混合在一起时，蛋白质亚基解离，然后恢复至 pH 7.4 时，亚基自组装重新形成杂聚的铁蛋白，表现出荧光淬灭现象。随后，当杂聚铁蛋白分子进入体内到达癌细胞时，MMP 将 PLGVR 肽段水解释放出 Cy5.5，从而在癌细胞附近显示出荧光，利用这一方法可以用于癌细胞检测。在医学生物检测领域，有研究报道将铁蛋白外表面标记荧光基团，并在内部装载铁氰化物 hexacyanoferrate（Ⅲ），制成的复合物被作为生物检测标签用于荧光免疫分析和电化学免疫分析，其对免疫球蛋白 IgG 的检测限值可分别达到 0.06 ng/mL 和 0.08 ng/mL[52-53]。

铁蛋白壳体具有 3 个不同的表面：外表面，内表面和亚基之间的界面。从生物医学应用的角度来看，外表面是显示细胞特异性靶向配体的合适界面，而内腔可以容纳成像或治疗剂。外表面的改性可以通过化学方法或分子生物学方式实现。由于已经确定了铁蛋白家族中许多蛋白质的高分辨率晶体结构，可以在铁蛋白所需位置引入修饰基因。例如，已知结合 $\alpha_v\beta_3$ 和 $\alpha_v\beta_5$ 的氨基酸序列 RGD‑4C（CDCRGDCFC）与 HFn 的 N‑末端遗传缀合，HFn 突变体（RGD4C‑Fn）无论大小或形态显示出与野生型 HFn 无法区分的笼状结构。此外，还可以使用与 HFn 相同的方法在 RGD4C‑Fn 中成功制备磁铁矿纳米颗粒。这些结果表明 RGD‑4C 肽的引入不会显著干扰蛋白笼的组装和矿化能力。通过成像和治疗剂的细胞/组织特异性递送可以通过改变蛋白笼的外表面来实现。

6.5.2　铁蛋白用于肿瘤靶向治疗的药物载体（FDC）

（1）铁蛋白的内在肿瘤靶向特性

通常，纳米颗粒的肿瘤靶向策略包括被动靶向和主动靶向。被动靶向通常依赖于增强的渗透和滞留效应（EPR）。在这方面，FDC 的均匀尺寸为 12 nm，非常适合应用于肿瘤组织中血液和淋巴管系统紊乱引起的 EPR 效应[54]。迄今为止，市场上经临床批准的纳米粒子药物递送系统，主要是脂质体阿霉素（Doxil）和白蛋白紫杉醇（Abraxane）。然而，更深入的分析表明，这些递送方法并未显著改善治疗指数[55‑56]。

因此，通过化学修饰或基因修饰的主动靶向常常被引入到纳米递送系统中，从技术角度（即生产再现性和表面表征）和生物学角度（即与血流蛋白的相互作用、蛋白电晕成分、安全性和免疫反应）都需要解决许多问题，并影响最终结构的整体生物相容性[57‑58]。

FDC 作为肿瘤靶向纳米载体的关键优势是其对 TfR‑1 的固有特异性亲和力以及因此而产生的递送系统的简单性。FDC 不需要对包封药物和靶向肿瘤进行额外修饰，比单独使用 EPR 可达到的效果高 10 倍[59‑60]。

科学家虽然早在 20 世纪 60 年代就知道铁蛋白可被细胞吸收[61]，但直到 2010 年，TfR‑1 才被确定为 H 型人铁蛋白的受体，并且在细胞表面形成 H‑铁蛋白‑TfR‑1 复合物后可被溶酶体内化[62]。这一发现具有重要意义，因为 TfR‑1 最初被称为细胞内铁载体 Tf 和铁转运蛋白的受体，在多种恶性肿瘤中高度表达并被有效内化，因此成为肿瘤治疗和诊断的理想靶点。2012 年，人们证明了 HFn 可以识别临床肿瘤组织，从而表明 HFn 可以特异性靶向定位肿瘤。

人类 HFn 能够与小鼠中的 T 细胞免疫球蛋白和黏蛋白结构域 - 2（TIM2）相互作用；然而，尚未发现小鼠 TIM2 的人类同源物。关于 L 型铁蛋白，Scara5 已被确定为其在小鼠肾脏中的受体；然而，没有研究报告 L 型人铁蛋白与人类 Scara5 具有相同的结合。因此，不同来源的铁蛋白不能保证具有相同的受体或结合活性。此外，马脾铁蛋白（HosFn）已用于许多铁蛋白药物递送研究，与人类 HFn 不同，它主要由 L 亚基组成，它可能在小鼠中与 Scara5 结合，但不与小鼠 TfR - 1[63] 结合。

随着铁蛋白受体的发现，铁蛋白纳米载体作为肿瘤靶向释放平台的目标物获得了越来越多的关注。然而，铁蛋白纳米载体并没有使用转铁蛋白或抗体来靶向 TfR - 1（这两种物质都限制了它们装载大量药物分子的能力）。此外，HFn 靶向 TfR - 1 可以实现更好的生物安全性，最近的研究表明，铁蛋白受体细胞以阈值依赖的方式结合铁蛋白纳米载体[64]，表明其在体内具有优异的肿瘤选择性。最近，Montemiglio 等表明，HFn 与不同于转铁蛋白的 TfR - 1 结构域结合[65]，证实 HFn 与 TfR - 1 的结合不会干扰或与 Tf 的结合竞争[66]，并且对 TfR - 1 的生理功能影响最小。HFn 纳米探针可以被视为一种新的配体，在广谱范围内成功靶向 TfR - 1 肿瘤组织。而且许多研究表明，HFn 可以将有效载荷特异性地输送到癌症部位[67-68]。

铁蛋白的肿瘤靶向能力足以有效地靶向更大的纳米药物。Turino 等将 L 型铁蛋白与 PLGA NP 共价结合，以利用 LFnSCARA5 受体的靶向能力，同时减少其非特异性药物释放[69]。他们的结果优于未修饰蛋白，并且可以同时递送紫杉醇和 Gd - MRI 造影剂。Fan 等表明，铁蛋白可以将纳米酶输送到细胞中，特别是溶酶体中，并促进活性氧的生成[70]。

药物输送到大脑是一个复杂的过程，其受到血脑屏障（BBB）的限制。血脑屏障是一种高度调节的屏障，它保护大脑免受外部毒素的影响，因此对于拟输送到大脑的药物来说，血脑屏障也是高度不可穿透的。HFn 包封的 Dox 能够穿过血脑屏障，并通过 HFn 受体（TfR - 1）介导的内吞作用将药物输送到肿瘤部位。TfR - 1 是一种具有良好应用前景的跨越血脑屏障的受体，在血脑屏障和多种类型的脑肿瘤中过度表达。重要的是，目前有许多 TfR - 1 靶向纳米药物正在进行脑肿瘤治疗的临床试验[71]，进一步突出了 TfR - 1 在穿越 BBB 和靶向脑肿瘤中的作用。在 TfR - 1 靶向策略中，FDCs 比基于转铁蛋白的纳米载体在跨越 BBB 方面表现出更好的效果，因为高浓度的内源性转铁蛋白可能与纳米载体竞争性结合，而铁蛋白与 TfR - 1 具有不同的结合位点。与

TfR－1 靶向抗体相比，FDC 与 TfR－1 的结合亲和力相对较弱，这使得 FDC 能够转移到 BBB 内皮细胞的内体中，从而穿过 BBB。此外，FDCs 优先被受体阳性细胞以 threshold 依赖的方式结合，允许显著的肿瘤细胞摄取，同时也确保了生物安全性。因此，总的来说，FDCs 是基于 TfR－1 的血脑屏障穿越和脑肿瘤治疗的预测策略（图6－3）。

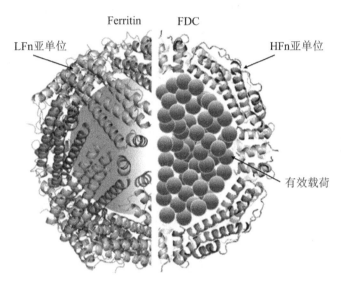

图6－3 铁蛋白和铁蛋白药物载体（FDC）[54]

HFn 可以通过与 TfR－1 的相互作用穿过 BBB 以特异性靶向胶质瘤肿瘤细胞，但在 FDC 进入细胞后，发现其在两个不同的位置，即 BBB 内皮细胞的内体和胶质瘤细胞的溶酶体。在健康的大脑中，HFn 不会积累，因为 TfR－1 没有过度表达。累积剂量为 3mg/kg 的 HFn－Dox 对肝脏、肾脏或脾脏以及健康脑组织均无明显毒性。HFn 在内皮细胞和肿瘤细胞中的不同定位可能是由于两个重要原因：①基于 HFn 的对称结构，HFR1 在 HFn 上具有多个结合位点；②当 TfR－1/配体的结合比大于 2：1 时，复合物将定位于溶酶体[72]。当 HFn 与内皮细胞结合时，相对低水平的 TfR－1 导致 TfR－1/HFn 结合比小于 1：1，而在肿瘤细胞中，高水平的 TfR－1/HFn 结合比大于 2：1。

（2）肿瘤靶向部分修饰的铁蛋白

虽然铁蛋白内在的肿瘤靶向能力使其成为一种简单的药物递送载体，但它不仅限于靶向其天然受体 TfR－1，而且可以很容易地用其他靶向基序修饰，以用于多种应用。学者们甚至在铁蛋白的细胞膜受体被发现之前，就已经通过生物工程和化学修饰研究了 FDCs 的主动肿瘤靶向策略。铁蛋白由 24 个由基因编码的蛋白质亚基组成，可以通过基因工程实现靶向基序的功能化[73]。此外，暴露在铁蛋白表面的赖氨酸和半胱氨酸残基可以利用与 N - 羟基琥珀酰亚胺（NHS）酯或马来酰亚胺基团交联的化学基团偶联。

RGD 修饰目前是 FDCs 最常用的肿瘤靶向修饰，因为其尺寸小，且在外表面上嵌入基序简单，不会破坏整体结构。有学者用 aRGD - 4C（CDCRGD-CFC）肽对人 HFn 进行了修饰，通过与 αvβ3 整合素分子结合，增加了与癌细胞 C32 黑色素瘤相互作用的特异性靶向[74]。此后，学者们还证实，RGD 修饰的铁蛋白在靶向胶质母细胞瘤的同时，随着各种活性分子（包括金属阳离子、Dox 和光敏剂）的装载，保持了良好的选择性[50-51,75-77]。迄今为止，研究表明 RGD 的修饰是有效的[78-82]。Ceci 等通过类似肽将黑素细胞刺激激素连接到铁蛋白的外部以实现特定功能[83-84]。此外，表皮生长因子和人 HFn 的嵌合蛋白可以与乳腺癌 MCF - 7 和 MDA - MB - 231 细胞特异性结合并被其吸收，并在小鼠异种移植模型中积累[85]。除了传统的靶向部分，特定肽段在 HFn 纳米探针表面进行了基因修饰，以靶向肿瘤细胞[86-87]。Jiang 等鉴定了 SP94 肽，这是一种治疗肝细胞癌（HCC）的新肽，并成功将其标记在 FDC 上，以有效递送抗 HCC 药物，而不损害健康组织[88]。Hwang 等提出，通过在铁蛋白上基因表达蛋白 G，可以将人载脂蛋白转化为模块化结构，从而允许任何抗体或 Ni - NTA 功能化纳米颗粒与铁蛋白结合[89]。

化学修饰也可用于改变 FDCs 的靶向性。例如，Ceci 等将单克隆核糖直接结合到铁蛋白表面，以提供具有黑素靶向能力的 FDC[90]。生物素化是一种将生物素共价连接到生物分子上的标准蛋白质修饰方法。Crich 等使用该方法将神经细胞黏附分子（NCAM）靶向肽与铁蛋白偶联，从而使铁蛋白在体内靶向肿瘤血管生成[38]。通常，具有较少部件的药物输送载体提供更可靠和稳定的功能。铁蛋白与 TfR - 1 的内在结合还能使铁蛋白能够特异性靶向肿瘤细胞。

（3）铁蛋白药物装载策略

铁蛋白的笼状结构使其能够包裹相对数量的药物，这对于成功的药物递送载体至关重要。可稳定装载的药物量会影响载体的有效性。为了确定 FDC 应用的最佳策略，学者们已经开发了许多药物装载方法。通常有 3 种主要方法用于将药物负载封装到铁蛋白笼中，即被动加载、通过变性缓冲液破坏蛋白质结构以及 pH 介导的分解和重组，这些方法根据药物类型表现出不同程度的适用性。

铁蛋白外壳具有 8 个亲水通道和 6 个疏水通道。许多研究已经尝试了依赖于被动加载的药物封装策略[91-93]。例如，Cu^{2+} 已被用于将阿霉素加载到铁蛋白腔中，由此阿霉素与 Cu^{2+} 孵育形成复合物，然后可以通过亲水通道。这些通道足够灵活，允许大于通道的分子进入，最大尺寸为 13 Å。然而，当装载分子量更大的药物时，它的效率将变得更低。疏水通道也被用于药物的装载，如 EGFR 酪氨酸激酶抑制剂吉非替尼[94]。最近，开发了一种高静压封装方法来装载阿霉素，这最大化提高了铁蛋白通道的药物装载潜力[95]。通过使用离液剂变性蛋白质，可以促进大分子药物包封到铁蛋白中。例如，先前的一项研究使用 8 M 尿素来拓宽通道并允许其他药物通过，然后通过改变浓度梯度去除尿素，使药物封装在蛋白质笼中。该策略也被用于 Dox、卡巴胆碱和阿托品的封装。此外，药物负载也可以通过 pH 介导的铁蛋白的分解和重组来实现[96-97]。铁蛋白可以通过将缓冲液 pH 改变为极酸性或碱性（例如，对于野生型 HFn，封装所需的 pH 低于 2 或高于 11，对于 HFn 变体，所需 pH 低于 4）来进行分解，然后将药物与分解的蛋白混合。pH 值的恢复可诱导铁蛋白纳米笼重新组装，使得药物分子被截留于铁蛋白中。然而，使用极端 pH 值会永久性地损害铁蛋白，损害药物包封能力和稳定性，这是将此类方法转化为临床实践的一个难题[98]。

（4）FDCs 及其抗肿瘤作用

尽管铁蛋白在细胞核中释放药物的机制尚未完全阐明，但越来越多强有力的证据表明，铁蛋白的有效载荷传递是一种有效的方法，可降低非特异性细胞毒性和提高药物疗效。使用铁蛋白载体递送药物也可以减少各种药物的副作用，如顺铂的发作风险或阿霉素的心脏毒性[99]。此外，作为一种水溶性蛋白质，铁蛋白可以被快速溶解，这对于递送疏水性药物至关重要。而且，由于肿瘤细胞的高代谢和对铁的需求，HFn 可用于靶向过度表达 TfR-1 的肿瘤细胞，因此铁蛋白是肿瘤药物递送的理想蛋白[100]。此外，在与 TfR-1 相互作用后，HFn 可以通过 TfR-1 介导的内吞作用有效地传递到溶酶体。目前的证据表明，在溶酶体酸化过程中，含铁蛋白的药物逐渐释放。动物研究还表明，在减少副作用的同时，肿瘤显著减少。

当铁蛋白首次被引入药物循环时，在铁蛋白笼的帮助下，FDC 的血液消除半衰期和浓缩时间下的面积显著长于游离药物。FDC 的被动靶向主要取决于血液和淋巴管疾病、插管组织导致的渗透性增强和滞留效应。纳米颗粒的

EPR 效应取决于其尺寸分布[101]，而化学合成纳米颗粒中的尺寸分布通常控制效果不好。另一方面，铁蛋白显示出优异的尺寸分布，不同的生物工程铁蛋白尺寸通常为 12~20 nm，当加载药物时，观察到的铁蛋白尺寸变化极小，这也体现了铁蛋白的优势。

另外，金属类药物，如顺铂和卡铂，可以很容易地包裹在铁蛋白外壳中。顺铂是一种基于铂的抗肿瘤药物，通过与 DNA 结合并抑制其复制来杀死癌细胞，其临床应用在很大程度上受到了高毒性和肿瘤耐药性的限制[102]。与含金属药物相比，由于与铁蛋白的相互作用较差，非含金属药物负载更复杂。Dox是 Simek 和 Kilic 于 2005 年首次将其封装在铁蛋白中的化疗药物。Dox 是一种广泛用于治疗多种癌症的药物，但在高剂量下会产生毒性。然而，将 Dox 封装在铁氧体纳米笼中可能会消除这些不必要的影响。例如，在 U87MG 胶质母细胞瘤肿瘤模型中评估了与铁蛋白纳米笼内负载的 Cu（Ⅱ）预复合的 Dox，尽管 Cu（Ⅱ）的毒性增加，但具有显著的肿瘤抑制效果。在没有任何靶向配体功能化的情况下，铁蛋白纳米载体可以在体内靶向肿瘤，表现出超过 10 倍的药物浓度，同时显著减少健康器官的暴露。除 Dox 外，铁蛋白还装载了多种药物。例如，道诺霉素在结构上与 Dox 相似，已通过聚 L – 天冬氨酸辅助负载成功添加到马脾脏铁蛋白中，尽管其没有显示抗肿瘤活性。姜黄素由于其化学不稳定性、水不溶性和缺乏潜在和选择性靶点，在其游离形式中相对无效，已被有效加载到 HFn 和 HosFn 中，HosFn 姜黄素显示出显著的抗肿瘤活性。这些研究表明，生物利用度较差的有机复合抗癌药物可以通过铁蛋白包封来增强抗肿瘤效果。

总之，铁蛋白能够包裹多种药物，对药物功效的发挥具有益影响。药物包封在铁蛋白屏蔽层内，可显著降低其对健康细胞的毒性，同时保持其对癌细胞的影响。据报道，铁蛋白包封药物的最大耐受剂量是游离药物的 4倍[103]，与 Doxil 和白蛋白递送的耐受剂量相当[104]。而且，很多研究也表明，在特定环境中铁蛋白中所含的药物逐渐释放。

（5）铁蛋白药物载体与抗体药物偶联物

多种独特的性质使铁蛋白成为一种具有良好发展前景的药物递送候选物，包括均匀的尺寸、生物相容性、生物降解性、热稳定性、pH 稳定性、中空空腔、天然靶向性等。尽管如此，对 FDC 的研究仍处于起步阶段。因此，将铁蛋白与成熟的平台进行整合非常重要。Li 等先前比较了铁蛋白和外泌体的各个方面[105]。Paul Ehrlich 等描述了一种策略，可以选择性地将载体输送到肿瘤[106]，这一想法促进了 ADC 以及其他靶向药物输送系统的发展。经过长期的研究和优化，Mylotarg 是市场上第一个 FDA 批准的 ADC 药物。然而，在批准后不久，Mylotarg 给药导致了多次临床失败，原因是不稳定性相关的毒性导致死亡人数增加[107]。如今，只有少数 ADC 药物获得了 FDA 的批准，其长期性能有待评估。

FDCs 表现出与 ADC 相似的靶向能力，特别是因为发现了 TfR - 1 特异性结合能力。尽管结合亲和力比某些 TfR - 1 抗体弱十倍，但它并没有阻碍其将药物输送到预期肿瘤的能力。甚至有人认为，在开发靶向药物递送时，高亲和力可能并不容易实现。在一定的结合强度上更强的亲和力会阻碍抗体穿过屏障进入肿瘤的能力。ADC 的药物加载过程需要连接物对有效载荷进行化学偶联，这限制了可结合到抗体上的药物量，而不影响 ADC 的靶向能力。相反，FDC 通过拆卸和重新组装或被动通过离子通道装载药物，并且仅受铁蛋白纳米笼的空间和封装优化方法的限制。一个铁蛋白可以封装多达数百种小分子药物，而一个抗体一次只能连接到 2 ~ 6 种药物。例如，由于阿霉素效力低，阿霉素偶联（BR96 - DOX）ADC 未能实现临床前活性，这导致在药物递送至靶位点之前的非特异性切割产生显著毒性[108]。然而，临床开发过程中，下一代 ADC 正在使用更有效的载荷，药物与抗体的比率更低，这将显示出皮摩尔范围内的细胞毒性，从而在细胞内杀死肿瘤细胞。放射性标记抗体的临床研究表明，24 h 后只有 0. 01% 的注射抗体定位于肿瘤[109]。因此，能够输送更高比例药物的载体在临床上很重要。

ADC 的稳定性受连接子的影响很大，这对成功靶向递送至关重要。连接子的稳定性使缀合物在血液中停留更长的时间[110]。然而，如果连接子太稳定，则无法在细胞内释放药物。相比之下，FDCs 依赖于蛋白质外壳来防止 PAYLOAD 作为游离药物过早释放，这已被证明在药物释放检测中相对有效。蛋白质保护壳还可以延长药物的保质期，这是 ADC 不具备的优势。

铁蛋白纳米笼可以用大肠杆菌或其他菌种生产，并且可以在没有任何进一步修饰的情况下自行组装，这提高了进行铁蛋白研究的便利性，并具有用于更大规模的操作的可能。另一方面，抗体需要核细胞或小鼠腹水来生产[111]，这相对昂贵。相比之下，重组生产的哺乳动物铁蛋白相对便宜，已建立的分离铁蛋白和其他蛋白质的生产过程仅通过加热至约 75℃，去除变性蛋白，剩余铁蛋白上清液。通过色谱分离进一步纯化，最终显示出非常高的纯度，因此具有用于药物载体的优势。另外，基于铁蛋白的对称结构，铁蛋白与 TfR - 1 上存在多个结合位点，单个结合不会触发进入细胞，但与多个受体的结合允许阈值依赖性结合从而进入细胞[64,112]。相比之下，正常细胞上 TfR - 1 的表达不促进 FDC 的内吞，只有肿瘤细胞中的高表达导致 FDC 显著结合到细胞中。

6.6　铁蛋白在催化、电磁感应及疾病相关方面的应用

6.6.1　催化应用

　　纳米酶是自发现 Fe_3O_4 纳米颗粒（NPs）的过氧化物酶样活性后产生的一个术语[113-114]，近年来主要用于描述具有内在酶活性的纳米材料。从这个角度来看，纳米酶应该是能够在生理条件下催化底物转化的纳米材料。最重要的一点是，纳米酶的酶活性必须来自纳米材料本身，而不是将额外的酶结合到纳米材料上[115]。纳米酶主要由无机材料组成，与生物大分子相比，纳米酶具有一些独特的优势，例如，在环境和恶劣条件下具有更高的稳定性，更方便大规模生产。此外，纳米材料通常表现出非常有趣的磁性、电学、光学和热学特性，而它们的天然对应物几乎不可能具备这些特性[116]。纳米材料的这些独特的物理化学性质和众所周知的尺寸效应赋予了纳米酶不同的功能以及设计的更多可能性。因此，纳米酶在过去十年中得到了实质性的发展。尽管对纳米酶的研究还处于初级阶段，但它已经在医学治疗、生物传感甚至环境毒理学方面显示出巨大的应用潜力[117]。

　　纳米酶的催化性能主要取决于大小、表面形态和化学状态，在反应过程中，纳米酶在自由基生成、电子转移以及底物或产物吸附/解吸中起着关键作用。因此，有必要以可控的方式制备纳米酶，以实现窄尺寸分布、明确的表面和可避免的团聚[118]。使用生物分子，例如铁蛋白，作为预组织支架已被证明是一种有效的方法。目前学者们已做出巨大努力，利用各种生物分子模板开发和应用多种纳米材料[119]。特别地，铁蛋白由于其独特的结构、表面特性和高生物相容性，已成为合成金属、金属氧化物、半导体或贵金属纳米颗粒的一种优异且有前途的基于蛋白质的纳米复合材料[120]。

　　铁蛋白可以作为模板/纳米反应器以及纳米酶递送载体用于纳米酶的合成或纳米酶催化反应，尺寸控制是铁蛋白模板合成的一个最具特色的特征，与其他合成方法相比，铁蛋白模板化合成产生的纳米颗粒具有对催化活性至关

重要的高单分散性。铁蛋白的纳米笼提供了一个分离的微环境,其中内部反应独立于外部环境,这使其成为纳米酶催化反应的理想反应空间。事实上,铁蛋白的空腔不仅可以作为制备纳米酶的模板,还可以作为纳米酶催化反应的纳米反应器(图6-4a、图6-4b)。生理学上,铁蛋白是无处不在的细胞铁储存和解毒蛋白,铁蛋白的表面可以通过化学或分子生物学方法轻易修饰以引入功能。另外,铁蛋白及其衍生物也可以用作纳米酶药物的有力载体(图6-4c)[121]。

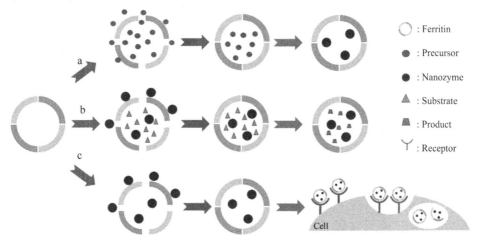

a. 铁蛋白作为模板/纳米反应器用于合成纳米;b. 铁蛋白作为纳米酶催化反应的纳米反应器;
c. 铁蛋白作为递送纳米酶的载体[121]。

图6-4 铁蛋白在纳米酶领域的功能

铁蛋白笼可作为各种金属催化剂促进化学反应的催化纳米反应器。在这方面,铁蛋白空间受限的内腔可以作为一种理想的化学反应腔。美国 Trevor Douglas 团队是最早研究使用铁蛋白用于 NPs 作为光还原催化剂的团队之一。特别是包裹在蛋白腔内的天然矿物核,主要以铁素体形式存在,已被证明是一种半导体光催化剂,可将剧毒的 Cr(Ⅵ)还原为较良性的 Cr(Ⅲ)。具有高稳定性和低成本的新型催化剂被认为是天然酶的替代品。

铁蛋白蛋白壳体也被用作支架蛋白来设计人工有机金属酶。例如,已经证明有机金属化的 Rh(nbd)(nbd =降冰片二烯)复合物固定在铁蛋白的特定位点。负载 Rh(nbd)的铁蛋白可以催化笼内苯乙炔的聚合反应[122]。在铁蛋白笼中制备的聚合物的分子量分布窄于不存在铁蛋白时由 [Rh(ndb)Cl]₂ 获得的分子量分布。据报道,Pd(烯丙基)络合物通过加入 [Pd(烯丙基）Cl]$_2$ 作为铁蛋白中的双核络合物[123]。所得材料可催化 4 – 碘苯胺和苯基硼酸的 Suzuki – Miyaura 偶联反应。将 Pd 配位的 His 残基取代为 Ala 残基可以改变其催化活性。总之，这些结果表明，通过合理设计铁蛋白蛋白笼内的金属配位点，可以开发出高效的 "人工金属酶"。

6.6.2　电子和磁性应用

蛋白质壳体作为电子设备制造中的构建模块也具有巨大的潜力。通过复杂的自上而下的方法（例如光刻法）使得过去 50 年中芯片性能每两年翻一番[124]。然而，用于制造电子器件的传统方法正达到理论极限。自下而上方法与当前自上而下过程的组合预期将提供突破，允许电子设备的进一步小型化。蛋白质笼是用于通过自下而上方法制造纳米器件的理想纳米构建模块，因为它们具有极好的尺寸均匀性，即使在原子水平，也具有通过设计赋予功能的多功能性。Yamashita 等利用铁蛋白和 Dps 模板化金属氧化物纳米粒子作为构建单元，开发了所谓的生物纳米工艺（BNP），用于制造金属氧化物半导体（MOS），如浮动纳米点栅极存储器件或低温多晶硅薄膜晶体管闪存。MOS 器件的性能和特性取决于纳米点阵列的尺寸，形状和密度。在最近的一篇论文中，学者们证明了 BNP 在控制这些参数方面具有优势[125]。制备蛋白笼模板化纳米颗粒的二维阵列在这些装置的制备中是关键的。他们测试了两种技术来制作二维纳米粒子阵列，使用蛋白质壳体和基质之间的静电相互作用。铁蛋白和 Dps 的外表面以及 Si 基底在中性 pH 附近都带负电。因此，蛋白外壳可以静电吸附在 Si 基板的设计区域上，该基板经过修改后具有带正电荷的表面[126]。另一种方法利用通过噬菌体展示技术发现的特异性肽，其显示出与靶向底物的特异性结合。将钛结合肽（RKLPDA）或金结合肽（LKAHLPPSR-LPS）引入铁蛋白的外表面，并且证明工程化的铁蛋白可以选择性地黏附到基质上的钛或金。

控制合成纳米颗粒的磁性的能力在磁性器件应用中是非常重要的。蛋白质壳体，如铁蛋白，提供尺寸和形状受限的反应环境，这允许人们定制合成的磁性纳米粒子的磁性。例如，通过改变蛋白笼模板的大小或通过改变金属氧化物前体的负载因子来证明尺寸依赖的磁性控制。更有趣的是，如果在单个铁蛋白笼内一起形成亚铁磁性 Co$_x$Fe$_3$$-xO_4$ 和反铁磁性 Co$_3$O$_4$ 纳米粒子，则观察到磁交换偏置行为，这对于高密度记录和传感器等技术应用具有相当大的意义[127]。这些发现表明了使用蛋白质笼作为制备磁性纳米粒子模板的仿生方法的潜力。

6.6.3　铁蛋白作为急性期反应物

急性期反应是宿主细胞继发于损伤、创伤、感染、自身免疫性疾病或新血浆的一系列反应。急性期反应旨在抑制细胞损伤过程，同时促进组织修复过程[128]。急性期反应物实际上主要是肝细胞产生和分泌的急性期蛋白。细胞因子被发现在急性期蛋白质合成的调节中起主要作用。例如，白细胞介素 - 1β（IL-1β）、肿瘤坏死因子 α（TNF - α）和白细胞介素 - 6（IL-6）是促炎细胞因子，从而刺激急性期蛋白的产生。反过来，白细胞介素 - 10（IL - 10）和转化生长因子 β（TGF - β）是抗炎细胞因子下调急性期蛋白合成的例子[129]。肝脏大量合成（过度表达）的急性期反应物被称为"阳性"急性期蛋白（APP），包括 Hp、SA、纤维蛋白原、Cp、AGP、α - 1 - 抗胰蛋白酶、乳铁蛋白和 CRP。低水平合成的 APP 包括白蛋白、转铁蛋白和转甲状腺素等蛋白质[130]。

铁蛋白是一种阳性的急性期反应物，在细胞内和细胞外介质中都以高浓度存在。铁蛋白有多种形式，取决于其两个亚基（H 型和 L 型亚基）之间的比例[131]。由于这两个亚基的功能不同，它们决定了铁蛋白的代谢特征[132]。富含 H 型亚基的铁蛋白通过更快地积累和释放铁，在动力学方面有助于细胞内铁的流通[133]。另一方面，当铁负荷发生时，富含 L 型亚基的铁蛋白由于其积累更多铁的能力而优先增加，因为富含 L 型亚基的铁蛋白比富含 H 型亚基的铁蛋白更稳定[134 - 135]。上调铁蛋白 H 型和 L 型亚基的表达对于保护机体免受氧化应激是有效的[136]。然而，炎症中大多数指导铁蛋白合成的刺激导致富含 H 型亚基的铁蛋白合成比富含 L 型亚基的铁蛋白合成上调，这表明炎症中铁的快速螯合和有效细胞铁减少的重要性。富含 H 型亚基的铁蛋白的上调还提供了抵抗炎症过程中羟基自由基的氧化损伤的能力，因为 Fenton 反应产生这些自由基所需的铁很少[137]。作为急性相反应物，铁蛋白在细胞内螯合和储存铁。铁蛋白在炎症背景下的铁稳态中的作用在身体抵抗感染、损伤和癌症方面具有重要意义。例如，芬顿反应包括亚铁（Fe^{2+}）与 H_2O_2 反应生成羟基自由基，羟基自由基是最活跃的氧自由基之一[138]。氧自由基通过与吞噬物质的细胞成分反应，在吞噬过程中帮助中性粒细胞和巨噬细胞。在炎症和感染情况下，会产生大量的氧自由基。随后，氧自由基泄漏到炎症周围的液体和组织中，通过与细胞成分反应导致大量细胞损伤[139]。因此，通过提高铁蛋白水平来减少有效铁水平，可以防止炎症部位可能产生的自由基损伤。

6.6.4　铁蛋白与自身免疫性疾病

铁蛋白水平升高可以指示各种自身免疫性疾病。自身免疫性疾病中铁蛋白高水平背后的机制是细胞因子对铁蛋白合成的免疫刺激所致[140-141]。类风湿性关节炎是一种自身免疫性疾病，其特征是关节炎症和 TNF - α 和 IL - 1α 水平升高[142]。类风湿性关节炎患者的血清铁蛋白水平可以在正常范围内，然而，滑液和滑膜细胞的铁蛋白水平已显示增加[143]。相对的，人们发现全身幼年性关节炎患者在诊断时血清铁蛋白水平升高[144]。在类风湿关节炎的治疗期间铁蛋白的水平有所降低，其水平的波动将有助于医生指导使用糖皮质激素。尽管 C 反应蛋白与类风湿性关节炎疾病活动性有显著相关性，但已观察到与血清铁蛋白水平相似且不太显著的相关性[145]。系统性红斑狼疮是一种慢性自身免疫性疾病，由于具有弥漫性炎症的各种类型的自身抗体，已被证明会影响多个器官和组织[146]。急性期蛋白升高不是系统性红斑狼疮的特征，除非伴有感染，然而，在患有肾炎的红斑狼疮患者的尿液中可以检测到高铁蛋白浓度[147]。另一项研究表明，活动性疾病患者的血清铁蛋白水平升高[148]。多发性硬化是另一种导致中枢神经系统（CNS）脱髓鞘的自身免疫性疾病[149]。因为铁是髓鞘形成所必需的；铁调节失调被证明参与了多发性硬化症的发病机制[150]。事实上，铁向脑组织的传递依赖于转铁蛋白，因为转铁蛋白受体位于灰质区，而铁蛋白结合位点位于白质区。此外，多发性硬化导致脱髓鞘区域内转铁蛋白和铁蛋白结合位点水平的差异[151]。但无论分析脱髓鞘的原因还是结果，脱髓鞘和铁蛋白结合丧失之间的因果关系仍不确定。此外，在一项对150 名多发性硬化症患者进行的研究中，与健康对照组相比，多发性肝硬化患者的高铁蛋白血症更常见[152]。与高铁蛋白水平相关的其他自身免疫性疾病还有多发性肌炎和皮肌炎，特别在老年患者中更加明显[153]。此外，还发现甲状腺炎患者的铁蛋白水平升高，但在使用消炎药物治疗后其水平有所降低[154]。

6.6.5　铁蛋白与传染病

长期以来，急性传染病感染期间铁蛋白水平的升高一直是铁蛋白与传染病之间具有强相关性的一个很好的例子。20 世纪 70 年代的一项研究[155]调查了包括 18 名急性感染患者的铁蛋白水平，结果显示感染急性传染病后，这些患者的血清铁蛋白水平突然升高。表明无论病原体是病毒还是细菌，患者血清铁蛋白水平的快速升高是相似的。此外，铁蛋白和结合珠蛋白在血清水平的上升和下降方面表现出平行的行为。与疾病初期血清铁蛋白的快速升高相反，铁蛋白水平开始下降需要长达 5 周的时间。另一项研究报道，在感染性疾病中，铁蛋白开始减少的持续时间更长[156]。细菌感染也会导致铁蛋白水平升高。Kawamata 等[157]调查了 22 名感染支原体肺炎的日本儿童的铁蛋白水平。虽然血清铁蛋白在肺炎急性期增加，但在恢复期迅速下降。作者认为，铁蛋白水平可以作为疾病严重程度的指标。此外，铁蛋白还被提议作为肺炎军团菌肺部感染患者的诊断标志物[158]。除细菌外，病毒感染中也有高铁蛋白浓度的报道。流感病毒感染患者血清铁蛋白水平升高。例如，22 名感染 H5N1 流感病毒的患者中有 6 人的血清铁蛋白水平升高[159]。此外，在 H1N1 流行期间，铁蛋白水平升高被用作军团菌病的快速诊断替代标志物，这一标志物有助于在流感季节区分 H1N1 感染和军团菌病[160]。此外，高铁蛋白水平与甲型流感感染患者的愈后健康水平较差相关[161]。类似地，较高的铁蛋白水平与流感疫苗的不良免疫反应相对应[162]。除流感病毒外，高铁蛋白水平与埃博拉出血热出血和死亡相关[163]。一份病例报告显示，2 名基孔肯雅热感染患者出现高铁蛋白血症综合征，在感染后表现为 Still 氏病，并被认为是由于病毒感染引发了高铁蛋白水平，继而发展为自身炎性疾病[164]。除了前面提到的感染因素外，在其他细菌和病毒感染（如 EBV、HIV 和结核病）中也证明了血清铁蛋白的升高[165]。我们尚不清楚冠状病毒与铁蛋白之间的关联性，相关的报道也并不多见。事实上，关于严重急性呼吸综合征（SARS）疫情[166-167]和沙特阿拉伯中东呼吸综合征疫情[168-169]，铁蛋白水平的数据很少。在早期 SARS 流行期间，一项来自中国台湾的研究描述了首批 10 名感染 SARS 病毒患者的铁蛋白水平，研究结果发现这 10 名患者中有 7 人的铁蛋白水平较高[170]，其铁蛋白水平范围为 590～4984 ng/mL。此外，有研究发现铁蛋白水平的升高可能与患者的临床恶化有关。

6.6.6　高铁血症与高铁血症综合征

几十年来，人们已经知道高水平的铁蛋白与各种炎症和传染病的关联[171]，然而，极高水平的铁蛋白被视为一个单独的病理指示指标。例如，当铁蛋白水平增加到 400 ng/mL 以上时，就认为是高铁蛋白血症[172]。高铁蛋白水平与构成"高铁蛋白血症综合征"（Shoenfeld 综合征）的一系列症状相关[173]。1998 年，阿尔贝托·皮佩诺（Alberto Piperno）总结了各种疾病，这些疾病以一种常见的机制共同导致了铁蛋白水平的升高。Piperno 将这些疾病命名为"高铁血症"[174]。根据研究者的说法，高铁血症的原因还有待进一步明确，并且与之前已知的由于先天性或后天性疾病导致铁过载的病理不同，这些疾病可能主要与铁过载有关。

参考文献

［1］ ANDREWS S C, HARRISON P M, YEWDALL S J, et al. Strueture, Funetion and evolution of Ferritins［J］. Journal of Inoranic Biochemistry, 1992, 47: 161 – 741.

［2］ WADE V J, TREFFRY A, LAULHERE J P, et al. Structure and composition of ferritin cores from pea seed (Pisum sativum) ［J］. BIOCHIMICA ET BIOPHYSICA ACTA – BIOMEMBRANES, 1992, 1161 (1): 91 – 96.

［3］ WATT G D, JACOBS D, FRANKEL R B. Redox Reactivity of bacterial and mammalian ferritin tis reductant entry into the ferritin interior a necessary step for iron release［J］. Proceedings of the National Academy of Sciences of the United States of America, 1988, 85 (20): 7457 – 7461.

［4］ MANN S, MELDRUM F C. Controlled synthesis of inorganie materials using supramolecular assemblies［J］. Advanced Materials, 1991, 3 (6): 316 – 318.

［5］ DOUGLAS T, STARK V T. Nanophase cobalt oxyhydroxide mineral synthesized within the protein cage of ferritin［J］. Inorganic Chemistry, 2000, 39 (8): 1828 – 1830.

［6］ OKUDA M, IWAHORI K, YAMASHITA I, et al. Fabrication of nickel and chromium nanoparticles using the protein cage of apoferritin［J］. Biotechnology & Bioengineering, 2003, 84 (2): 187 – 194.

［7］ KLEM M T, MOSOLF J, YOUNG M, et al. Photochemical mineralization of europium, titanium, and iron oxyhydroxide nanoparticles in the ferritin protein cage［J］. Inorganic Chemistry, 2008, 47 (7): 2237 – 2239.

［8］ WANG K K W, MANN S. Biomimetic synthesis of cadmium sulfide – ferritin nanocomposites ［J］. Advanced Materials, 1996, 8 (11): 928 – 932.

［9］ YAMASHITA I, HAYASHI J, HARA M. Bio – template synthesis of uniform cdSe nanoparticles using cage – shaped protein, apoferritin［J］. Chemistry Letters, 2004, 33 (9): 1158 1159.

［10］ GÁLVEZ N, FERNANDEZ B, VALERO E, et al. Apoferritin as a nanoreactor for preparing metallic nanoparticles［J］. ComptesRendus – Chimie, 2008, 11 (10): 1207 – 1212.

［11］ PEAD S, DURRANT E, WEBB B, et al. Metal ion binding to apo, holo, and reconstituted horse spleen ferritin［J］. Journal of Inorganic Biochemistry, 1995, 59 (1):

15 – 27.

[12] YANG Z, WANG X, DIAO H, et al. Encapsulation of platinum anticancer drugs by apo-ferritin [J]. Chemical Communicationsun, 2007: 3453 – 3455.

[13] YANG X, AROSIO P, CHASTEEN N D. Molecular diffusion into ferritin: pathways, temperature dependnce, incubation time, and concentration effects [J]. Biophysical Journal, 2000, 78 (4): 2049 – 2059.

[14] JACOBS J F, HASAN M N, PAIK K H, et al. Development of a bionanotechnological phosphate removal system with thermostable ferritin [J]. Biotechnology & Bioengineering, 2010, 105: 918 – 923.

[15] THEIL E C, MATZAPETAKIS M, LIU X. Ferritins: iron/oxygen biominerals in protein nanocages [J]. Journal of Biological Inorganic Chemistry, 2006, 11: 803 – 810.

[16] WANG Z, LI C, ELLENBURG M, et al. Structure of human ferritin L chain [J]. Acta Crystallographica Section D – Structural Biology, 2006, 62: 800 – 806.

[17] FAN R, CHEW S W, CHEONG V V, et al. Fabrication of gold nanoparticles inside un-modified horse spleen apoferritin [J]. Small, 2010, 6: 1483 – 1487.

[18] LIU Y, Yang R, Liu J, et al. Fabrication, structure, and function evaluation of the ferritin based nano – carrier for food bioactive compounds [J]. Food Chemistry, 2019, 299: 125097.

[19] JOLLEY C C, UCHIDA M, REICHHARDT C, et al. Size and crystallinity in protein – templated inorganic nanoparticles [J]. Chemistry of Materials, 2010, 22: 4612 – 4618.

[20] DOUGLAS T, RIPOLL D R. Calculated electrostatic gradients in recombinant human H – chain ferritin [J]. Protein Scienceence, 1998, 7: 1083 – 1091.

[21] BUTTS C A, SWIFT J, KANG S G, et al. Directing noble metal ion chemistry within a de-signed ferritin protein [J]. Biochemistry, 2008, 47: 12729 – 12739.

[22] MAITY B, HISHIKAWA Y, LU D, et al. Recent progresses in the accumulation of metal ions into the apo – ferritin cage: Experimental and theoretical perspectives [J]. Polyhedron, 2019, 172: 104 – 111.

[23] KASYUTICH O, ILARI A, FIORILLO A, et al. Silver ion incorporation and nanoparticle formation inside the cavity of Pyrococcusfuriosus ferritin: structural and size – distribution analyses [J]. Journal of the American Chemical Society, 2010, 132: 3621 – 3627.

[24] UCHIDA M, KANG S, REICHHARDT C, et al. The ferritin superfamily: Supramolecular templates for materials synthesis [J]. Biochimica et Biophysica Acta (BBA) – General Subjects, 2010, 1800: 834 – 845.

[25] DEANS A E, WADGHIRI Y Z, BERNAS L M, et al. Cellular MRI contrast via coexpression of transferrin receptor and ferritin [J]. Magnetic Resonance in Medicine, 2006, 56:

51 - 59.

[26] FAN K, CAO C, PAN Y, et al. Magnetoferritin nanoparticles for targeting and visualizing tumour tissues [J]. Nature Nanotechnology, 2012, 7: 459 - 464.

[27] TREFRY A, HARRISON P M. Incorporation and release of inorganic phosphate in horse spleen ferritin [J]. Biochemical Journal, 1978, 171: 313 - 320.

[28] ANDREWS S C. Iron storage in bacteria [J]. Advances in Microbial Physiology, 1998, 40: 281 - 351.

[29] MINO T, LOOSDRECHT M C M, HEIJNEN J J. Microbiology and biochemistry of the enhanced biological phosphate removal process [J]. Water Research, 1998, 32: 3193 - 207.

[30] OKUDA M, KOBAYASHI Y, SUZUKI K, et al. Self - organized inorganic nanoparticle arrays on protein lattices [J]. Nano Letters, 2005, 5: 991 - 993.

[31] TANG S, MAO C, LIU Y, et al. Protein - mediated nanocrystal assembly for flash memory fabrication [J]. IEEE Transactions on Electron Devices, 2007, 54: 433 - 438.

[32] NAM K T, KIM D W, YOO P J, et al. Virus - enabled synthesis and assembly of nanowires for lithium ion battery electrodes [J]. Science, 2006, 312: 885 - 888.

[33] WANG Q, MERCOGLIANO C P, LOWE J. A ferritin - based label for cellular electron cryotomography [J]. Structure, 2011, 19: 147 - 154.

[34] JIN R, LIN B, LI D, et al. Superparamagnetic iron oxide nanoparticles for MR imaging and therapy: design considerations and clinical applications [J]. Current Opinion in Pharmacology, 2014, 18C: 18 - 27.

[35] VANDE VELDE G, RANGARAJAN J R, TOELEN J, et al. Evaluation of the specificity and sensitivity of ferritin as an MRI reporter gene in the mouse brain using lentiviral and adeno - associated viral vectors [J]. Gene Therapy, 2011, 18: 594 - 605.

[36] WASILEWSKI S, KARELINA D, BERRIMAN J A, et al. Automatic magnification determination of electron cryomicroscopy images using apoferritin as a standard [J]. Journal of Structural Biology, 2012, 180: 243 - 248.

[37] VANDEVELDE G, BAEKELANDT V, DRESSELAERS T, et al. Magnetic resonance imaging and spectroscopy methods for molecular imaging [J]. Quarterly Journal of Nuclear Medicine and Molecular Imaging, 2009, 53: 565 - 585.

[38] CRICH S G, BUSSOLATI B, TEI L, et al. Magnetic resonance visualization of tumor angiogenesis by targeting neural cell adhesion molecules with the highly sensitive gadolinium - loaded apoferritin probe [J]. Cancer Research, 2006, 66 (18): 9196 - 9201.

[39] JI X T, HUANG L, HUANG H Q. Construction of nanometer cisplatin core - ferritin (NCC - F) and proteomic analysis of gastric cancer cell apoptosis induced with cisplatin released from the NCC - F [J]. Journal of Proteomics, 2012, 75: 3145 - 3157.

［40］ DOMNGUEZ – VERA J M. Iron（III）complexation of Desferrioxamine B encapsulated in apoferritin ［J］. Journal of Inorganic Biochemistry，2004，98：469 – 472.

［41］ MA – HAM A, WU H, WANG J, et al. Apoferritin – based nano – medicine platform for drug delivery：equilibrium binding study of daunomycin with DNA ［J］. Journal of Materials Chemistry，2011，21：8700.

［42］ SCHOONEN L, HEST J C M. Functionalization of protein – based nanocages for drug delivery applications ［J］. Nanoscale，2014，6：7124 – 7141.

［43］ ZHAO L, SETH A, WIBOWO N, et al. Nanoparticle vaccines ［J］. Vaccine，2014，32：327 – 337.

［44］ KRATZ P A, BOTTCHER B, NASSAL M. Native display of complete foreign protein domains on the surface of hepatitis B virus capsids ［J］. Proceedings of the National Academy of Sciences of the United States of America，1999，96：1915 – 1920.

［45］ KANEKIYO M, WEI C J, YASSINE H M, et al. Self – assembling influenza nanoparticle vaccines elicit broadly neutralizing H1N1 antibodies ［J］. Nature，2013，499：102 – 106.

［46］ MELDRUM F C, WADE V J, NIMMO D L, et al. Synthesis of inorganic nanophase materials in supramolecular protein cages ［J］. Nature，1991，349：684 – 687.

［47］ DORMITZER P R, SUPHAPHIPHAT P, GIBSON D G, et al. Synthetic generation of influenza vaccine viruses for rapid response to pandemics ［J］. Science Translational Medicine，2013，5：185ra68.

［48］ YAMASHITA I, IWAHORI K, KUMAGAI S. Ferritin in the field of nanodevices ［J］. Biochimica et Biophysica Acta（BBA）– General Subjects，2010，1800（8）：846 – 857.

［49］ XING R M, WANG X Y, ZHANG C L, et al. Characterization and cellular uptake of platinum anticancer drugs encapsulated in apoferritin ［J］. Journal of Inorganic Biochemistry，2009，103（7）：1039 – 1044.

［50］ ZHEN Z P, TANG W, GUO C L, et al. Ferritin nanocages to encapsulate and deliver photosensitizers for efficient photodynamic therapy against cancer ［J］. ACS Nano，2013，7（8）：6988 – 6996.

［51］ LIN X, XIE J, ZHU L, et al. Hybrid ferritin nanoparticles as activatable probes for tumor imaging ［J］. Angewandte Chemie – international Edition，2011，50（7）：1569 – 1572.

［52］ LIU G D, WANG J, WU H, et al. Versatile apoferritin nanoparticle labels for assay of protein ［J］. Analytical Chemistry，2006，78（21）：7417 – 7423.

［53］ LIU G D, WANG J, LEA S A, et al. Bioassay labels based on apoferritin nanovehicles ［J］. Chembiochem，2006，7（9）：1315 – 1319.

［54］ HE J Y, FANK L, YAN X Y. Ferritin drug carrier（FDC）for tumor targeting therapy

[J]. Journal of Controlled Release, 2019, 311 -312: 288 -300.

[55] PETERSENG H, ALZGHARI S K, CHEE W, et al. Meta – analysis of clinical and pre-clinical studies comparing the anticancer efficacy of liposomal versus conventional non – liposomal doxorubicin [J]. Journal of Controlled Release, 2016, 232: 255 – 264.

[56] WILHELM S, TAVARES A J, DAI Q, et al. Analysis of nanoparticle delivery totumours [J]. Nature Reviews Materials, 2016, 1: 16014.

[57] BAGWE R P, HILLIARD L R, TAN W. Surface modification of silica nanoparticles to reduce aggregation and nonspecific binding [J]. Langmuir, 2006, 22 (9): 4357 – 4362.

[58] DOSHI N, MITRAGOTRI S. Designer biomaterials for nanomedicine, Advanced Functional Materials [J]. Mater, 2009, 19 (24): 3843 – 3854.

[59] FAN K, JIA X, ZHOU M, et al. Ferritin nanocarrier traverses the blood brain barrier and kills glioma [J]. ACS Nano, 2018, 12 (5): 4105 – 4115.

[60] DANIELS T R, DELGADO T, HELGUERA G. et al. The transferrin receptor part II: targeted delivery of therapeutic agents into cancer cells [J]. Clinical Immunology, 2006, 121 (2): 159 – 176.

[61] CAULFIELD J B. Studies on ferritin uptake by isolated tumor cells [J]. Laboratory Investigation, 1963, 12 (10): 1018 – 1025.

[62] FAN K, GAO L, YAN X. Human ferritin for tumor detection and therapy [J]. Wiley Interdisciplinary Reviews – Nanomedicine and Nanobiotechnology, 2013, 5 (4): 287 – 298.

[63] FAN K, ZHOU M, YAN X. Questions about horse spleen ferritin crossing the blood brain barrier via mouse transferrin receptor 1 [J]. Protein & Cell, 2017, 8 (11): 788 – 790.

[64] SAKAMOTO S, KAWABATA H, MASUDA T, et al. H – Ferritin is preferentially incorporated by human erythroid cells through transferrin receptor 1 in a thresholddependent manner [J]. PLoS One, 2015, 10 (10): e0139915.

[65] MONTEMIGLIO L C, TESTI C, CECI P, et al. Cryo – EM structure of the human ferritin – transferrin receptor 1 complex [J]. Nature Communications, 2019, 10 (1): 1121.

[66] LIANG M, FAN K, ZHOU M, et al. H – ferritin – nanocaged doxorubicin nanoparticles specifically target and kill tumors with a single – dose injection [J]. Proceedings of the National Academy of Sciences of the United States of America, 2014, 111 (41): 14900 – 14905.

[67] DAMIANI V, FALVO E, FRACASSO G, et al. Therapeutic efficacy of the novel stimuli-sensitive nano – ferritins containing doxorubicin in a head and neck cancer model [J]. International Journal of Molecular Sciences, 2017, 18 (7): 1555.

[68] PANDOLFI L, BELLINI M, VANNA R, et al. H – ferritin enriches the curcumin uptake and improves the therapeutic efficacy in triple negative breast cancer cells [J]. Biomacro-

molecules, 2017, 18 (10): 3318 – 3330.

［69］ TURINO L N, RUGGIERO M, STEFANIA R, et al. Ferritin decorated PLGA/paclitaxel loaded nanoparticles endowed with an enhanced toxicity toward MCF – 7 breast tumor cells ［J］. Bioconjugate Chemistry, 2017, 28 (4): 1283 – 1290.

［70］ FAN K, XI J, FAN L, et al. In vivo guiding nitrogen – doped carbon nanozyme for tumor catalytic therapy ［J］. Nature Communications, 2018, 9 (1): 1440.

［71］ SHI J, KANTOFF P W, WOOSTER R, et al. Cancer nanomedicine: progress, challenges and opportunities ［J］. Nature Reviews Cancer, 2017, 17 (1): 20.

［72］ NIEWOEHNER J, BOHRMANN B, COLLIN L, et al. Increased brain penetration and potency of a therapeutic antibody using a monovalent molecular shuttle ［J］. Neuron, 2014, 81 (1): 49 – 60.

［73］ JIN Y, HE J, FAN K, et al. Ferritin variants: inspirations for rationally designing protein nanocarriers ［J］. Nanoscale, 2019, 11: 12449 – 12459.

［74］ UCHIDA M, FLENNIKEN M L, ALLEN M, et al. Targeting of cancer cells with ferrimagnetic ferritin cage nanoparticles ［J］. Journal of the American Chemical Society, 2006, 128 (51): 16626 – 16633.

［75］ ZHEN Z, TANG W, CHEN H, et al. RGD – modifified apoferritin nanoparticles for efficient drug delivery to tumors ［J］. ACS Nano, 2013, 7 (6): 4830 – 4837.

［76］ KWAK E L, LAROCHELLE D A, BEAUMONT C, et al. Role for NF – kappa B in the regulation of ferritin H by tumor necrosis factor – alpha ［J］. Journal of Biological Chemistry, 1995, 270: 15285 – 15293.

［77］ WANG J, CHEN G, MUCKENTHALER M, et al. Iron – mediated degradation of IRP2, an unexpected pathway involving a 2 – oxoglutarate – dependent oxygenase activity ［J］. Molecular and Cellular Biology, 2004, 3: 954 – 965.

［78］ HUANG P, RONG P, JIN A, et al. Dye – loaded ferritin nanocages for multimodal imaging and photothermal therapy ［J］. Advanced Materials, 2014, 26 (37): 6401 – 6408.

［79］ HUANG C, CHU C, WANG X, et al. Ultra – high loading of sinoporphyrin sodium in ferritin for single – wave motivated photothermal and photodynamic co – therapy ［J］. Biomaterials Science, 2017, 5 (8): 1512 – 1516.

［80］ ZHEN Z, TANG W, CHUANG Y J, et al. Tumor vasculature targeted photodynamic therapy for enhanced delivery of nanoparticles ［J］. ACS Nano, 2014, 8 (6): 6004 – 6013.

［81］ KIM S, JEON J O, JUN E, et al. Designing peptide bunches on nanocage for bispecific or superaffinity targeting ［J］. Biomacromolecules, 2016, 17 (3): 1150 – 1159.

［82］ AHN K Y, KO H K, LEE B R, et al. Engineered protein nanoparticles for in vivo tumor detection ［J］. Biomaterials, 2014, 35 (24): 6422 – 6429.

[83] VANNUCCI L, FALVO E, FORNARA M, et al. Selective targeting of melanoma by PEG-masked protein – based multifunctional nanoparticles [J]. International Journal of Nano-medicine, 2012, 7: 1489 – 1509.

[84] FANTECHI E, INNOCENTI C, ZANARDELLI M, et al. A smart platform for hyperther-mia application in cancer treatment: cobalt – doped ferrite nanoparticles mineralized in hu-man ferritin cages [J]. ACS Nano, 2014, 8 (5): 4705 – 4719.

[85] LI X, QIU L H, ZHU P, et al. Epidermal growth factor – ferritin h – chain protein nanop-articles for tumor active targeting [J]. Small, 2012, 8 (16): 2505 – 2514.

[86] LEE W, SEO J, KWAK S, et al. A Double – Chambered Protein Nanocage Loaded with Thrombin Receptor Agonist Peptide (TRAP) and gamma – Carboxyglutamic Acid of Protein C (PC – Gla) for Sepsis Treatment [J]. Advanced Materials, 2015, 27 (42): 6637 – 6643.

[87] KIM S, KIM G S, SEO J, et al. Double – chambered ferritin platform: dual – function payloads of cytotoxic peptides and fluorescent protein [J]. Biomacromolecules, 2016, 17 (1): 12 – 19.

[88] JIANG B, ZHANG R, ZHANG J, et al. GRP 78 – targeted ferritin nanocaged ultra – high dose of doxorubicin for hepatocellular carcinoma therapy [J]. Theranostics, 2019, 9 (8): 2167 – 2182.

[89] HWANG M P, LEE J W, LEE K E, et al. Think modular: a simple Apoferritin – based platform for the multifaceted detection of pancreatic cancer [J]. ACS Nano, 2019, 7 (9): 8167 – 8174.

[90] FALVO E, TREMANTE E, FRAIOLI R, et al. Antibody – drug conjugates: targeting melanoma with cisplatin encapsulated in protein – cage nanoparticles based on human ferritin [J]. Nanoscale, 2013, 5 (24): 12278 – 12285.

[91] HINTZE K J, THEIL E C. Cellular regulation and molecular interactions of the ferritins [J]. Cellular and Molecular Life Sciences, 2006, 63: 591 – 600.

[92] LI Y, WANG X, YAN J, et al. Nanoparticle ferritin – bound erastin and rapamycin: a nanodrug combining autophagy and ferroptosis for anticancer therapy [J]. Biomaterials Sci-ence, 2019, 7 (9): 3779 – 3787.

[93] KURUPPU A I, ZHANG L, COLLINS H, et al. An apoferritin – based drug delivery sys-tem for the tyrosine kinase inhibitor gefitinib [J]. Advanced Healthcare Materials, 2015, 4 (18): 2816 – 2821.

[94] WANG Q, ZHANG C, LIU L, et al. High hydrostatic pressure encapsulation of doxorubi-cin in ferritin nanocages with enhanced efficiency [J]. Journal of Biotechnology, 2017, 254: 34.

[95] LEI Y, HAMADA Y, LI J, et al. Targeted tumor delivery and controlled release of neuro-

nal drugs with ferritin nanoparticles to regulate pancreatic cancer progression [J]. Journal of Controlled Release, 2016, 232: 131 – 142.

[96] PONTILLO N, PANE F, MESSORI L, et al. Cisplatin encapsulation within a ferritin nanocage: a high – resolution crystallographic study [J]. Chemical Communications (Camb.), 2016, 52 (22): 4136 – 4139.

[97] FRACASSO G, FALVO E, COLOTTI G, et al. Selective delivery of doxorubicin by novel stimuli – sensitive nano – ferritins overcomes tumor refractoriness [J]. Journal of Controlled Release, 2016, 239: 10 – 18.

[98] KIM M, RHO Y, JIN K S, et al. pH – dependent structures of ferritin and apoferritin in solution: disassembly and reassembly [J]. Biomacromolecules, 2011, 12 (5): 1629.

[99] CHATTERJEE K, ZHANG J. Doxorubicin cardiomyopathy [J]. Annals of Internal Medicine, 1978, 115 (2): 155 – 162.

[100] BREEN A F, WELLS G, TURYANSKA L, et al. Development of novel apoferritin formulations for antitumour benzothiazoles [J]. Cancer Reports, 2019, 2 (4): e1155.

[101] NGOUNE R, PETERS A, VON ELVERFELDT D, et al. Accumulating nanoparticles by EPR: a route of no return [J]. Journal of Controlled Release, 2016, 238: 58 – 70.

[102] FRAUNHOFER W, WINTER G, COESTER C. Asymmetrical flow field – flow fractionation and multiangle light scattering for analysis of gelatin nanoparticle drug carrier systems [J]. Analytical Chemistry, 2004, 76 (7): 1909 – 1920.

[103] GAUMET M, VARGAS A, GURNY R, et al. Nanoparticles for drug delivery: the need for precision in reporting particle size parameters [J]. European Journal of Pharmaceutics and Biopharmaceutics, 2008, 69 (1): 1 – 9.

[104] SHEN D W, POULIOT L M, HALL M D, et al. Cisplatin resistance: a cellular self – defense mechanism resulting from multiple epigenetic and genetic changes [J]. Pharmacological Reviews, 2012, 64 (3): 706 – 721.

[105] LI L, ZHANG L, KNEZ M. Comparison of two endogenous delivery agents in cancer therapy: Exosomes and ferritin [J]. Pharmacological Research, 2016, 110: 1 – 9.

[106] STREBHARDT K, ULLRICH A. Paul Ehrlich's magic bullet concept: 100 years of progress [J]. Nature Reviews Cancer, 2008, 8 (6): 473 – 480.

[107] DUCRY L, STUMP B. Antibody – drug conjugates: linking cytotoxic payloads to monoclonal antibodies [J]. Bioconjugate Chemistry, 2010, 21 (1): 5 – 13.

[108] TRAIL P A, WILLNER D, LASCH S J, et al. Cure of xenografted human carcinomas by BR96 – doxorubicin immunoconjugates [J]. Science, 1993, 261 (5118): 212 – 215.

[109] HOFFMANN D, LORENZ P, BOSSLETK, et al. Antibodies as Carriers of Cytotoxicity [M]. Basel: KARGER publisher, 1992.

[110] SENTER P D, SENTER P D. Potent antibody drug conjugates for cancer therapy [J]. Current Opinion in Chemical Biology, 2009, 13: 235 - 244.

[111] KÖHLER G, MILSTEIN C. Continuous cultures of fused cells secreting antibody of predefined specificity [J]. Biotechnology, 1995, 24 (5517): 524.

[112] PLAYS M, MÜLLER S, RODRIGUEZ R. Chemistry and biology of ferritin [J]. Metallomics, 2021, 13 (5): mfab021.

[113] GAO L, ZHUANG J, NIE L, et al. Intrinsic peroxidase - like activity of ferromagnetic nanoparticles [J]. Nature Nanotechnology, 2007, 2 (9): 577 - 583.

[114] MANEA F, HOUILLON F B, PASQUATO L, et al. Nanozymes: gold - nanoparticle - based transphosphorylation catalysts [J]. AngewandteChemie International edtion in English, 2004, 43 (45): 6165 - 6169.

[115] GAO L, YAN X. Nanozymes: an emerging field bridging nanotechnology and biology [J]. Science China - Life Sciences, 2016, 59 (4): 400 - 402.

[116] KRUIS F E, FISSAN H, PELED A. Synthesis of nanoparticles in the gas phase for electronic, optical and magnetic applications - a review [J]. Journal of Aerosol Science, 1998, 29 (5): 511 - 535.

[117] GOLCHIN J, GOLCHIN K, ALIDADIAN N, et al. Nanozyme applications in biology and medicine: an overview [J]. Artificial Cells Nanomedicine and Biotechnology, 2017, 45 (6): 1 - 8.

[118] DOM'NGUEZ - VERA J M, COLACIO E. Nanoparticles of prussian blue ferritin: a new route for obtaining nanomaterials [J]. Inorganic Chemistry, 2003, 42(22):6983 - 6985.

[119] LEE L A, NIU Z, WANG Q. Viruses and virus - like protein assemblies - Chemically programmable nanoscale building blocks [J]. Nano Research, 2010, 2 (5): 349 - 364.

[120] IWAHORI K, TAKAGI R, KISHIMOTO N, et al. A size controlled synthesis of CuS nano - particles in the protein cage, apoferritin [J]. Materials Letters, 2011, 65 (21 - 22): 3245 - 3247.

[121] LI A P, YUCHI Q X, ZHANG L B. Ferritin: a Powerful Platform for Nanozymes [J]. Progressin Biochemistry and Biophysics, 2018, 45 (2): 193 - 203.

[122] ABE S, HIRATA K, UENO T, et al. Polymerization of phenylacetylene by rhodium complexes within a discrete space of apo - ferritin [J]. Journal of the American Chemical Society, 2009, 131: 6958 - 6960.

[123] ABE S, NIEMEYER J, ABE M, et al. Control of the coordination structure of organometallic palladium complexes in an apo - ferritin cage [J]. Journal of the American Chemical Society, 2008, 130: 10512 - 10514.

[124] YAMASHITA I. Biosupramolecules for nano - devices: biomineralization of nanoparticles

and their applications [J]. Journal of Materials Chemistry, 2008, 18: 3813 - 3820.

[125] YAMADA K, YOSHII S, KUMAGAI S, et al. Effects of dot density and dot size on charge injection characteristics in nanodot array produced by protein supramolecules [J]. Japanese Journal of Applied Physics, 2007, 1 (46): 7549 - 7553.

[126] KUMAGAI S, YOSHII S, YAMADA K, et al. Electrostatic placement of single ferritin molecules [J]. Applied Physics Letters, 2006, 88: 153103.

[127] GILMORE K, IDZERDA Y U, KLEM M T, et al. Surface contribution to the anisotropy energy of spherical magnetite particles [J]. Journal of Applied Physics, 2005, 97: 10B301.

[128] PANNEN B H, ROBOTHAM J L. The acute - phase response [J]. New Horiz, 1995, 3 (2): 183 - 197.

[129] KOJ A. Termination of acute - phase response: role of some cytokines and anti inflammatory drugs [J]. General Pharmacology, 1998, 31 (1): 9 - 18.

[130] GABAY C, KUSHNER I. Acute - phase proteins and other systemic responses to inflammation [J]. New England Journal of Medicine, 1999, 340 (6): 448 - 454.

[131] WORWOOD M. Serum ferritin [J]. Clinical Science (Lond.), 1986, 70 (3) : 215 - 220.

[132] LEVI S, SANTAMBROGIO P, COZZI A, et al. The role of the L - chain in ferritin iron incorporation. Studies of homo and heteropolymers [J]. Journal of Molecular Biology, 1994, 238 (5): 649 - 654.

[133] AROSIO P, LEVI S, SANTAMBROGIO P, et al. Structural and functional studies of human ferritin H and L chains [J]. Curr Stud Hematol Blood Transfus, 1991 (58): 127 - 131.

[134] BOMFORD A, CONLON - HOLLINGSHEAD C, MUNRO H N. Adaptive responses of rat tissue isoferritins to iron administration. Changes in subunit synthesis, isoferritin abundance, and capacity for iron storage [J]. Journal of Biological Chemistry, 1981, 256 (2): 948 - 955.

[135] BOYD D, VECOLI C, BELCHER D M, et al. Structural and functional relationships of human ferritin H and L chains deduced from cDNA clones [J]. Journal of Biological Chemistry, 1985, 260 (21): 11755 - 11761.

[136] ORINO K, LEHMAN L, TSUJI Y, et al. Ferritin and the response to oxidative stress [J]. Biochemical Journal, 2001, 357 (Pt 1): 241 - 247.

[137] COZZI A, CORSI B, LEVI S, et al. Overexpression of wild type and mutated human ferritin H - chain in HeLa cells: in vivo role of ferritin ferroxidase activity [J]. Journal of Biological Chemistry, 2000, 275 (33): 25122 - 25129.

[138] DI VIRGILIO F. New pathways for reactive oxygen species generation in inflammation and potential novel pharmacological targets [J]. Current Pharmaceutical Design, 2004, 10 (14): 1647 – 1652.

[139] CLOSA D, FOLCH – PUY E. Oxygen free radicals and the systemic inflammatory response [J]. IUBMB Life, 2004, 56 (4): 185 – 191.

[140] ZANDMAN – GODDARD G, SHOENFELD Y. Ferritin in autoimmune diseases [J]. Autoimmunity Reviews, 2007, 6 (7): 457 – 463.

[141] ZANDMAN – GODDARD G, SHOENFELD Y. Hyperferritinemia in autoimmunity [J]. Israel Medical Association Journal, 2008, 10 (1): 83 – 84.

[142] SPARKS J A. Rheumatoid arthritis [J]. Annals of Internal Medicine, 2019, 170 (1): ITC1 – ITC16.

[143] ABE E, ARAI M. Synovial fluid ferritin in traumatic hemarthrosis, rheumatoid arthritis and osteoarthritis [J]. Tohoku Journal of Experimental Medicine, 1992, 168 (3): 499 – 505.

[144] PELKONEN P, SWANLJUNG K, SIIMES M A. Ferritinemia as an indicator of systemic disease activity in children with systemic juvenile rheumatoid arthritis [J]. Acta Paediatrica Scandinavica, 1986, 75 (1): 64 – 68.

[145] YILDIRIM K, KARATAY S, MELIKOGLU M A, et al. Associations between acute phase reactant levels and disease activity score (DAS28) in patients with rheumatoid arthritis [J]. Annals of Clinical & Laboratory Science, 2004, 34 (4): 423 – 426.

[146] XIAO Z X, MILLER J S, ZHENG S G. An updated advance of autoantibodies in autoimmune diseases [J]. Autoimmunity Reviews, 2021, 20 (2): 102743.

[147] VANARSA K, YE Y, HAN J, et al. Inflammation associated anemia and ferritin as disease markers in SLE [J]. Arthritis Research and Therapy, 2012, 14 (4): R182.

[148] BEYAN E, BEYAN C, DEMIREZER A, et al. The relationship between serum ferritin levels and disease activity in systemic lupus erythematosus [J]. Scandinavian Journal of Rheumatology, 2003, 32 (4): 225 – 228.

[149] DOBSON R, GIOVANNONI G. Multiple sclerosis – a review [J]. European Journal of Neurology, 2019, 26 (1): 27 – 40.

[150] STEPHENSON E, NATHOO N, MAHJOUB Y, et al. Iron in multiple sclerosis: roles in neurodegeneration and repair [J]. Nature Reviews Neurology, 2014, 10 (8): 459 – 468.

[151] HULET S W, POWERS S, CONNOR J R. Distribution of transferrin and ferritin binding in normal and multiple sclerotic human brains [J]. Journal of the Neurological Sciences, 1999, 165 (1): 48 – 55.

[152] DA COSTA R, SZYPER – KRAVITZ M, SZEKANECZ Z, et al., Ferritin and prolactin levels in multiple sclerosis [J]. Israel Medical Association Journal, 2011, 13 (2):

91 – 95.

[153] MARIE I, HATRON P Y, LEVESQUE H, et al. Influence of age on characteristics of polymyositis and dermatomyositis in adults [J]. Medicine (Baltimore), 1999, 78 (3): 139 – 147.

[154] SAKATA S, NAGAI K, MAEKAWA H, et al. Serum ferritin concentration in subacute thyroiditis [J]. Metabolism, 1991, 40 (7): 683 – 688.

[155] BIRGEGARD G, HALLGREN R, KILLANDER A, et al. Serum ferritin during infection [J]. Scand J Haematol, 1978, 21 (4): 333 – 340.

[156] HULTHEN L, LINDSTEDT G, LUNDBERG P A, et al. Effect of a mild infection on serum ferritin concentration – clinical and epidemiological implications [J]. European Journal of Clinical Nutrition, 1988, 52 (5): 376 – 379.

[157] KAWAMATA R, YOKOYAMA K, SATO M, et al. Utility of serum ferritin and lactate dehydrogenase as surrogate markers for steroid therapy for Mycoplasma pneumoniae pneumonia [J]. Journal of Infection and Chemotherapy, 2015, 21 (11): 783 – 789.

[158] CUNHA B A. Highly elevated serum ferritin levels as a diagnostic marker for Legionella pneumonia [J]. Clinical Infectious Diseases, 2008, 46 (11): 1789 – 1791.

[159] SOEPANDI P Z, BURHAN E, MANGUNNEGORO H, et al. Clinical course of avian influenza A (H5N1) in patients at the Persahabatan Hospital, Jakarta, Indonesia, 2005 – 2008 [J]. Chest, 2010, 138 (3): 665 – 673.

[160] CUNHA B A, MICKAIL N, SYED U, et al. Rapid clinical diagnosis of Legionnaires' disease during the "herald wave" of the swine influenza (H1N1) pandemic: the Legionnaires' disease triad [J]. Heart & Lung, 2010, 39 (3): 249 – 259.

[161] LALUEZA A, AYUSO B, ARRIETA E, et al. Elevation of serum ferritin levels for predicting a poor outcome in hospitalized patients with influenza infection [J]. Clinical Microbiology and Infection, 2020, 26 (11): 1557 e9 – e15.

[162] EISELT J, KIELBERGER L, SEDLACKOVA T, et al. High ferritin, but not hepcidin, is associated with a poor immune response to an influenza vaccine in hemodialysis patients [J]. Nephron Clincial Practice, 2010, 115 (2): c147 – c153.

[163] MCELROY A K, ERICKSON B R, FLIETSTRA T D, et al. Ebola hemorrhagic Fever: novel biomarker correlates of clinical outcome [J]. Journal of Infectious Diseases, 2014, 210 (4): 558 – 566.

[164] BETANCUR J F, NAVARRO E P, ECHEVERRY A, et al. Hyperferritinemic syndrome: still's disease and catastrophic antiphospholipid syndrome triggered by fulminant Chikungunya infection: a case report of two patients [J]. Clinical Rheumatology, 2015, 34 (11): 1989 – 1992.

［165］KIM S E, KIM U J, JANG M O, et al. Diagnostic use of serum ferritin levels to differentiate infectious and noninfectious diseases in patients with fever of unknown origin ［J］. Disease Markers, 2013, 34 (3): 211 – 218.

［166］PEIRIS J S, YUEN K Y, OSTERHAUS A D, et al. The severe acute respiratory syndrome ［J］. New England Journal of Medicine, 2003, 349 (25): 2431 – 2441.

［167］ANDERSON R M, FRASER C, GHANI A C, et al. Epidemiology, transmission dynamics and control of SARS: the 2002 – 2003 epidemic ［J］. Philosophical transactions – Royal Society. Biological sciences, 2004, 359 (1447): 1091 – 1105.

［168］ZAKI A M, VAN BOHEEMEN S, BESTEBROER T M, et al. Isolation of a novel coronavirus from a man with pneumonia in Saudi Arabia ［J］. New England Journal of Medicine, 2012, 367 (19): 1814 – 1820.

［169］AZHAR E I, EL – KAFRAWY S A, FARRAJ S A, et al. Evidence for camel – to – human transmission of MERS coronavirus ［J］. New England Journal of Medicine, 2014, 370 (26): 2499 – 2505.

［170］HSUEH P R, CHEN P J, HSIAO C H, et al. Patient data, early SARS epidemic ［J］. Taiwan, Emerg. Infectious Diseases, 2004, 10 (3): 489 – 493.

［171］ROSARIO C, SHOENFELD Y. The hyperferritinemic syndrome ［J］. Israel Medical Association Journal, 2014, 16 (10): 664 – 665.

［172］GOMEZ – PASTORA J, WEIGAND M, KIM J, et al. Hyperferritinemia in critically ill COVID – 19 patients – is ferritin the product of inflammation or a pathogenic mediator? Clinica Chimica Acta, 2020, 509: 249 – 251.

［173］ROSARIO C, ZANDMAN – GODDARD G, MEYRON – HOLTZ E G, et al. The hyperferritinemic syndrome: macrophage activation syndrome, Still's disease, septic shock and catastrophic antiphospholipid syndrome ［J］. BMC Medicine, 2013, 11: 185.

［174］PIPERNO A. Classification and diagnosis of iron overload ［J］. Haematologica, 1998, 83 (5): 4.